新编C语言程序设计

潘 巍 章兴武 编著

清華大學出版社
北京

内容简介

本书针对计算机专业新生和对程序设计感兴趣的初学者进行编写，全书分为10章，内容包括C语言概述、数据类型、运算符和表达式、数据的输入和输出、选择结构、循环结构、数组、函数、指针、结构体、共用体、枚举与链表，以及文件操作。

本书注重理论与实践相结合，同时兼顾激发读者的学习兴趣，在教学内容上采用了"沉浸阅读"+"启发思考"+"知识点巩固"+"一例多解"+"实战体验"的设计方法，每一个章节都有先导或预备知识，由此引入本章要讲解的具体内容，同时在关键节点提出问题，启发读者思考，并及时通过重点提示、题目巩固和实例分析等加深读者对知识点的理解，最后通过实战练习锻炼和培养读者的计算思维。每章结尾都附有大量习题，使读者能快速有效地复习和掌握章节知识，提高解决实际问题的能力。

本书配套有PPT教学课件、全部示例和实战程序的源码，适合作为大学计算机专业教材、非计算机专业的公共课教材、全国计算机等级考试参考书，以及对程序设计感兴趣的读者的自学用书。

图书在版编目（CIP）数据

新编C语言程序设计/潘巍，章兴武编著．—北京：清华大学出版社，2023.6
ISBN 978-7-302-62885-9

Ⅰ．①新… Ⅱ．①潘… ②章… Ⅲ．①C语言－程序设计－高等学校－教材 Ⅳ．①TP312.8

中国国家版本馆CIP数据核字（2023）第037763号

责任编辑：龙启铭
封面设计：刘　键
责任校对：胡伟民
责任印制：刘海龙

出版发行：清华大学出版社
　　网　　址：http://www.tup.com.cn，http://www.wqbook.com
　　地　　址：北京清华大学学研大厦A座　　**邮　　编：**100084
　　社 总 机：010-83470000　　**邮　　购：**010-62786544
　　投稿与读者服务：010-62776969，c-service@tup.tsinghua.edu.cn
　　质量反馈：010-62772015，zhiliang@tup.tsinghua.edu.cn
　　课件下载：http://www.tup.com.cn，010-83470236
印 装 者：三河市人民印务有限公司
经　　销：全国新华书店
开　　本：185mm×260mm　　**印　　张：**20.5　　**字　　数：**515千字
版　　次：2023年6月第1版　　**印　　次：**2023年6月第1次印刷
定　　价：59.00元

产品编号：097466-01

前　　言

程序设计语言是计算机相关专业的必修课程，目前大多数院校选择C语言作为程序设计语言课程的讲授内容。C语言采用结构化程序设计，既具备高级语言的特点，又能对硬件进行操作，因此既可以用于编写应用软件，也可以编写系统软件，是广受欢迎的程序设计语言之一。其实，各种语言间的语法大同小异，都要遵守一些基本规则，所以当掌握了一门程序设计语言的语法后再学习其他程序设计语言的语法，就相对容易。因此，程序设计语言课程的目的在于帮助学生理解计算机进行工作的基本原理以及进行程序设计的基本方法，培养学生的计算思维，为后续课程的学习奠定基础。

本书针对计算机相关专业新生或对程序设计感兴趣的初学者的特点进行编写，教学内容与素材均由一线教师积累多年教学经验总结而成。希望通过本书的学习，能使读者了解高级程序设计语言的组成与特点、程序的设计思路与编写技巧，学习并掌握C程序在数据表达、数据结构、模块处理、流程控制等方面的相关知识，能够掌握一些简单的、典型的算法，具有一定的阅读程序和设计程序的能力，为后续课程的学习打好基础。

全书分为10章，内容包括C语言概述、数据类型、运算符和表达式、数据的输入和输出、选择结构、循环结构、数组、函数、指针、结构体、共用体、枚举与链表，以及文件操作。

本书注重理论与实践相结合，同时兼顾激发读者的学习兴趣，在教学内容上采用了“沉浸阅读”+“启发思考”+“知识点巩固”+“一例多解”+“实战体验”的设计方法，每一个章节都有先导或预备知识，由此引入本章要讲解的具体内容，同时在关键节点提出问题，启发读者思考，并及时通过重点提示、题目巩固、实例分析和知识扩展等加深读者对知识点的理解，最后通过大量的实战练习锻炼和培养读者的计算思维。每章结尾都附有各种类型的习题，使读者能快速有效地复习和掌握章节知识，提高解决实际问题的能力。

基于独特的教学内容设计方法，本书的主要特色如下。

(1) 尽量避免枯燥地罗列和介绍知识点，语言严谨中略带风趣，将知识点与现实生活中的场景相结合，更有利于加深读者对知识点的理解和掌握。例如，在学习数组时，先探讨现实生活中若有团队入住宾馆，应以何种方式安排住宿才能更方便也更容易记住每位团员的房号，再由此推断出为什么数组名可以代表首元素地址，以及为什么数组下标要从0开始进行编号的原因。

(2) 设计和使用“问题来了”“小技巧”“注意”和“长知识”等模块，在读者阅读和自学过程中，适时地进行引导，从而达到启发思考、强调重点和拓展知识的目的。

(3) 为重点知识设计例题，并对经典题目和实例采用“一题多解”的方式。同时，针对初学者容易犯的错误进行用例测试与结果分析，一是避免再犯类似犯错，二是如果今后在编程过程中出现类似情况，也能快速找到问题所在。例如，在第4章的分段函数编程示例中，先借甲、乙、丙3位同学之手设计了3种不同方案，再通过测试用例的运行结果分析出丙方案的错误原因，最后总结了编写多分支题目时可以采用的方法以及需要避免的问题。

(4) 为每章提供大量实战题，部分章节的理论与实战篇幅的占比超过了1∶2。每道实战题都包括问题分析、程序设计和程序实现3部分，并且选题领域覆盖面较广，可以让读者举一反三。例如，第7章中，以"判断用户输入的数是否是对称素数"为例，先分析了用户既可以采用字符串形式也可以采用整数形式读取数据，再针对不同形式讨论如何以模块化的方式进行程序设计，最后将每个模块拆分成不同的实战题，并进行相应扩展，例如将整数的字符串形式与整数形式的相互转换扩展为K进制数的转换等。

为方便读者学习，本书附有配套PPT教学课件、本书全部示例和实战程序的源码，以及课后习题答案，方便学校教学和读者自学。

因编者水平有限，不足之处在所难免，恳请读者批评指正。

编　者

2023年1月

目　录

第1章

C语言概述

程序设计语言是计算机相关专业的必修课程，目前，多数院校选择C语言作为程序设计语言课程的讲授内容，也有院校选择C++、C#、Java或Python等语言进行讲授。其实，各种语言间的语法大同小异，都要遵守一些基本规则，所以当掌握一门程序设计语言的语法后再学习其他程序设计语言的语法，就是较为容易的事。因此，程序设计语言课程的目的在于帮助学生理解计算机进行工作的基本原理以及进行程序设计的基本方法，培养学生的计算思维，为后续课程的学习奠定基础。

1.1 计算机与程序设计语言

1.1.1 冯·诺依曼结构

目前，世界上绝大多数的计算机采用“冯·诺依曼”结构(图1-1)，它把计算机简化为控制器、运算器、存储器、输入和输出5个部分。同时，它采取二进制逻辑和程序存储执行的原则，即数据和程序都以二进制编码的方式存放到存储器中。运行程序时，由控制器从存储器中读取指令和数据，并根据指令向相关部件发送控制命令，运算器负责进行运算，输入设备获取数据，输出设备负责显示程序的运行结果。

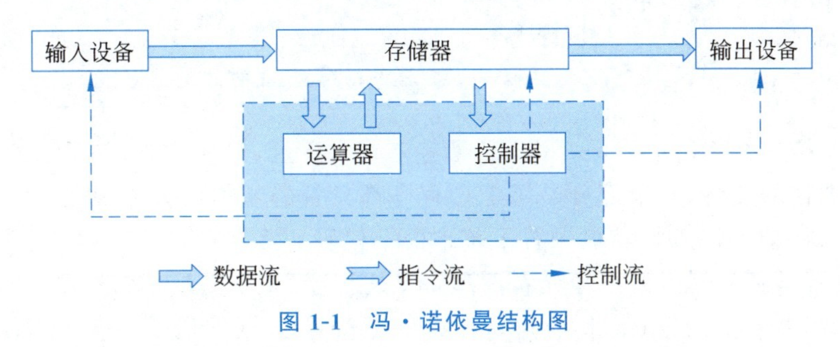

图1-1 冯·诺依曼结构图

现在的计算机，控制器和运算器都已被集成进CPU(中央处理单元)，存储器的容量在不断地增加，输入设备(如鼠标、键盘、写字板、触摸屏等)和输出设备(如显示器、触摸屏等)也在不断更新，它们加起来就是计算机硬件系统的基本构成。

1.1.2 程序设计

程序是计算机能识别和执行的一组指令序列，它描述了人们解决问题的过程。程序设计通常包括两个部分，一部分是对数据的描述（如数据的类型和数据的组织形式等），另一部分是对操作过程的描述，即算法。事实上，程序设计语言课程的目标之一，就是要培养和锻炼学生正确、快捷且高效地进行程序设计的能力。

例 1-1 用户输入两个整数，请输出其中的较大数。

【问题分析】

（1）程序需要几个数据，它们应该是什么类型（数据描述）？

（2）怎么找出两个数的较大数（算法流程）？

【程序设计】

（1）用户要输入和比较的是两个整数，因此需要两个数据变量，它们都是整数类型。

（2）假设 a 和 b 分别代表这两个整数变量，如果 a≥b 就输出 a，否则就输出 b。可以发现，这里认为当 a 与 b 相等时，输出 a。

【程序实现】

以 C 语言为例，以下程序可实现用户需求。

```
#include <stdio.h>              //运行程序所需的标准输入输出文件
#include <stdlib.h>             //运行程序所需的标准库文件
int main()                      //C 程序是由函数组成的，并且总是从 main() 函数开始执行
{                               //main() 函数体的开始
    int a,b;                    //定义两个整数变量 a 和 b，变量间用逗号间隔，分号表示语句结束
    scanf("%d%d",&a,&b);        //输入两个整数，并分别保存到 a 和 b 所占的内存空间
    if (a>=b)                   //进行判断，判断条件要写在圆括号里面
        printf("%d",a);         //输出 a
    else                        //否则
        printf("%d",b);         //输出 b
    return 0;                   //程序正常结束时返回 0
}                               //main() 函数体的结束，也是程序的结束
```

读者不要被这么多行的代码吓倒，实现定义数据变量、输入数据、进行比较和输出结果的只有字体加粗的几行，其余部分是每个 C 程序都具备的基本框架。现在很多的 IDE（集成开发环境）在新建 C 程序时，就已预置了基本框架代码。

另外，读者不必为暂时看不懂或者不理解上述程序而担忧，后续将在第 2 章介绍数据定义和数据类型（例子中的 int a,b 语句），在第 3 章介绍数据的输入和输出格式（例子中的 scanf() 函数和 printf() 函数的用法），在第 4 章介绍选择结构（例子中的 if 结构）。

以下是用 C++ 语言编写的程序。

```
#include <iostream>            //运行程序所需的标准输入输出流
using namespace std;           //使用 C++ 标准程序库提供的标识符
int main()                     //C++ 程序是由函数组成的，并且总是从 main() 函数开始执行
```

```
{                               //main()函数体的开始
    int a,b;                    //定义两个整数变量 a 和 b,变量间用逗号间隔,分号表示语句结束
    cin>>a>>b;                  //输入两个整数,并分别保存到 a 和 b 所占的内存空间
    if (a>=b)                   //进行判断,判断条件要写在圆括号里面
        cout <<a;               //输出 a
    else                        //否则
        cout<<b;                //输出 b
    return 0;                   //程序正常结束时返回 0
}                               //main()函数体的结束,也是程序的结束
```

可以发现,程序设计语言之间的语法大同小异,重要的是程序设计。

1.1.3　程序设计语言

设计程序时要选择某种程序设计语言来实现,按照对计算机硬件的依赖程度,可将程序设计语言分为机器语言、汇编语言和高级语言。

1. 机器语言

计算机采用二进制进行工作,即计算机只能接收和识别由 0 和 1 组成的指令。这些二进制编码组成的指令被称为机器指令,而机器指令的集合就是机器语言。例如,某品牌计算机用 0000 0001 1101 1000 表示将寄存器 AX 和寄存器 BX 的内容相加,并将结果保存到寄存器 AX 中。显然,机器语言烦琐复杂,不易理解、调试、修改和移植,只有经过长时间职业训练的专业人员才能胜任。此外,不同品牌的计算机,其指令编码可能会有所不同,所以机器语言是面向机器的语言,完全依赖于计算机硬件系统。

2. 汇编语言

汇编语言是利用助记符将机器语言中的指令进行符号化,如用 ADD 代表相加、SUB 代表相减、MOV 代表数据传递等。由此,前文的机器指令 0000 0001 1101 1000 就可写为 ADD AX, BX,可读性有所提高。由汇编语言编写的程序通过专门的编译程序转化为机器语言后再由计算机识别和执行。不过,汇编语言仍是面向机器的语言,因此设计出来的程序仍不易被移植,通用性也不强。

3. 高级语言

与机器语言和汇编语言面向机器,且依赖于计算机硬件不同,高级语言与计算机硬件系统无关,它接近于人们习惯使用的自然语言和数学表示形式,如 a=a+b 表示将 a 和 b 的值相加,并将结果赋值给 a。由高级语言编写的程序通过编译器或解释器转化为机器语言后由计算机进行识别和执行。显然,高级语言易于理解、调试、修改和移植,更适合普通的编程者。

高级语言的数量有上千种,图 1-2 是 TIOBE(程序开发语言排行榜,每月更新一次)2022 年 6 月公布的程序开发语言的受欢迎程度。C 语言在 2021 年 6 月排名第一,2022 年 6

月排名第二。C++(由 C 语言扩展而来,兼容 C)、Java(沿袭 C++ 语法并扩展)和 C#(读作 C Sharp,# 由 4 个+围成一圈而成,对 Java 取长补短)也一直排名前五。

Jun 2022	Jun 2021	Change	Programming Language	Ratings	Change
1	2	^	Python	12.20%	+0.35%
2	1	˅	C	11.91%	-0.64%
3	3		Java	10.47%	-1.07%
4	4		C++	9.63%	+2.26%
5	5		C#	6.12%	+1.79%
6	6		Visual Basic	5.42%	+1.40%
7	7		JavaScript	2.09%	-0.24%
8	10	^	SQL	1.94%	+0.06%
9	9		Assembly language	1.85%	-0.21%
10	16	⇑	Swift	1.55%	+0.44%

图 1-2 TIOBE 开发语言排行榜

需要说明的是,虽然机器语言和汇编语言被称为低级语言,但这并不是说低级语言比高级语言"低级"。它只是表示,如果按对计算机硬件的依赖度划分不同的级别,低级语言更依赖于计算机硬件而已。

1.2 C 语言的特点

C 语言是面向过程的语言,同时兼具高级语言和汇编语言的很多优点。C 语言既可以用来开发系统软件,也可以用来开发应用软件。事实上,UNIX 操作系统、Linux 操作系统、Windows 操作系统、Mac OS 等主流操作系统的内核都是用 C 语言开发的。很多常用的高级语言,例如 C++、Java、C#、MySQL、MATLAB 和 PHP 等的内核也主要是用 C 语言开发的,然后再经由它们开发出各种用户所需的应用软件。所以,C 语言已成为影响力最大的通用程序设计语言。

C 语言主要有以下一些特点。

1. 简洁紧凑,灵活性好

C 语言是现有程序设计语言中规模最小的语言之一,一共只有 32 个关键字和 9 种控制语句。语法限制不太严格,可在原有语法基础上进行创造和复合,程序设计自由度大。同样一段程序,在 C 语言里面认为是可以通过的,但在 Java 里面可能会报错。

2. C 是结构性语言

C 语言是结构化程序设计语言,采用顺序、选择和循环 3 种基本结构,基本组成单位是函数,函数间除了必要的信息交流外,彼此相互独立。这种结构化方式可使程序层次清晰,便于使用、维护和调试。

3. 运算符和数据类型丰富

C 语言提供的运算符有 34 种，灵活使用各种运算符可以实现其他高级语言难以实现的运算。C 语言提供的数据类型也非常丰富，不仅能有效控制对内存的使用，还能实现各种复杂的数据结构的运算。

4. 允许直接访问物理地址

C 语言是最接近计算机硬件的高级语言，能通过诸如位运算、指针类型等，像汇编语言一样对位、字节和地址进行操作，以实现对硬件的直接操作。因为高级语言是与计算机硬件无关的，即无法直接对硬件进行操作，所以也有人认为 C 语言是介于汇编语言和高级语言之间的“中级语言”。

5. 代码量小

所谓代码量小，是指要完成同样一个功能，用 C 语言编写出来的程序的容量是很小的，而用其他语言编写的程序容量会比较大。

6. 运行效率高

C 语言的代码质量与汇编语言相当，一般只比汇编程序生成的目标代码效率低 10%～20%。通过一个例子来体会 C 语言的运行效率，主流操作系统软件的内核是用 C 语言开发的，而计算机所有的应用软件都要运行在操作系统软件上。如果操作系统软件的速度慢，那么运行在它基础之上的应用软件的速度就会更慢。

7. 可移植性高

高级语言要经过编译器或解释器才能被计算机识别和执行，而 C 语言在不同机器上的 C 编译程序中，有 86%左右的代码是公共的。也就是说，在一个环境中用 C 编写的程序，不改动或稍加改动，就可以移植到另一个不同的环境中运行。

当然，C 语言也有其缺点，如 C 语言对语法的限制不严格，会出现有歧义的程序也可以通过编译的情况，这就会造成漏洞，而黑客们往往会抓住这些漏洞进行攻击。再如 C 语言是面向过程的语言，它把要解决的问题或需求分解成一个个的任务，然后分模块实现。一旦问题或需求有所改变，则需要重新分解任务，导致开发周期较长。

1.3 IDE 的安装

IDE 是英文 Integrated Development Environment(集成开发环境)的缩写，一般包括代码编辑器、编译器、调试器和图形用户界面等工具。对于 C/C++ 语言，适合新手使用的 IDE 有 Code::Blocks 和 Dev-C++(也有写作 Dev-cpp)。它们都是轻量级的免费 IDE，安装方便，且无需配置环境。Microsoft Visual Studio 系列(如 VS2019、VS2022 等)体量较大，比较适合已有一定项目经验的人员。现在介绍 Code::Blocks 的安装方法，本书的所有编程也都在 Code::Blocks 中完成。

1.3.1 下载 Code::Blocks

在浏览器中输入 www.codeblocks.org，进入 Code::Blocks 官网，按照图 1-3～图 1-7 的步骤，根据计算机的操作系统版本下载安装软件(编写本书时，最新版本是 20.03mingw-setup.exe)，使用苹果计算机的读者也可以安装这个版本。建议安装自带 MinGW 编译器的版本，大约 145MB(图 1-7)。

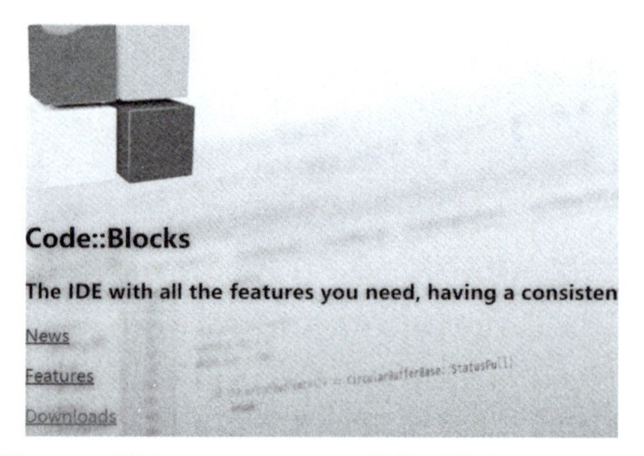

图 1-3 进入 Code::Blocks 官网，单击 Downloads

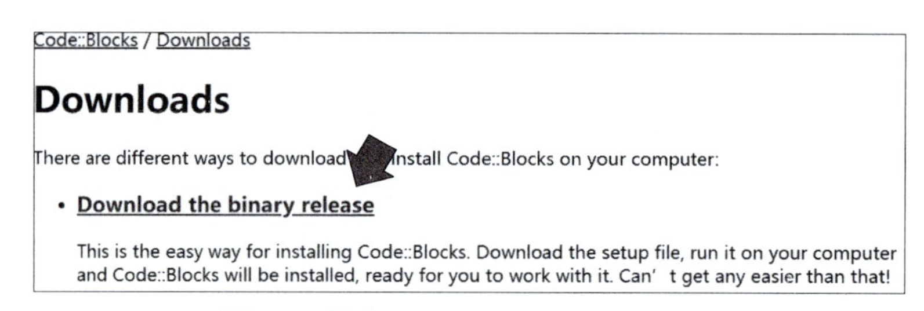

图 1-4 单击 Download the binary release

图 1-5 选择安装版本

1.3.2 安装 Code::Blocks

运行安装软件，依次选择 Next 或 I Agree 按钮即可完成安装。CodeBlocks 是英文版的，可在网上搜索下载对应的汉化包进行汉化。

Microsoft Windows

File	Download from
codeblocks-20.03-setup.exe	FossHUB or Sourceforge.net
codeblocks-20.03-setup-nonadmin.exe	FossHUB or Sourceforge.net
codeblocks-20.03-nosetup.zip	FossHUB or Sourceforge.net
codeblocks-20.03mingw-setup.exe	FossHUB or Sourceforge.net
codeblocks-20.03mingw-nosetup.zip	FossHUB or Sourceforge.net
codeblocks-20.03-32bit-setup.exe	FossHUB or Sourceforge.net
codeblocks-20.03-32bit-setup-nonadmin.exe	FossHUB or Sourceforge.net
codeblocks-20.03-32bit-nosetup.zip	FossHUB or Sourceforge.net
codeblocks-20.03mingw-32bit-setup.exe	FossHUB or Sourceforge.net
codeblocks-20.03mingw-32bit-nosetup.zip	FossHUB or Sourceforge.net

图 1-6　选择自带 MinGW 编译器的版本(分为 64 位和 32 位操作系统),单击对应的 FossHUB

DOWNLOAD	FILE	SIZE	VERSION	ANTIVIRUS
Code Blocks Windows 64 bit (including compiler)	Signature	145.4 MB	20.03	0 / 0
Code Blocks Windows 64 bit	Signature	35.7 MB	20.03	0 / 0

图 1-7　选择自带 MinGW 编译器的版本(以 64 位的版本为例)

1.3.3　运行软件

运行 CodeBlocks,确认配置是否正确。单击 Settings 下的 Compiler…(图 1-8),再单击 Toolchain executables(图 1-9),确认编译器所在的路径是 CodeBlocks 安装路径下的 MinGW。假设安装软件时选择的安装路径是 D:\CodeBlocks,则编译器所在的路径应为 D:\CodeBlocks\MinGW。当计算机中有不止一个编译器时,CodeBlocks 可能会误选到其他编译器,如果有误选,请修改为正确的路径。

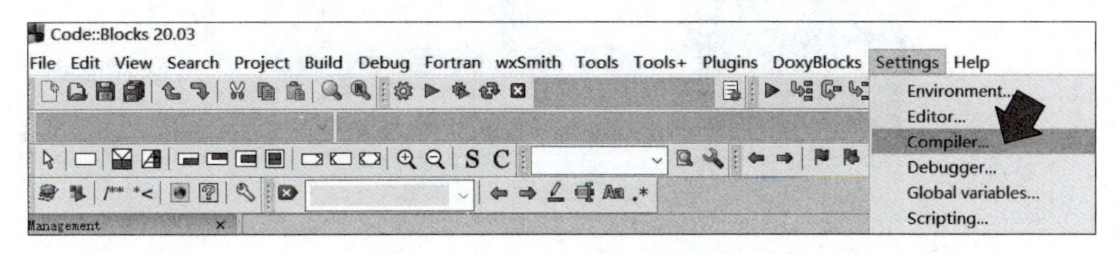

图 1-8　打开 Complier(编译器)

Selected compiler
GNU GCC Compiler
Set as default　Copy　Rename　Delete　Reset defaults
Compiler settings　Linker settings　Search directories　Toolchain executables　Custom variable
Compiler's installation directory
C:\Program Files\CodeBlocks\MinGW　...　Auto-detect

图 1-9　确认编译器所在的路径(以默认安装路径为例)

1.3.4 新建和运行项目

1. 新建项目

按照图 1-10～图 1-14 的步骤，可以在指定路径新建一个 C 项目，注意项目路径不要包含中文，否则可能会影响调试功能。可以发现，项目建立后，已经预置了基本的 C 程序框架，编程者只需要将精力放到算法的设计与实现上。默认新建好的项目能在屏幕上输出一句"Hello World!"字符串（图 1-14）。

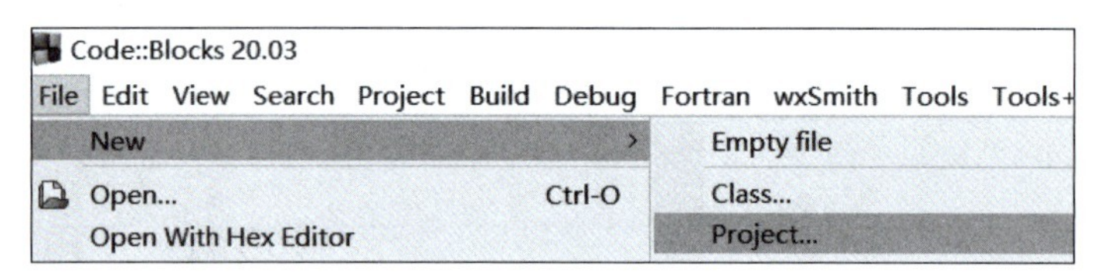

图 1-10 新建项目

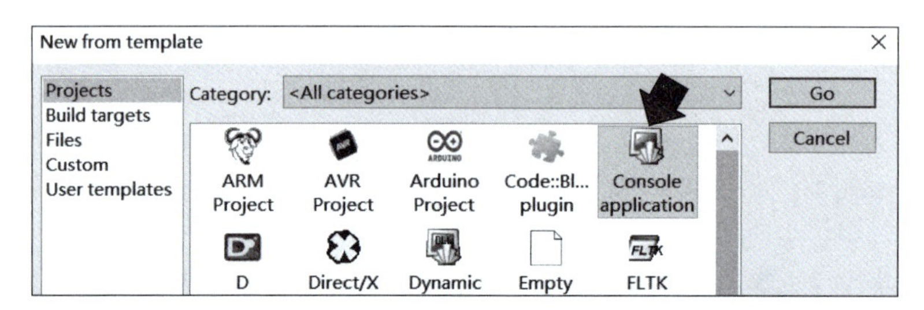

图 1-11 选择 Console application 后单击 Go 按钮或直接双击 Console application

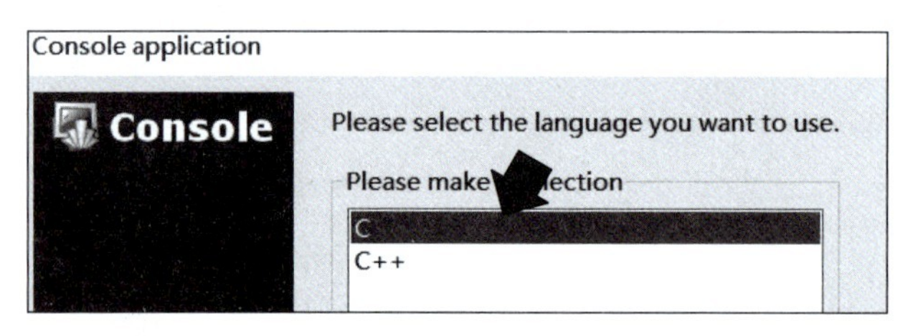

图 1-12 选择使用 C 语言进行编程

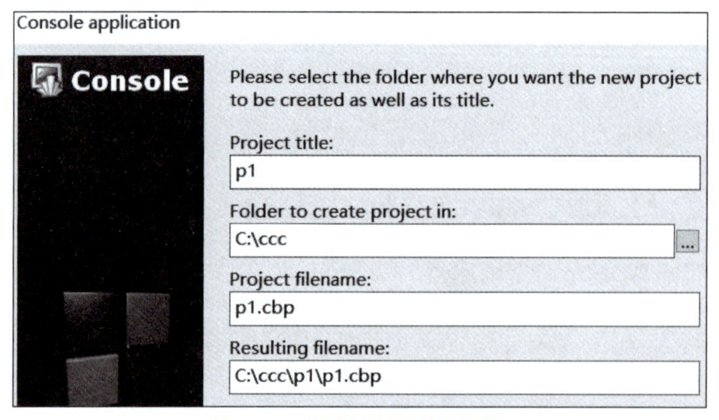

图 1-13 设置项目路径示例

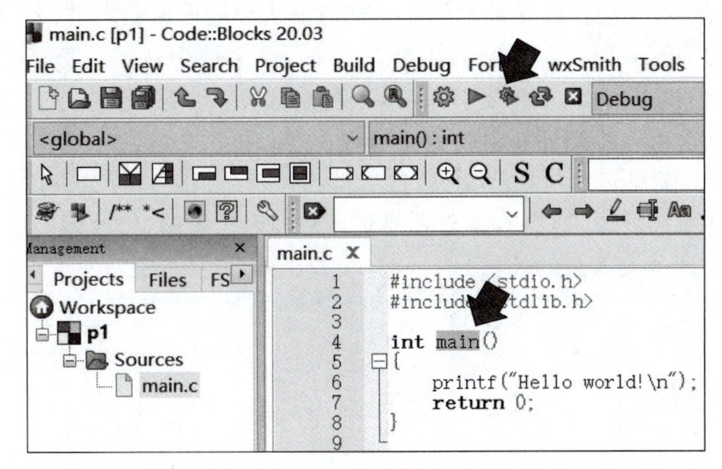

图 1-14　新建项目已包含 C 程序基本框架

需要注意的是，一个项目可以包含若干个 C 文件(后缀名是.c)，每个 C 文件又可以包含若干个函数，但在所有的函数中，有且只能有一个 main()函数，并且程序总是从 main()函数开始运行，到 main()函数结束时，整个项目也随之结束。当然，在 main()函数运行的过程中，可以调用其他函数，其他函数之间也可以进行调用(第 7 章将讲解如何编写和调用函数)。

2. 编译和运行项目

单击图 1-14 中的带齿轮的三角图标，就可以编译和运行程序。图 1-15 是运行结果，单击任何一键可退出运行结果界面。图 1-14 中的齿轮图标表示只编译不运行程序，三角图标表示不编译直接运行程序。如果编程者虽然对文件进行了改动，但单击的是三角图标，则已改动的部分并不会影响程序的运行结果，或者说系统运行的仍是前一次已编译好的程序。

```
Hello world!

Process returned 0 (0x0)
Press any key to continue.
```

图 1-15　程序运行结果示例

长知识

问：C 程序从编写到运行，需要经过几个步骤？

C 程序要经过编写、编译、链接和运行 4 个过程。

(1) 编写过程，就是用 C 语言编写源代码。

(2) 编译过程，就是通过编译器，把源代码转换成目标代码(后缀名是.obj 或.o)。如果源代码有问题(通常指语法错误)，编译器会报错并停止编译。编程者可以根据编译器提供的错误提示进行修改，然后再编译，如此往复，直到编译成功。

(3) 链接过程,就是把目标文件和支持它运行所需要的库函数和其他相关目标文件"链接"到一起,形成最后的可执行文件(后缀名是.exe),该文件中就是机器语言代码。在链接过程中也有可能出错,例如找不到要引用的函数、变量等。当编译成功后,系统会直接进行链接,所以用户通常感觉不到还有链接这个过程。

(4) 运行过程,就是运行可执行文件,然后得到运行结果。运行结果可能与预期的不一致,这说明程序还有需要改进之处,编程者要重新整理算法思路,修改程序后再经过编译、链接和运行,直到得到令人满意的效果。

1.3.5 打开已有项目

若要打开已有项目,请选择.cbp 项目文件(图 1-16),系统会自动导入项目中的相关文件。若只打开某个 C 文件,则不会有此效果。需要注意的是,使用不同 IDE 生成的 C 项目后缀名会有所不同。

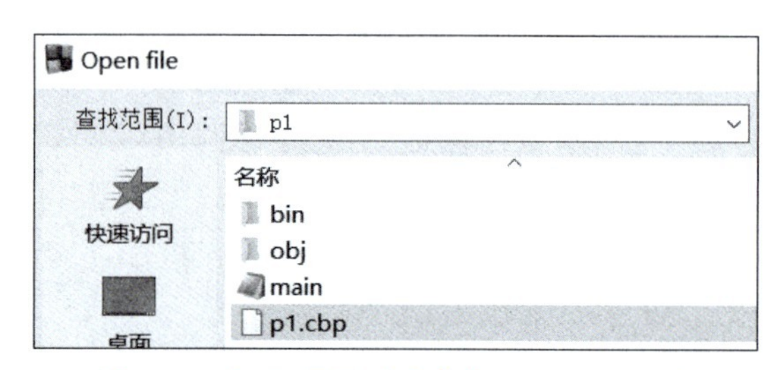

图 1-16 打开项目时应选择.cbp 项目文件

1.4 C 程序基本框架介绍

1. main.c 文件

用 C 语言编写的程序文件称为 C 源程序文件(简称源文件),后缀名是.c。一个 C 项目可以包含多个源文件,一般将 main()函数所在的源文件命名为 main.c 文件,表示它是项目的主源文件。当新建一个项目时,系统会自动生成 main.c 文件,并在其中包含 main()函数。

2. #include 预处理命令

C 语言是规模最小的编程语言之一,它甚至连输入和输出数据的函数都没有,解决方法就是使用编译器自带的函数库。顾名思义,函数库就是函数的仓库,它们都是分类存放的,如有关标准输入和输出的函数被集中到标准输入输出函数库中(头文件为 stdio.h),有关数学计算的函数被集中到数学函数库中(头文件为 math.h),有关字符串处理的函数被集中到字符串函数库中(头文件为 string.h),有关字符处理的函数被集中到字符函数库中(头文件为 ctype.h)等。这些以.h 为后缀名的文件称为头文件(h 是 head 的第一个字母)。使用# include 预处理命令就可以在编译程序之前,把项目所需要的函数库包含进来,编程者在编写程序时就可以使用这些库中的函数。

包含头文件的方式有两种,例如要包含 stdio.h 文件,可以写成:

```
#include "stdio.h"
```

或者写成:

```
#include <stdio.h>
```

使用双引号时,系统先在项目所在目录中寻找要包含的头文件,若找不到,就到 C 函数库头文件所在的目录中寻找。

使用尖括号时,系统直接到 C 函数库头文件所在的目录中寻找要包含的文件,这是标准方式。

CodeBlocks 在新建项目时,会默认包含 stdio.h 和 stdlib.h 头文件,前者是标准输入输出函数库,可实现数据的输入和输出;后者是标准库函数库,可实现动态内存分配、产生随机数和中止进程等。

【小思考】

如果在编写程序时要使用求平方根的函数 sqrt(),则程序需要包含哪个库?相应的预处理命令应该怎么写?答案在脚注①。

3. main()函数

函数是 C 程序的基本组成单位,源文件中可以有多个函数,但必须有且只有一个 main()函数(也称为主函数),而且 main()函数可以位于文件中的任意位置。

不论是 main()函数,还是其他函数,均由函数定义行(也称为函数首部)和函数体组成。函数定义行会声明函数的名字、返回数据类型及函数所需要的参数,函数体是函数要执行的语句,它们由一对花括号括起来。

C 语言的 C89 标准中,main()函数的一般形式如下。

(1) 不带参数的函数定义行:

```
int main()                              //圆括号里面没有内容,表示不带参数
{
    此处添加程序代码
    return 0;
}
```

① sqrt()是数学函数,需要包含数学函数库,相应的预处理命令是#include <math.h>。

（2）带参数的函数定义行：

```
int main(int argc, char* argv[])
{
    此处添加程序代码
    return 0;
}
```

main()函数前面的 int 表示函数会返回一个整数(int 是整数 integer 的缩写)，函数体的最后一句是 return 0 语句，表示函数正常结束后会返回 0 值。对于 main()函数，约定俗成返回 0 表示程序正常退出，返回非 0 值则表示程序异常退出。

长知识

问：C 语言的标准有哪些？

C 语言有 3 套标准，分别是 C89、C99 和 C11。

C89 是 ANSI(美国国家标准学会)制定的 C 语言的第一套标准，于 1989 年被采用，故称 C89，也称为 ANSI C，后被 ISO(国际标准化组织)采纳。所有的 C 编译器都支持 C89，现有教材也大都基于 C89。

C99 是 ISO 在 1999 年制定的，ANSI 在 2000 年 3 月采纳该标准，目前越来越多的编译器已支持 C99。

C11 是 ISO 在 2011 年制定的，对 C99 又做了更新和补充。

除了 ANSI/ISO C 之外，还有 GNU C。GNU C 可以看作是对 ANSI/ISO C 的扩展，而之前提到的 MinGW 编译器就是 Windows 下的 GNU C 集成开发环境(图 1-9)。

今后若非特别说明，本书以 C89 为主，部分内容涉及 C99 时会进行提示。

长知识

问：void main()的写法是正确的吗？

很多教材将 int main()函数写成 void main()，用 void 表示 main()函数没有返回值，以此省略 return 0。但这其实是错误的，因为所有的 C 标准中，都没有定义过 void main()这种形式，main()函数就应该有返回值，而且这个返回值是 int 型。在一些编译器中，void main()可以被通过，但有的编译器会给出错误提示。

有的教材将 int main()写成 main()，这种写法是正确的，因为 C89 标准规定，如果没有明确函数的返回类型，视为隐含返回 int 型，所以 main()等同于 int main()。不过 C99 标准不再支持隐含返回 int 型，编译器会给出警告信息。

4. 语句

函数体是由若干个语句组成的，C 语言中，语句必须以分号结束。这里要注意两个点：

一是 C 语句要位于函数体中，二是 C 语句必须以分号结束。关于不同类型的 C 语句，将在第 2 章进行介绍。

5. 输出

C 程序可以没有输入，但必须有输出。这是很显然的，如果程序运行后没有任何输出，那编写程序的意义何在呢？预置的 C 程序基本框架给出了一个 printf 语句，它表示把双引号中的内容输出到屏幕上。关于输入和输出函数的具体用法，将在第 3 章进行介绍。

1.5　基本的编程原则

遵循基本的编程原则，有利于写出结构清晰的、易于理解的、方便团队合作的程序。以下是编写程序时应注意的几条原则。

1. 为变量和函数取有意义的名字

变量名和函数名应能做到"见名知意"，方便编程者了解变量的用途和函数的功能，增加程序的可读性。C 语言是区分大小写的，变量名和函数名一般用小写字母，并且取名时尽量使用英文单词。例如，变量的名称为 sum，很容易就知道它是用于求和的，而 qiuhe(求和的拼音)或 qh(求和的拼音首字母缩写)的易理解度就会弱一些。

2. 书写格式

C 语言是允许在一行上书写多条语句，或者把一条语句分成多行书写的。但为便于阅读程序，建议养成一行书写一条语句的习惯。

3. 代码缩进

C 语言有顺序、选择和循环 3 个基本结构，结构之间可以是并列关系，也可以是包含关系，例如在选择结构中再包含选择结构或循环结构。为明晰包含关系、增加程序的可读性，通常用花括号把要被包含的语句括起来并将它们缩进，同时让对应的"{"和"}"一一对齐。此外，还可以适当地使用空行或空格对程序进行分隔。

4. 适当注释

为程序添加注释是一个好习惯，哪怕时隔多日，也能通过注释很快地回想起程序的功能和算法流程。C89 标准用"/*　*/"进行注释，C99 标准增加了"//"作为注释符，"//"会注释掉它后面的内容(也称为单行注释)，而"/*　*/"则会注释掉它们之间的内容(也称为多行注释)。注释不是语句，注释的内容也不会被程序执行。

表 1-1 是代码是否有缩进和注释的程序示例。显然，使用了代码缩进和注释的程序看上去结构层次更加清晰、易于理解、可读性更好。现在的主流编译器都提供了代码智能缩进的功能，编程者应充分加以使用。

表1-1 代码是否有缩进和注释的程序示例

<table>
<tr><th>未使用缩进和注释的代码示例</th><th>使用缩进和注释的代码示例</th></tr>
<tr><td><pre>
int main()
{int m,n,i,sum;
 scanf("%d%d",&m,&n);
 sum=0;
 for(i=m;i<=n;i=i+1)
{if(i%2==0)
 { sum=sum+i;
 }
 }
 printf("%d",sum);
 return 0;
}
</pre></td><td><pre>
/* 用户输入m和n,计算[m,n]之间的偶数之和
m和n是数据区间,i是循环变量
sum是累加器 */
int main()
{
    int m,n,i,sum;
    scanf("%d%d",&m,&n); //输入m和n
    sum=0;   //累加器初始化为0
    for(i=m; i<=n; i=i+1)
    {
        if(i%2==0)   /* 判断i是否是偶数 */
        {
            sum=sum+i;   //把i加到sum中
        }
    }
    printf("%d",sum);
    return 0;
}
</pre></td></tr>
</table>

1.6 编程实战

实战1-1 用户输入两个整数,请输出它们的和。

输入示例:

```
5 6
```

输出示例:

```
11
```

【问题分析】

(1) 程序需要几个数据?它们应该是什么类型(数据描述)?

(2) 怎么计算两个整数的和(算法流程)?

【程序设计】

(1) 用户要输入的是两个整数,因此至少需要两个数据变量,它们都是整数类型。

(2) 假设a和b分别代表这两个整数变量,a+b就可以得到它们的和。

(3) 这个和是否需要存放到内存中?所谓存放到内存中,可以理解为将这个值赋值给某个变量,而变量在内存中都占有空间。至于变量要占用多大的内存空间,将在第2章中介绍。

【程序实现】

假设用户输入数据时以空格进行间隔(如8 20),以下是3种程序实现方案:

方案一：把 a+b 的结果保存到一个新的变量 c 中。

方案二：把 a+b 的结果保存到变量 a 中，此时变量 a 中存储的不再是用户输入的值。

方案三：没有保存 a+b 的结果，而是直接进行输出。

表 1-2 分别是 3 种方案的代码，程序运行结果如图 1-17 所示。

表 1-2　实战 1-1 的 3 种程序实现方案

方　案　一	方　案　二	方　案　三

#include <stdio.h>
int main()
{
    int a,b,c;
    scanf("%d%d", &a,&b);
    c=a+b;
    printf("%d",c);
    return 0;
}
	#include <stdio.h>
	int main()
	{
	    int a,b;
	    scanf("%d%d", &a,&b);
	    a=a+b;
	    printf("%d",a);
	    return 0;
	}
		#include <stdio.h>
		int main()
		{
		    int a,b;
		    scanf("%d%d", &a,&b);
		    printf("%d",a+b);
		    return 0;
		}

这 3 个方案的不同仅在于如何处理 a+b 的结果。

方案一保留了 a 与 b 的原值，通过新增变量 c 来保存结果，而变量的增加意味着要占用更多的内存空间。

方案二没有增加变量个数，而是将结果保存到 a 中，代价是 a 的原值被改变。

```
15 76
91
Process returned 0 (0x0)
```

图 1-17　实战 1-1 的运行结果示例

方案三选择不保存结果而是直接输出。

就本例而言，是否保存结果，以及是否改变用户输入的原值对程序的整个运行没有影响。但当程序要完成的工作更加复杂时，是否需要保留用户输入的原始数据，以及是否需要保存某些中间计算结果，都是编程时要考虑的问题。

此外，关于标准格式化输入函数 scanf()和标准格式化输出函数 printf()，读者在现阶段可以直接模仿使用，只需要知道 scanf()中的%d 表示要输入一个整数，有几个%d 就表示要输入几个整数，后面的 &a，&b 表示把第一个输入的值存放到 a 所占的内存空间(相当于给 a 赋值)，把第二个输入的值存放到 b 所占的内存空间(相当于给 b 赋值)；printf()中的%d 表示要输出一个整数，有几个%d 就会输出几个整数，要输出的具体数值依次由后面的表达式决定。

注意

基于节省篇幅的需要，本书之后提供的参考程序代码不再包括预处理命令#include <stdio.h>和#include<stdlib.h>。

实战 1-2　每个鼠标 m 元，用户有 k 元，想买 n 个鼠标(m、k、n 都是整数)，请判断用户的钱是否够用。够用输出 Yes，否则输出 No。

输入示例：

```
80 200 2
```

输出示例：

```
Yes
```

【问题分析】

(1) 程序需要几个数据？它们应该是什么类型？

(2) 怎么计算买 n 个鼠标要花多少钱？

(3) 如何判断用户的钱是否够用？

【程序设计】

(1) 用户要输入的是 3 个整数，因此至少需要 3 个数据变量，它们都是整数类型。

(2) 根据题目描述，m×n 就是买鼠标要花的钱。

(3) 如果 k≥m×n，就表示带的钱够用，否则就是不够用。

【程序实现】

假设用户按照 m、n、k 的顺序进行输入，输入数据之间以空格进行间隔(如 5 6 40)，以下是参考程序代码，程序运行结果如图 1-18 所示。

```
int main()
{
    int m,k,n;                        //定义 3 个 int 型变量
    scanf("%d%d%d",&m,&n,&k);  //依次输入 m、n、k，并保存到对应的内存空间，注意取址符 &
    if(k>=m*n)                        //判断钱是否够用，* 是乘号
        printf("Yes");               //printf()中双引号之间的部分就是输出内容
    else
        printf("No");
    return 0;
}
```

```
50 7 300
No
Process returned 0 (0x0)
```

图 1-18 实战 1-2 的运行结果示例

【小建议】

编写程序的一个小技巧

建议初学者为每道编程题单独建立一个项目，并在 Workspace(工作空间)只打开一个项目，编程区也只打开当前要编写的源文件(图 1-19)。这样可以确保正在编写的文件就是要被运行的文件。

图 1-20 的 Workspace 中打开了 4 个项目，编程区中也打开了 4 个同名源文件(main.c)，此时，想必编程者也不知道哪个源文件属于当前被激活的项目了吧？虽然当前激活项目的名字会加黑显示，把鼠标放到源文件的名字上，系统也会显示该文件所属的项目，但毕竟不如图 1-19 所示的清楚方便。事实上，在同时打开多个项目和文件时，很多编程者会遇到明明修改了代码，但运行程序时运行结果却完全没有变化的情况，这是因为被修改的文件根本就

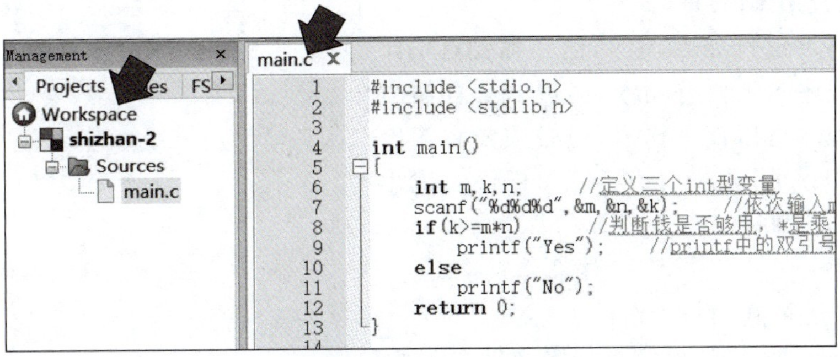

图 1-19　编写程序时不要打开过多项目和源文件

不是实际运行的文件。

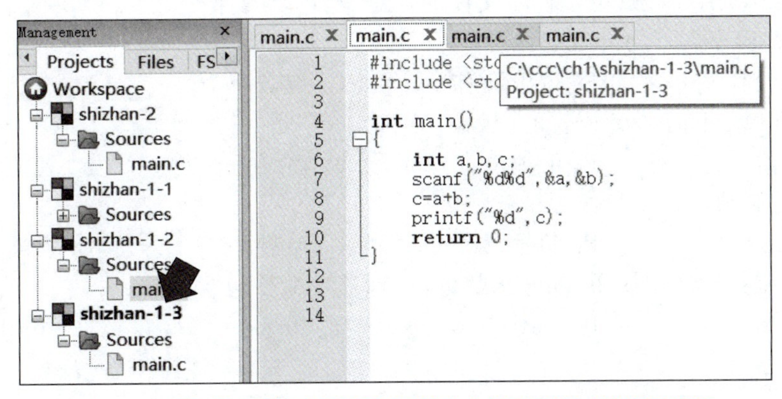

图 1-20　同时打开多个项目和源文件会影响编程、调试和运行

习题

一、单项选择题

1. C 程序的基本组成单位是(　　)。

A. 语句　　　　B. 函数

C. 模块　　　　D. 文件

2. C 语言的 3 种基本结构是(　　)。

A. 数据、算法、设计　　　　B. 编程、编译、运行

C. 顺序、选择、循环　　　　D. 模块、函数、过程

3. 以下描述正确的是(　　)。

A. C 程序从第一个函数开始执行，到最后一个函数结束时，整个程序运行结束

B. C 程序从 main()函数开始执行，到 main()函数结束时，整个程序运行结束

C. C 程序从 main()函数开始执行，到最后一个函数结束时，整个程序运行结束

D. C 程序从第一个函数开始执行，到第一个函数结束时，整个程序运行结束

4. 以下描述正确的是(　　)。
A. C 程序必须要有输入,也必须要有输出
B. C 程序必须要有输入,但可以没有输出
C. C 程序可以没有输入,但必须要有输出
D. C 程序可以没有输入,也可以没有输出
5. C 语言是面向(　　)的语言。
A. 过程　　B. 对象　　C. 机器　　D. 事件
6. 以下描述正确的是(　　)。
A. main()函数必须位于程序文件的起始位置
B. main()函数必须位于程序文件的结尾位置
C. main()函数必须位于它要调用的函数后面
D. main()函数可以位于程序文件的任意位置
7. 一个 C 程序(　　)main()函数。
A. 至少有一个　　B. 可以没有　　C. 有若干个　　D. 有且只有一个
8. C 语言属于程序设计语言的(　　)类别。
A. 机器语言　　B. 汇编语言　　C. 高级语言　　D. 智能语言
9. C 语句必须以(　　)作为结束。
A. 分号　　B. 句号　　C. 逗号　　D. 省略号
10. 若希望在程序中使用 sin()函数,应让预处理命令包含(　　)。
A. stdio.h　　B. math.h　　C. sin.h　　D. stdlib.h

二、编程题

1. 用户输入两个整数,编写程序,输出其中的较小数。
输入示例:

```
8 20
```

输出示例:

```
8
```

2. 用户输入两个整数,编写程序,输出它们之差的绝对值。
输入示例:

```
9 15
```

输出示例:

```
6
```

3. 编写程序,输出:

```
I love C Language!
```

第 2 章

数据类型、运算符和表达式

C 语言的特点之一就是提供了丰富的数据类型和运算符，并由此构成表达式。本章将对数据类型、标识符、关键字、运算符和表达式等一一进行介绍。

2.1 预备知识

2.1.1 位、字节、字与字长

1. 位(bit)

在计算机中，信息的最小单位是位(通常用 b 表示)，它能存放的数只有两个，要么是 0，要么是 1。可以把它想象成一个开关，只有“开”和“关”两个状态，分别对应着 1 和 0。

2. 字节(byte)

位这个单位实在太小，所以用来表示计算机存储量的基本单位是字节(通常用 B 表示)，一个字节由 8 个位组成。可以想象成每 8 个开关一组，有的开关处于“开”状态，有的开关处于“关”状态，由此就可以形成一组二进制数。以下是几个描述存储量的单位。

```
1KB=1024B
1MB=1024KB
1GB=1024MB
1TB=1024GB
```

3. 字(word)与字长

计算机采用二进制编码的方式表示数据、指令和其他控制信息，字是计算机进行数据处理和运算时，一次能并行处理(如存取、操作或传送)的二进制位数。

字长就是字的长度，单位是位。字长是计算机的一个重要技术指标，由 CPU 的类型决定，目前，主流计算机的字长通常是 32 位或 64 位。字长决定了计算机一次操作能处理实际位数的多少，字长越长，计算机一次处理的信息位就越多，精度也就越高。

例如，某计算机的字长是 8 位，要进行两个 16 位的数据的加法运算，就需要把 16 位的数据拆分成两个 8 位，再分别进行运算处理。但如果计算机的字长是 16 位，一次运算处理即可得到结果。

长知识

问：在 64 位 CPU 上运行的操作系统就是 64 位操作系统吗？

不是。64 位 CPU 表示计算机的字长是 64 位，这是硬件方面的性能。计算机厂家为计算机所有的指令设计了相应的二进制编码，这些指令集形成了机器语言，这是软件方面的性能。操作系统的位数就是指令集的位数，它小于或等于 CPU 位数，只有在 64 位 CPU 上安装和运行 64 位软件（包括操作系统和应用软件）才能充分发挥 CPU 的优势。在 32 位操作系统中，64 位 CPU 只能当 32 位用。

在文件管理器中鼠标右键单击“此电脑”，在弹出的菜单中选择“属性”，可以查看计算机的系统类型。在应用软件中，也可通过“关于”“帮助”等选项查看应用软件的版本信息。

2.1.2 C 程序与内存

内存又称为主存，是计算机的重要组成部分，它采用地址编码方式，为内存中的每一个字节都顺序分配一个唯一的地址编码。地址编码同样采用二进制，例如，当采用 3 位二进制进行地址编码时，二进制的 0 和 1 可以组成 2^3 个编码组合：000、001、010、011、100、101、110 和 111。利用这些编码组合，可以对 2^3 个字节进行地址编码，如第一个字节的地址编码是 000，第二个字节的地址编码是 001，以此类推。

由此，n 位二进制可以实现对 2^n 个字节的地址编码，即 32 位二进制可以对 2^{32} 个字节也就是大概 4G 个字节进行地址编码。若干年前，当 32 位计算机仍是主流时，有些用户试图通过扩展槽将内存扩展成 6GB、8GB 或者更多，但这其实是一种浪费，因为 32 位的计算机顶多能对 4GB 的内存进行地址编码。现在的主流计算机已是 64 位，足以支持大容量的内存。

所有程序和数据都要载入内存后才能由 CPU 进行处理，然后 CPU 通过寻址的方式对内存进行访问。同样，C 程序经过编写、编译和链接后，也要载入内存才能运行。此时，内存中可能已经运行着其他一些程序，系统会在尚未使用的内存中为 C 程序分配一部分空间，而这部分空间又可细分为如表 2-1 所示的 4 个区间，每个区间存放不同的内容。

表 2-1 C 程序的内存分区

内存分区	说明
程序代码区	存放函数体的二进制代码，该区域在程序结束后由系统释放
全局区（静态区）	存放全局变量和静态变量，其中细分有一个常量区，用于存放常量，该区域在程序结束后由系统释放
栈区	存放函数的参数、局部变量等，由系统自动分配和释放
堆区	由编程者分配和释放，程序结束时，若编程者没有释放，可能由系统回收

也有人把常量存储区单独分出来，认为 C 程序占用的内存可分为 5 个区间。

2.2　数据类型

2.2.1　数据类型的划分

计算机要处理的对象就是数据，图 2-1 是数据分类图。基本类型的数据按可变性划分，可分为常量和变量。显然，常量是指在程序运行过程中不会改变的数据；变量则是指在程序运行过程中，其值会发生变化的数据。常量和变量都占用内存，基本类型的数据按其在内存中所占空间大小，以及取值的精度范围等，可划分为整型（含短整型、整型和长整型）、浮点型（含单精度型、双精度型和长双精度型）和字符型。由它们又可以构造出数组、结构体、共用体和枚举类型，另外还有特殊的指针类型和 void 类型。本章只针对基本类型的数据进行介绍，其他类型将在后面的章节中陆续讲解。

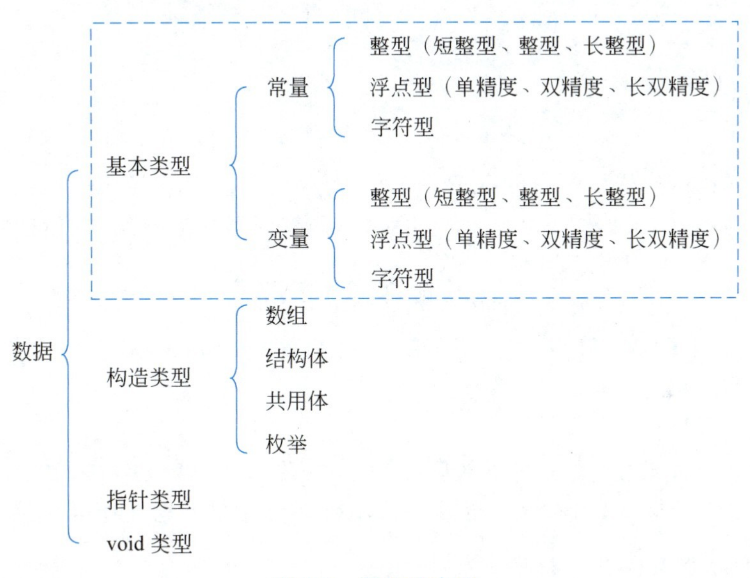

图 2-1　数据分类图

长知识

问：为什么要对数据类型进行更细的分类？

与现在动辄几个 GB 的内存相比，早期的内存只有几百 KB 到几十 MB，可用空间非常有限，所以对数据类型进行细分，编程时再根据数据的取值范围选择合适的类型是非常必要的。可以想象成系统提供了多种尺寸的盒子，用户可以根据实际需求选择合适的盒子放东西，盒子的大小够用就好，不要浪费。此外，很多操作系统和应用软件的内核是基于 C 语言的，它们运行时占用的内存空间越少，就能提供越多的空间给其他应用使用。

2.2.2 不同数据类型的内存占用与数据编码

1. 整型的内存占用与数据编码

(1) 不同整型占用的内存空间。

整型根据占用内存空间的不同,可细分为短整型(short int,可省略为 short)、整型(int)和长整型(long int,可省略为 long)3 种,它们具体占用多少内存空间由编译器决定,即不同的编译器为不同整型分配的内存空间有可能是不同的。利用 sizeof(操作数)运算符可以得到操作数在内存中所占用的字节数。

例 2-1 利用 sizeof()运算符查看不同整型在内存中所占的字节数。

```
int main()
{
    printf("%d,%d,%d,%d",sizeof(short),sizeof(int),
            sizeof(long),sizeof(568));
    return 0;
}
```

前 3 个是查看不同整型所占的字节数,第 4 个是查看整型常量所占的字节数(整型常量隐含为 int 型),运行结果如图 2-2 所示。注意,不同编译器的运行结果有可能不同。

```
2,4,4,4
Process returned 0 (0x0)
```

图 2-2 用 sizeof()运算符查看不同整型在内存所占的字节数

注意

sizeof 是 32 个关键字之一,它是单目运算符,不是函数。所谓单目运算符,是只需要一个操作数就可以进行运算的,而双目运算符需要两个操作数才能进行运算。

(2) 有符号整型和无符号整型。

因为整数包括负数和非负数,所以 C 语言隐含整型是有符号的,并将整型所占空间的最高位作为符号位,0 表示该数是非负数,1 表示该数是负数。以短整型为例(图 2-3),它在内存中占两个字节(16 位),最高位是符号位,其余 15 位是数据位,每一位要么是 0,要么是 1,因此短整型的取值范围是 $-2^{15}\sim2^{15}-1$,即 $-32768\sim32767$。如果程序要处理的整型数据刚好在这个取值范围内,就可以将其定义为短整型。

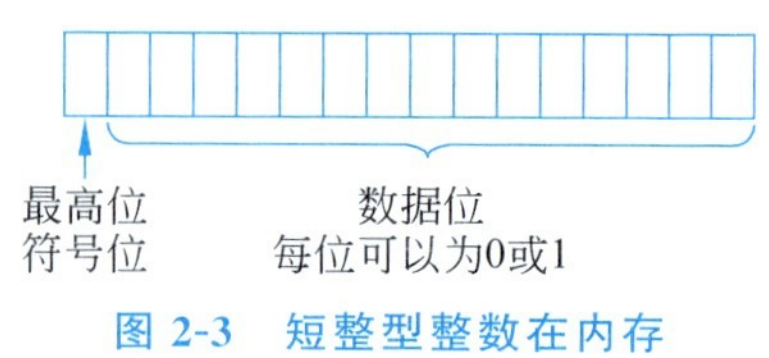

图 2-3 短整型整数在内存中的存储形式

问题来了

当要处理的整型数据都是非负数时,可以把符号位当作数据位吗?

当然可以。C 语言中,如果想把符号位也作为数据位,只需要在定义数据类型时,在前面添加关键字 unsigned，将其变成无符号整型即可。以 unsigned short 型为例，此时的数据位变成 16 位，取值范围变成 $0\sim2^{16}-1$，即 0～65535。

表 2-2 是不同整型占用的存储空间及取值范围，在编程时，可以根据实际需求选择合适的数据类型。C99 新增了 long long int 型，存储空间为 8 字节，极大地增加了取值范围，读者可以试试自己的编译器是否支持该类型。

表 2-2　不同整型占用的存储空间及取值范围

整型类型	占用存储空间(字节)	取值范围
short	2	−32768～32767
unsigned short	2	0～65535
int	2 或 4	−32768～32767 或 −2147483648～2147483647
unsigned int	2 或 4	0～65535 或 0～4294967295
long	4	−2147483648～2147483647
unsigned long	4	0～4294967295

(3) 整数的二进制编码方式。

整型数据在内存中是以二进制的补码方式进行存储的。非负数的补码就是该数的二进制形式，负数的补码是该数绝对值的二进制形式按位取反后再加 1。

例如，有 short 型数据，其值为 568，它的二进制数是 10 00111000，在内存中它的存储值是 00000010 00111000(有效位数不够在前面补 0)。

问题来了

如果数值为−568，是不是只需要把符号位变成 1 就可以？

当然不是。首先要得到−568 的绝对值的二进制码 00000010 00111000，然后将其按位取反，变成 11111101 11000111，再加 1，变成 11111101 11001000(二进制数是逢二进一)，这就是 short 型的−568 在内存中的存储值，可以看到符号位上是 1，表示这个数是负数。

【小思考】

有 short 型数据，其值为−3，它在内存中的存储值是多少？答案在脚注①。

2. 浮点型的内存占用与数据编码

(1) 不同浮点型占用的内存空间。

浮点数用来表示具有小数点的实数。浮点型根据占用内存空间的不同，可细分为单精度型(float)、双精度型(double)和长双精度型(long double)3 种。表 2-3 是不同浮点型占用的存储空间、取值范围及精度，其中长双精度型具体占用多少内存空间由编译器决定。

① 首先得到−3 的绝对值 3 的二进制形式，为 00000000 00000011；然后按位取反，为 11111111 11111100；再加 1，结果是 11111111 11111101。

表 2-3　不同浮点型占用的存储空间、取值范围及精度

浮点型类型	占用存储空间(字节)	取值范围	精度
float	4	$1.175494\times10^{-38}\sim3.402823\times10^{38}$	小数点后 6 位
double	8	$2.225074\times10^{-308}\sim1.797693\times10^{308}$	小数后 15 位
long double	≥8(由编译器定)	不少于 double 型	不少于 double 型

例 2-2　利用 sizeof()运算符查看不同浮点型在内存中所占用的字节数。

```
#include <float.h>                //要查看不同浮点型的取值范围和精度,需要包含 float.h
int main()
{
    printf("%d,%d,%d,%d\n",sizeof(float),sizeof(double),
           sizeof(long double),sizeof(5.78));
    printf("float 的精度:%d\n",FLT_DIG);              //FLT_DIG 是 float 的精度
    printf("float 型的最小值:%e\n",FLT_MIN);          //FLT_MIN 是 float 型的最小值
    printf("float 型的最大值:%e\n",FLT_MAX);          //FLT_MAX 是 float 型的最大值
    printf("double 型的精度:%d\n",DBL_DIG);           //DBL_DIG 是 double 型的精度
    printf("double 型的最小值:%e\n",DBL_MIN);         //DBL_MIN 是 double 型的最小值
    printf("double 型的最大值:%e\n",DBL_MAX);         //DBL_MAX 是 double 型的最大值
    return 0;
}
```

第一条 printf 语句中,前 3 个是查看不同浮点型所占的字节数,第 4 个是查看浮点型常量所占的字节数(浮点型常量隐含是 double 型),运行结果如图 2-4 所示。注意,不同编译器的运行结果可能不同。

```
4,8,16,8
float的精度: 6
float型的最小值: 1.175494e-038
float型的最大值: 3.402823e+038
double型的精度: 15
double型的最小值: 2.225074e-308
double型的最大值: 1.797693e+308
```

图 2-4　用 sizeof()运算符查看不同浮点型在内存所占的字节数

程序中的 FLT_DIG、FLT_MIN 等是符号常量(参见 2.3.5 节),要想使用这几个符号常量,必须在#include 预处理命令中包含 float.h 头文件。每个编译器都有自己的 float.h 头文件,其中的符号常量所代表的数值可能不一样。

在 printf 语句中除了有之前见过的%d,还出现了%e 和\n,%e 表示按指数形式输出数据,\n 是换行符,表示另起一行进行输出。

注意

按%e 格式输出数据时,要求指数部分(即 e 后面的数值)是 2～3 位数(不同编译器的格式可能不同),不够位数的在前面补 0,所以图 2-4 中的 e+038 中的 038 是 10 的 38 次方。

(2) 浮点数的二进制编码方式。

浮点数可以由小数形式和指数形式进行表示,一个浮点数的指数形式不止一种,如 78.125 可以表示为 781.25×10^{-1},也可以表示为 0.078125×10^{3}。小数点可以进行前后浮动,这也

是浮点数名称的由来。

不过，任何浮点数的规范化指数形式都只有一种。以十进制的浮点数为例，它的规范化指数形式要求小数点前面的数字为 0，小数点后面的第一个数字不为 0，则 78.125 的规范化指数形式为 0.78125×10^2。

二进制的浮点数也有相应的规范化指数形式，即 $1.M\times2^K$，其中，小数点前面的数字为 1，M 表示小数部分，K 表示指数部分。在内存中存储时，C 语言要求 K 是非负值，而实际的指数可能有正有负，因此要加上一个偏移量，以确保 K 是非负值。对于 float 型，偏移量是 127；对于 double 型，偏移量是 1023。

C 语言中，浮点型数据是以二进制的规范化指数形式存储在内存中的，它将存储空间分为 3 部分(图 2-5)，最高位是符号位，0 表示该数是非负数，1 表示该数是负数。接下来是指数部分，然后是小数部分。

图 2-5　浮点数在内存中的存储方式

float 型占用 4 字节即 32 位的存储空间，最高位是符号位，接下来的 8 位存储指数部分，剩余的 23 位存储小数部分。

double 型占用 8 字节即 64 位的存储空间，最高位是符号位，接下来的 11 位存储指数部分，剩余的 52 位存储小数部分。

显然，因为用了更多的位来存储小数部分，所以 double 型的数据精度要远高于 float 型。float 型的数据精度为 6 位，double 型的数据精度为 15 位。

至于 long double 型，不同的编译器分配给指数部分和小数部分的位数可能不一样。

长知识

问：如何计算出浮点数在内存中的存储结果？

(1) 分别把十进制浮点数的整数部分和小数部分转换成二进制，方法是：整数部分采取除以 2 取余的方式，再对商重复上述操作，直到商为 0；小数部分采取乘以 2 取整数部分的方式，再对剩下的小数重复上述操作，直到剩余的小数为 0。实际应用中，剩余的小数可能一直无法为 0，但只要得到足够的有效位数，满足存储需要即可。所以，浮点数在内存中存储的值不一定是准确的，会存在一定的误差。

(2) 把小数点向前或向后移动 k 位得到该二进制的规范化指数形式($1.M\times2^K$)，此时，如果浮点数是 float 型，指数部分 K=k+127(如果是 double 型，K=k+1023)，并计算 K 的二进制形式。

(3) 分别把符号位、指数部分 K 和小数部分 M 填写到相应位置，即可得到浮点数在内存中的存储结果。

题 2-1　有 float 型数据，其值为 78.125，请给出它在内存中的存储结果。

【题目解析】

(1) 78.125 的整数部分是 78,它的二进制形式是 1001110(计算过程参见图 2-6(a)),小数部分是.125,它的二进制形式是 001(计算过程参见图 2-6(b))。

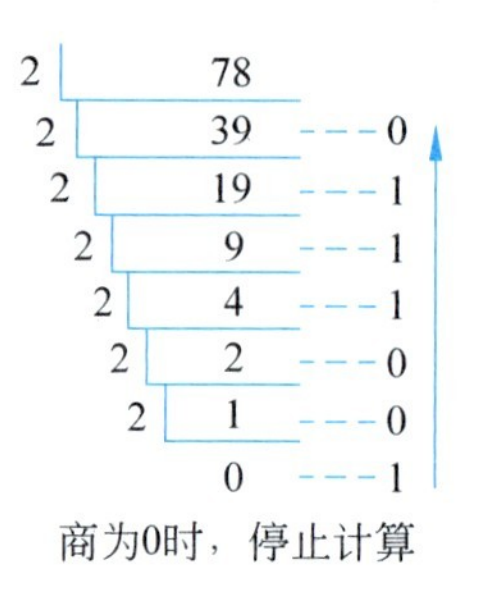

(a)整数部分转二进制的方法

0.125×2=0.25 取整数部分0
0.25×2=0.5 取整数部分0
0.5×2=1.0 取整数部分1
剩余的小数部分为0时，停止计算
或得到足够有效位数时，停止计算

(b)小数部分转二进制的方法

图 2-6 十进制浮点数转换成二进制浮点数的计算方法

(2) 组成 78.125 的二进制形式 1001110.001,并通过移动小数点得到其规范化指数形式 1.001110001×2^6,由此得到 M 和 k。因为 78.125 是 float 型,所以 K=k+127=6+127=133,得到 133 的二进制形式 10000101。

(3) 78.125 是非负数,符号位为 0,将符号位、指数部分和小数部分依次填写到内存中,即可得到 78.125 在内存中的存储结果 01000010 10011100 01000000 00000000(有效数值如果不够,在后面补 0)。注意:如果是-78.125,则符号位变为 1,其余部分相同。这一点与整数采用二进制的补码形式进行存储是完全不一样的。

注意

二进制的规范化指数形式是 $1.M\times2^K$,但内存中只存放了符号位、指数部分 K 和小数部分 M,因此程序从内存中读取完数据后,会先加上整数部分的 1,然后再转换为十进制数。

3. 字符型的内存占用与数据编码

一对单引号加上它们中间的一个符号,就形成了字符,如'a'、'#'、'7'、'D'、'+'等。字符型(char)占用一个字节的内存空间,同样采取二进制编码进行存储。表 2-4 是不同字符型占用的内存空间及取值范围。

表 2-4 不同字符型占用的存储空间及取值范围

字符型类型	占用存储空间(字节)	取值范围
char	1	-128～127
unsigned char	1	0～255

因为一个字节能表示的非负整数的范围是 0～127,所以 ASCII(美国信息交换标准代码)对 128 个字符进行了编码。表 2-5 是对应的 ASCII 编码表。

表 2-5　ASCII 码表

ASCII 编码	字符(意义)	ASCII 编码	字符(意义)	ASCII 编码	字符(意义)
0	NULL(空字符)	31	单元分隔符	62	＞(大于)
1	标题开始	32	空格	63	?（问号）
2	正文开始	33	!（叹号）	64	@(email 符)
3	正文结束	34	"(双引号)	65	A
4	传输结束	35	#(井号)	66	B
5	请求	36	$(美元符)	67	C
6	响应/收到通知	37	%(百分号)	68	D
7	响铃	38	&(和号)	69	E
8	退格	39	'(闭单引号)	70	F
9	水平制表符	40	((开括号)	71	G
10	换行键	41	)(闭括号)	72	H
11	垂直制表符	42	*(乘号)	73	I
12	换页键	43	+(加号)	74	J
13	回车键	44	,(逗号)	75	K
14	不用切换	45	-(减号)	76	L
15	启用切换	46	.(句号)	77	M
16	数据链路转义	47	/(斜杠)	78	N
17	设备控制 1	48	字符 0	79	O
18	设备控制 2	49	字符 1	80	P
19	设备控制 3	50	字符 2	81	Q
20	设备控制 4	51	字符 3	82	R
21	无响应/拒绝接收	52	字符 4	83	S
22	同步空闲	53	字符 5	84	T
23	结束传输块	54	字符 6	85	U
24	取消(Cancel)	55	字符 7	86	V
25	媒介结束	56	字符 8	87	W
26	代替	57	字符 9	88	X
27	取消(Esc)	58	:(冒号)	89	Y
28	文件分割符	59	;(分号)	90	Z
29	组分隔符	60	＜(小于)	91	[(开方括号)
30	记录分隔符	61	=(等号)	92	\(反斜杠)

续表

ASCII 编码	字符(意义)	ASCII 编码	字符(意义)	ASCII 编码	字符(意义)
93	](闭方括号)	105	i	117	u
94	^(脱字符)	106	j	118	v
95	_(下划线)	107	k	119	w
96	`(开单引号)	108	l	120	x
97	a	109	m	121	y
98	b	110	n	122	z
99	c	111	o	123	{(开花括号)
100	d	112	p	124	|(垂线)
101	e	113	q	125	}(闭花括号)
102	f	114	r	126	~(波浪号)
103	g	115	s	127	删除(Del)
104	h	116	t		

'a'(读作"字符 a")的 ASCII 编码是 97,而 97 的二进制形式是 110 0001,所以'a'在内存中的存储值是 01100001(位数不够在前面补 0)。

问题来了

'a'和 97 的二进制形式一样,它们在数值上相等吗?

系统认为字符和它对应的整数编码完全等价。可以认为 0~127 这 128 个数具有双重身份,以'a'和 97 为例,把它当整数看时,它就是 97;把它当字符看时,它就是'a'。其实,可以把字符型看作是只占用了一个字节的整型,如果要处理的数据的取值范围为−128~127,就可以把它定义成 char 型,由此可以节省一个字节的空间(整型中占用空间最少的 short 型也得要 2 字节)。

题 2-2 以下程序的运行结果是(　　)。

```
int main()
{
    printf("%d,%c,%d,%c",'A','A',57,57);
    return 0;
}
```

【题目解析】

答案:

```
65,A,57,9
```

(1) 字符与它的整数编码完全等价,关键看程序要把它当作整数看,还是当作字符看。

(2) printf 语句中有%d 和%c 两种输出格式，%d 表示输出整数，%c 表示输出字符。

综上，可以发现第一个要输出的是'A'的整数形式，第二个要输出的是'A'的字符形式。同理，第三个要输出的是 57 的整数形式，第四个要输出的是 57 的字符形式。需要注意的是，系统在屏幕上输出字符时，是不会加上单引号的，所以输出结果中的 9 其实是'9'，并不是数字 9。

问题来了

'9'和 9 是一回事吗？

当然不是一回事。'9'的整数编码是 57，'9'－9＝57－9＝48。

长知识

问：字符只能有 128 个吗？汉字在计算机中是怎么存储的？

char 型的非负数只有 128 个，如果用 unsigned char 型，非负数的取值范围变成了 0～255，就可以实现对 256 个字符的编码。不同的计算机系统对 128～255 的字符编码有所不同，但 0～127 的字符编码是统一的。

汉字的个数远超 256 个，char 型已无法满足要求，所以只能用整型进行存储。若一个汉字用 short 型（占用两个字节）进行存储，则计算机可识别的汉字不超过 256×256＝65536 个。常用的汉字字符集编码有 B2312、BIG5、GBK、GB18030、UTF-8 等。不同的编译器能支持的汉字字符集编码有所不同。如果编译器无法正确显示汉字，则可以换一种字符集进行尝试。

2.3　常量

2.3.1　整型常量

C 语言提供 3 种形式的整型常量，分别是十进制数、八进制数和十六进制数。十进制计数法是逢十进一，数值是由 0～9 组成的若干数字；八进制计数法是逢八进一，数值是由 0～7 组成的若干数字；十六进制计数法逢十六进一，数值是由 0～9 和 A～F（或 a～f）组成的若干数字。

对于常量本身而言，它所代表的数量是固定的，只是由于计数法的不同，表现出来的具体数值有所不同而已。例如，用十进制计数的 98，当用八进制来计数时，就变成了 142（不能念作“一百四十二”，因为它已不是逢十进一）；当用十六进制来计数时，又变成了 62（不能念作“六十二”）。

问题来了

数值 175 所代表的常量是多少？

在不指明何种进制的情况下，无法判断某个数值所代表的常量。因此，有必要对数值添加标识，表明它是按照什么进制计数的。C 语言规定八进制数以数字 0 作为前导，十六进制数以 0x(或 0X)作为前导，不是这两种前导的就是十进制数。例如，0175 就是八进制数，0x175 就是十六进制数，而 175 是十进制数。

此外，还可以在整型常量后面加后缀 L(l)或 U(u)，表示它是什么类型的常量，如后面添加 UL 表示它是无符号长整型的常量。

题 2-3 下面均为合法整型常量的选项是(　　)。

A. 780 －905 0110L ox123f　　B. 0768 922 0xffa45 1,002

C. 135 017 0x05k 708718　　D. －998 076 0Xaabb 0L

【题目解析】

答案：D。

选项 A 中，ox123f 非法，十六进制数以 0x 或 0X 作为前导，第一个是数字 0，而不是字母 o。

选项 B 中，0768 和 1,002 非法，0768 以 0 作为前导，表明它是八进制数，而八进制数只能由 0～7 组成，不能出现大于 7 的数。1,002 中有非法字符','。

选项 C 中，0x05k 非法，它含有非法字符'k'。

2.3.2 浮点型常量

浮点数是具有小数点的实数。C 语言提供两种采用十进制计数的浮点型常量，分别是小数表示方式和指数表示方式。

1. 小数表示方式

小数表示方式就是使用传统的小数方法，如 5.32、.125 等。

2. 指数表示方式

指数表示方式就是浮点数的指数形式，由于 C 语言没有上标，所以把数表示为“数据 e 指数”或“数据 E 指数”形式，如 3.56×10^{-2} 表示为 3.56e-2，.125 表示为.125e0。

注意

采用指数形式表示浮点数时，要求 e 前面必须有数字，e 后面必须是整数。

此外，采用小数形式时，还可以在浮点型常量后面加后缀 F(f)或 L(l)，表示它是什么类型的常量，如后面添加 L 表示它是长双精度型的常量。

题 2-4 下面均为合法浮点型常量的选项是(　　)。

A. －9.23 5 e2　　B. 2e0 12.34E 82.2f

C. 46.2 2.6e-4 6.e＋12　　D. 12. 4.2e2.1 198.9992

【题目解析】

答案：C。

选项 A 中，5 没有小数点，它是整型常量，不是浮点数。e2 的 e 前面没有数字，不合法。

选项 B 中，12.34E 的 E 后面没有整数，不合法。

选项 D 中，4.2e2.1 的 e 后面不是整数，不合法。

注意

2e0 是合法的实数。C 语言规定，在采用小数形式表示浮点数时，必须要有小数点。但采用指数形式时，只要求 e 前面有数字，e 后面是整数。

2.3.3　字符型常量

C 语言提供两种形式的字符型常量，分别是基本字符和转义字符。

1. 基本字符

基本字符就是在一对单引号之间加一个字符，如'B'、'n'、'*'等。

2. 转义字符

转义字符就是赋予某些字符特殊的含义，这也是转义的由来。转义字符以反斜杠'\'开头，在后面加上一个字符或字符序列。

有如下 3 种转义字符格式。

(1) 反斜杠后面加一个字符，让其表示新的含义。

常用的转义字符及组成的新含义如表 2-6 所示。

表 2-6　常用的转义字符及组成的新含义

转义字符	含　义	转义字符	含　义
'\''	一个单引号	'\f'	走纸换页
'\"'	一个双引号	'\n'	换行
'\\'	一个反斜杠	'\r'	回车(回到本行起点)
'\a'	响铃警报	'\t'	水平制表
'\b'	退格	'\v'	垂直制表

以'\''和'\"'为例，单引号一般成对出现，主要用于字符常量的表示；双引号也通常成对出现，主要用于字符串常量的表示。但如果只想使用一个单引号或一个双引号呢？这就需要转义字符'\''和'\"'了。例如，printf("%d\'%d\"",minute,second)就可以输出类似 5'20"的效果。

同理，反斜杠主要用作转义字符的开头，如果要输出反斜杠，就需要使用转义字符'\\'。

可以发现，上述 3 个转义字符其实转的就是它们最初的含义。

再以'\n'为例，'n'原本代表的是字符 n，转义后的'\n'变成了换行符，它可能是最常用的转义字符。如果想在输出中另起一行，就要使用'\n'进行换行。

(2) 反斜杠后面加上 1～3 位八进制数，表示与八进制整数编码所对应的字符。

字符与它的整数编码完全等价，以'a'为例，它的十进制编码是 97，对应的八进制编码是

0141，因此，在反斜杠后面加上 141 后，'\141'就能表示'a'。为了避免产生歧义，八进制的前导 0 被省略。

（3）反斜杠后面加上 x 和 1～2 位十六进制数，表示与十六进制整数编码所对应的字符。

仍是以'a'为例，它对应的十六进制编码是 0x61，因此，在反斜杠后面加上 x61 后，'\x61'就能表示'a'。为了避免产生歧义，十六进制的前导 0x 中的 0 被省略。

题 2-5 下面不能表示'a'的选项是（　　）。

A. 'a'　B. '\a'　C. '\141'　D. '\x61'　E. 97　F. 0141　G. 0x61

【题目解析】

答案：B。

字符与它的整数编码完全等价，而整数编码有十进制、八进制和十六进制 3 种形式，所以选项 E、F 和 G 都是在使用不同的进制表示'a'的整数编码。

选项 C 和 D 是转义字符，分别用八进制编码和十六进制编码表示'a'。

选项 B 是把字符 a 转义成了其他含义。

题 2-6 下面为合法字符的选项是（　　）。

A. '65'　B. "t"　C. '\0'　D. '\108'

【题目解析】

答案：C。

基本字符是在一对单引号之间加一个字符，转义字符以'\'开头，然后要么在后面加一个字符，要么加 1～3 位与字符对应的八进制编码，要么加 x 和 1～2 位与字符对应的十六进制编码。

选项 A 的单引号里面有两个字符，不合法。

选项 B 用的是双引号，不合法。

选项 D 是转义字符，\后面有 108，明显不属于转义字符的第一种和第三种情况，只能是第二种，即与字符对应的八进制编码。可八进制数只能由 0～7 组成，因此，选项 D 中的单引号里面其实是两个字符，一个是'\10'，一个是'8'，不合法。

注意

单独的'\'并不是合法字符。要想表示反斜杠，必须用'\\'。

2.3.4 字符串常量

C 语言用一对双引号把若干个字符括起来，以此表示字符串常量，如"good bye"、"Mary"、"121abc***4"等。

题 2-7 字符串"5n\n\\023\0016\xak"中包含（　　）个字符。

A. 9　B. 10　C. 11　D. 12

【题目解析】

答案：C。

字符串里的字符依次是'5'、'n'、'\n'、'\\'、'0'、'2'、'3'、'\001'、'6'、'\xa'和'k'。容易出问题的地方

是反斜杠后面可以加 1～3 个八进制编码，那么'3'后面的字符应该是'\0'、'\00'，还是'\001'？C 语言会从左到右尽量结合数据，所以应该是'\001'。

2.3.5　符号常量

符号常量也称为宏常量，是指用一个标识符号代表一个常量。C 语言中，通过 # define 预处理命令来建立标识符号与常量的等价关系。如：

```
#define PI 3.14
#define NUM 2000
```

它们的意思是用 PI 表示 3.14，用 NUM 表示 2000。

还记得例 2-2 中的 FLT_DIG 吗？它就是一个符号常量，在 float.h 头文件中，就有一条预处理命令：

```
#define FLT_DIG 6
```

它的意思是用 FLT_DIG 表示 6。

例 2-3　用户输入圆的半径 r，请输出圆的周长和面积。

```
#define PI 3.14                          //预处理命令，定义符号常量 PI
int main()
{
    float r,peri,area;                   //半径 r、周长 peri、面积 area 被定义成浮点型
    scanf("%f",&r);                      //读取一个实数，并保存到 r 所占的内存空间
    peri=2 * PI * r;                     //周长
    area=PI * r * r;                     //面积
    printf("peri=%f,area=%f", peri,area);     //%f 表示输出浮点数
    return 0;
}
```

运行结果如图 2-7 所示。

```
3
peri=18.840000,area=28.260000
```

图 2-7　例 2-3 的运行结果示例

符号常量不占内存，它只是一个临时符号，在编译前，预处理器会先将所有的 PI 置换成 3.14，然后符号常量功成身退。

使用符号常量的好处主要有：当程序中有多处用到同一个常量时，可以用符号常量代替它，当需要修改常量值时，只需在 # define 预处理命令中修改一次，就能实现“一改全改”。例如，若希望例 2-3 的计算精度达到小数点后 4 位，只需要将 # define 预处理命令改为：

```
#define PI 3.14159
```

使用符号常量要注意以下几点：

(1) 符号常量应能“见名知意”。

(2) #define 预处理命令不是语句，不要在后面加分号。

(3) 为与变量名有所区别，习惯符号常量用大写字母。

(4) 系统只对 #define 预处理命令所在行之后的常量进行置换，所以应把 #define 预处理命令写在程序开始处。

2.4 变量

变量是在程序运行过程中，其值可以改变的量。例如，变量 a 的值是 7，变量 b 的值是 9，执行 a=a+b 后，变量 a 的值为 16，发生了改变。

那怎么才能使用变量呢？方法很简单，就是要先定义变量（也称为创建变量、声明变量），定义的内容包括变量的名字和类型。系统会根据变量的数据类型分配内存空间，并将这段空间命名为变量名，之后就可以正常使用变量存取数据。

事实上，变量是一个有名字的、具有特定类型的存储单元（图 2-8），可以把变量想象为一个盒子，变量名是盒子的标签，变量值是盒子里面的东西，而盒子的大小则取决于变量的数据类型。变量必须要“先定义，后使用”，理由很简单，如果没有事先申请好存储空间，又怎么能够往存储空间里面存储数据呢？

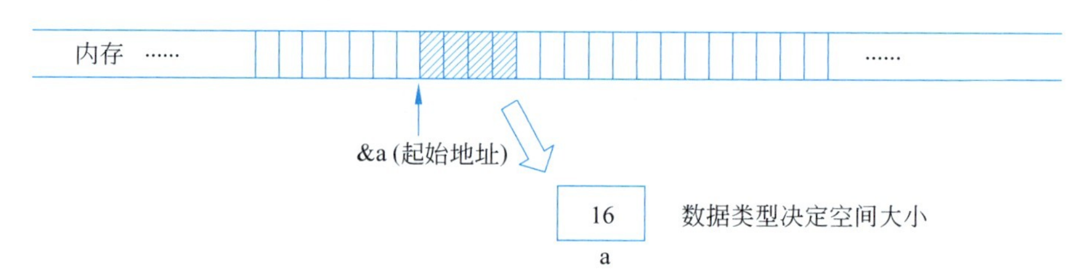

图 2-8　变量是内存中的某段存储单元

注意

变量有全局变量和局部变量、静态存储变量和动态存储变量等分类，不同分类的变量会被分配到不同的内存分区（参见表 2-1），相关内容会在函数章节进行讲解。如无特别说明，函数章节之前所使用的变量都是在栈区由系统自动分配和释放的局部变量，而局部变量也是最常用的变量。

定义变量的一般格式如下：

```
(1) 数据类型 变量名;
(2) 数据类型 变量名=初始值;
```

第一种方法在定义完变量后，变量值是一个随机数，必须在读取数据之前确保变量已赋初值。想象房间里有一排开关，第一次打开房间时，有的开关处于“开”状态，有的开关处于“关”状态，完全是随机的，所以必须把开关拨到需要的状态（赋初值）才可以正常使用。

第二种方法是在定义变量的同时为变量赋初值。

可以在一条语句里同时定义多个变量，变量之间以逗号相隔，如：

```
int a, b=1, c;
float r, t;
```

问题来了

int a=b=c=0;语句能实现在定义多个变量的同时为它们赋予相同的初值 0 吗？

不能。变量必须先定义后使用，在 int a=b=c=0;语句中，int a=b 的含义是在定义变量 a 的同时把变量 b 的值赋值给 a，可是此时的变量 b 还没有被定义，所以系统会给出错误提示(图 2-9)。解决方法可以是：

```
(1) int b,c,a=b=c=0;
(2) int a,b,c; a=b=c=0;              //本行其实有两条语句，分别是定义变量语句和赋值语句
(3) int a=0,b=0,c=0;
```

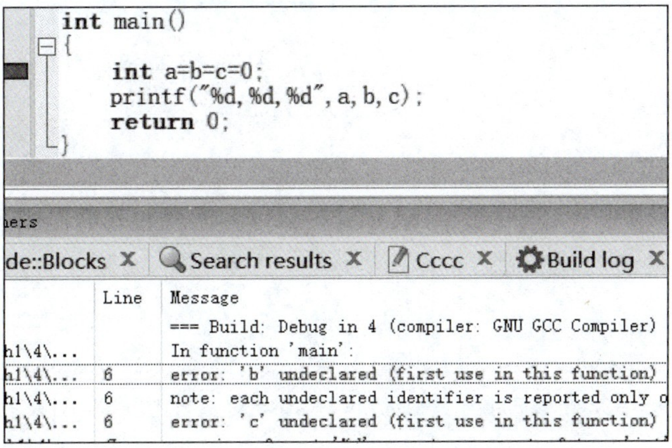

图 2-9　int a=b=c=0;的错误原因

在定义和使用变量时应注意以下几个方面：

(1) 变量名应符合取名规则(参见 2.6.2 节)，能“见名知意”。

(2) 变量的类型应根据实际需求而定。一般来说，整型用 int、浮点型用 float、字符型用 char 就可以满足需求。

(3) 假设变量名为 a，完成变量定义后，a 代表变量的值，&a 代表变量的地址。“&”是取址符，&a 表示取变量 a 所在存储单元的起始地址(简称地址)。如果变量 a 是 int 型，则从起始地址开始的 4 个字节就是变量 a 所占用的存储空间；如果变量 a 是 double 型，从起始地址开始的 8 个字节就是变量 a 所占用的存储空间。

例 2-4　定义 3 个不同类型的变量，输出它们的初始值和变量地址。

```
int main()
{
```

```
    float a=2.6;                          //定义变量的同时赋初值
    int b;                                //仅定义变量,此时的变量值是个随机数
    char c;
    //输出格式与变量类型相同
    printf("完成变量定义后,a=%f,b=%d,c=%d\n",a,b,c);
    //用十进制格式输出地址编码
    printf("a的地址是%d,b的地址是%d,c的地址是%d",&a,&b,&c);
    return 0;
}
```

程序的运行结果如图 2-10 所示，变量 b 和变量 c 的值是一个随机数，不同的计算机，程序的运行结果可能不同。从图中的地址可以看出，变量 c 在内存中的起始地址是 6422039，占用一个字节的空间；从 6422040～6422043，是变量 b 在内存中占用的存储空间，从 6422044 开始的 4 个字节是变量 a 占用的存储空间。

```
完成变量定义后，a=2.600000,b=16,c=0
a的地址是6422044,b的地址是6422040,c的地址是6422039
```

图 2-10　例 2-4 的运行结果示例

2.5　常变量

所谓常变量，是指虽然身为变量，但变量值在整个运行期间不允许被修改，相当于以变量的身份实现了常量的功能。方法是在定义变量的同时在前面添加关键字 const，如：

```
const float PI=3.14;
```

常变量一定要在定义变量的同时赋初值，之后再对其赋值都会引发错误提示。

问题来了

符号常量与常变量的区别在哪里？

这其实体现了 C 语言的多样性，符号常量和常变量都能做到“见名知意”和“一改全改”。它们的不同主要在于：

（1）符号常量需要使用＃define 预处理命令；常变量用的是定义变量的方式，是一条语句。

（2）符号常量不占内存，在预处理阶段会用具体值将符号常量全部替换；常变量占内存，它被分配在常量存储区。

（3）符号常量在替换时不会进行数据类型检查；常变量会进行数据类型检查，以避免出错。

（4）符号常量在定义表达式时要注意边际效应，如：

```
#define N 3+6                             //N表示的是3+6,而不是3+6的结果
int a=N*2;
```

在替换时，N 会被替换成 3+6，变成 int a=3+6 * 2，结果是 15。

若使用的是常变量：

```
const int N=3+6;                        //N 值是 9，且之后不允许被修改
int a=N * 2;                            //等同于 int a=9 * 2，结果是 18
```

2.6　关键字与标识符

2.6.1　关键字

C 语言有 32 个关键字（也称为保留字），它们均有特殊的用途，不能作为常量名、变量名或函数名等。表 2-7 列出了 C 语言的所有关键字。

表 2-7　C 语言的所有关键字

关键字	用　　途	关键字	用　　途
auto	声明自动变量	int	声明变量或函数返回值为整型
break	跳出当前循环	long	声明变量或函数返回值为长整型
case	开关语句分支	register	声明寄存器变量
char	声明变量或函数返回值为字符型	return	函数返回值
const	声明常变量	short	声明变量或函数返回值为短整型
continue	结束当前循环，开始下一轮循环	signed	声明变量或函数返回值为有符号类型
default	开关语句中的“其他”分支	sizeof	计算操作数所占内存空间大小的运算符
do	do…while 循环的开始	static	声明静态变量或函数
double	声明变量或函数返回值为双精度浮点型	struct	声明结构体类型
else	条件语句的否则分支	switch	开关语句
enum	声明枚举类型	typedef	给数据类型起别名
extern	声明变量或函数是在其他文件或本地文件的其他位置定义	unsigned	声明变量或函数返回值为无符号类型
float	声明变量或函数返回值为单精度浮点型	union	声明共用体类型
for	for 循环语句	void	声明函数无返回值或无参数，声明通用型指针
goto	无条件跳转语句	volatile	声明变量在程序执行中可被隐含地改变
if	条件语句	while	while 循环或 do…while 循环的结束

2.6.2 标识符

标识符就是变量、符号常量、数组或函数的名称，它由若干个字母、数字和下画线组成，并且必须以字母或下画线开头。标识符的长度限制与C语言标准和编译器环境有关，建议不要超过31个字符。

标识符可分为预定义标识符和用户标识符。预定义标识符是系统预先定义的标识符，如系统库名、系统常量名和系统函数名等。用户标识符是用户自己定义的变量名、符号常量名、数组名和函数名等。预定义标识符可以作为用户标识符使用，只是这样会失去系统规定的原意，使用不当还会使程序出错。例如，当把printf当作用户标识符使用后，它可能不再具有原来的输出功能。

定义标识符要注意以下几点：

(1) 标识符区分大小写。

(2) 关键字不能作为标识符。

(3) 标识符应能“见名知意”，反映它所表示的变量、符号常量、数组或函数的意义。

题2-8 下面均为合法标识符的选项是(　　)。

A. long　_1　A123　　B. a_123　printf　Short

C. _temp　123a　book　　D. long_short　a*b　A

【题目解析】

答案：B。

选项A中，long是关键字，不能作为标识符。

选项C中，标识符必须以字母或下画线开头，所以123a不合法。

选项D中，标识符不能包含除字母、数字和下画线以外的其他字符，所以a*b不合法。

> **【小建议】**
>
> 辨别关键字的小技巧
>
> C语言的关键字只有32个，IDE通常会对它们进行高亮显示。函数名都不是关键字，预处理命令也不是关键字。读者可以尝试在IDE中输入define、printf、main、include、scanf等，看看它们是否是关键字。其实，以上这些都是预定义标识符，完全可以作为用户标识符使用，但有可能会失去它们原有的功能。建议不要把预定义标识符作为用户标识符使用。

2.7 运算符

C语言提供了34个运算符，按功能可分成算术运算符、关系运算符、逻辑运算符、位运算符、赋值(复合赋值)运算符和其他运算符。根据运算符所需要的操作数，运算符又可以分为单目、双目和三目运算符3类，也可以称为一元、双元和三元运算符。

在结合方向上，单目运算符、三目运算符和双目运算符中的赋值(复合赋值)运算符采用“自右向左”的方向，其余的双目运算符都采用“自左向右”的方向。

2.7.1 算术运算符

算术运算符有 3 个单目运算符和 5 个双目运算符。

1. 单目算术运算符

表 2-8 列出了单目算术运算符。

表 2-8 单目算术运算符

运　算　符	使 用 形 式	说　明
＋＋	＋＋ op1 op1 ＋＋	先自增 1 后自增 1
－－	－－ op1 op1－－	先自减 1 后自减 1
－	－ op1	求相反数

“＋＋”和“－－”分别称为自增 1 运算符和自减 1 运算符，只能用于变量。现在以“＋＋”运算符为例进行介绍，“－－”运算符的使用方法类似。

“＋＋”运算符既可以位于变量之前，也可以位于变量之后，它们的功能都是让变量值自增 1。不过，当变量一边自增 1 一边参与表达式的运算时，不同位置的“＋＋”运算符会造成表达式结果的差异。

(1) 变量单独使用“＋＋”运算符：＋＋a 和 a＋＋等同于 a＝a＋1，单独使用时，二者等价。

(2) 变量在使用“＋＋”运算符的同时参与表达式的运算：

- ＋＋a(先自增 1)：先自增 1，然后再参与表达式运算。
- a＋＋(后自增 1)：先参与表达式运算，然后再自增 1。

题 2-9 已知语句 int j, k=5，执行表达式 j=k＋＋后，j 和 k 的值分别是(　　)。

A. j＝5，k＝6　　B. j＝6，k＝6　　C. j＝5，k＝5　　D. j＝6，k＝5

【题目解析】

答案：A。

变量 k 在使用“＋＋”运算符的同时还参与了表达式的运算，并且“＋＋”运算符位于 k 后，所以它是后自增 1，即“先参与运算，后自增 1”，等同于 j＝k，k＝k＋1。

问题来了

如果题 2-9 中的表达式是 j＝＋＋k，执行完表达式后，j 和 k 值分别是多少？

“＋＋”运算符位于 k 之前，它是先自增 1，即“先自增 1，再参与运算”，等同于 k＝k＋1，j＝k，所以，j 和 k 值都是 6。

使用“＋＋”运算符应注意如下几个问题。

（1）C 语言会尽可能多地自左向右将若干个字符组成一个运算符，所以对于 a+++b，会将其理解为(a++)+b。

（2）尽量避免在一个表达式或 printf 语句中多次出现对同一个变量的++运算，如 a=++a+a+++a++或 printf("%d,%d,%d",a++,++a,a++)等，不同编译器的处理方式有所不同，会造成运行结果的差异。

2. 双目算术运算符

表 2-9 列出了双目算术运算符。

表 2-9　双目算术运算符

运　算　符	使 用 形 式	说　　明
+	op1 + op2	op1 加上 op2
−	op1 −op2	op1 减去 op2
*	op1 * op2	op1 乘以 op2
/	op1 / op2	op1 除以 op2
%	op1 % op2	op1 除以 op2 的余数

使用双目算术运算符需要注意如下几个方面。

（1）两数相乘不能省略“*”运算符，如 a=2b 是错误的，应写为 a=2*b。

（2）“/”运算符对于整数运算和浮点数运算的处理不同，如 5/2 的结果是 2，而 5/2.0 的结果是 2.5。这是因为在 C 语言中，遵循同类型数据的运算结果仍是该类型，不同类型的数据运算时，先自动转换成相同类型再运算的规定，因此两个整数相除的结果仍是整数，而整数和浮点数相除时，先将整数转换成浮点数再运算，所以运算结果是浮点数。

（3）“%”运算符用于计算两个整数相除后的余数，例如，9%4 的结果为 1。当操作数有负数时，结果的正负性取决于被除数的正负。例如，−9%5=−4，9%−5=4。“%”运算符要求参与运算的操作数必须是整数。

（4）字符型数据在 C 语言中可以被当作整数对待，两个字符型数据相减，结果是它们的 ASCII 编码值之差，例如，'b'−'a'=1。利用这个特点可以把数字字符转换成对应的数字值，例如，'5'−'0'=5，这也称为数字字符的“数值化”。

2.7.2　关系运算符

关系运算符也称为比较运算符，用于比较两个操作数之间的大小关系，关系运算的结果是逻辑值（真或假）。C 语言中没有逻辑类型，但运算又必须要有一个结果，所以 C 语言用 1 表示关系运算的结果为真，用 0 表示结果为假。例如，5>9 的结果是 0，9<100 的结果是 1。

注意

C 语言中，0 代表逻辑假，非 0 代表逻辑真。为了让关系运算的结果能参与表达式的运算，才使用 1 和 0 表示关系运算的结果，并不是说只有 1 代表逻辑真。

表 2-10 列出了 6 个关系运算符。

表 2-10　关系运算符

运　算　符	使用形式	说　　明
>	op1 > op2	op1 大于 op2
>=	op1 >= op2	op1 大于或等于 op2
<	op1 < op2	op1 小于 op2
<=	op1 <= op2	op1 小于或等于 op2
==	op1 == op2	op1 等于 op2
!=	op1 != op2	op1 不等于 op2

使用关系运算符需要注意几个方面：

(1) C 语言中用“==”运算符表示相等关系，用“=”运算符表示赋值，千万不要把“=”运算符与数学中的“=”搞混。在数学中，没有 a=a+1 这种表示，因为数学中的“=”是“相等”的意思，显然 a 和 a+1 不相等；但在 C 语言中，a=a+1 表示把变量 a 的值加 1 后，再赋值给变量 a，是“赋值”的意思。事实上，C 语言中的 a=7 并不能读作“a 等于 7”，而是读作“把 7 赋值给 a”。

(2) 应避免对实数做相等或不等的关系运算，这是因为实数在存储和计算时都会存在误差，所以若想比较两个实数 a 和 b 是否相等，最好给个误差范围，例如写成 fabs(a-b)<=1e-6，其中 fabs()是取绝对值函数。

2.7.3　逻辑运算符

逻辑运算符用于对逻辑量进行运算。C 语言中，0 代表逻辑假，非 0 代表逻辑真。逻辑运算的结果是逻辑值，与关系运算一样，用 0 表示结果为假，1 表示结果为真。表 2-11 列出了 3 个逻辑运算符。

表 2-11　逻辑运算符

<table>
<tr><th>运算符</th><th>使用形式</th><th>说明</th><th>何时结果为真</th><th>附加特点</th></tr>
<tr><td>&&</td><td>op1 && op2</td><td>与</td><td>op1 和 op2 都为 1 时</td><td>op1 为 0 时，不计算 op2</td></tr>
<tr><td>||</td><td>op1 || op2</td><td>或</td><td>op1 或 op2 为 1 时</td><td>op1 为 1 时，不计算 op2</td></tr>
<tr><td>!</td><td>! op1</td><td>非</td><td>op1 为 0 时</td><td></td></tr>
</table>

使用逻辑运算符需要注意如下几个方面。

(1) “!”运算符的优先级高于“&&”运算符，而“&&”运算符的优先级又高于“||”运算符。

(2) 若要表示变量 x 属于某个范围(如[80,90])，应写成 80<=x && x<=90。假设 x 的值是 98，由于关系运算的优先级高于逻辑运算，所以会先运算 80<=x，结果为 1，然后再运算 x<=90，结果为 0，“1&&0”的结果是 0，表示 x 不属于[80,90]的范围内。

问题来了

能用 80<=x<=90 判断 x 是否属于[80,90]吗?

不能。逻辑运算采用自左向右的结合方向,假设 x 的值是 98,会先运算 80<=x,结果为 1,然后再运算 1<=90,结果为 1。事实上,不论 x 为何值,80<=x<=90 的值都是 1。

(3) "&&"运算符和"||"运算符都有个附加特点,对于 && 操作,只有当 op1 和 op2 都是 1 时,逻辑与的结果才为 1。因此,C 语言会先计算 op1 的值,如果结果为 0,就不再计算 op2,因为无论 op2 的结果如何,都不会改变最终结果为 0 的事实。同理,对于||操作来说,如果 op1 的结果为 1,则不再计算 op2,因为不论 op2 的结果如何,都不会改变最终结果为 1 的事实。

表 2-12 列出了当表达式中有"&&"和"||"运算符时的运算顺序。

表 2-12 表达式中有"&&"和"||"运算符时的运算顺序

组合号	组合方式	运算顺序
1	op1 && op2	只有 op1 为 1 时,才计算 op2
2	op1 || op2	只有 op1 为 0 时,才计算 op2
3	op1 && op2 && op3	简化为 op12 && op3,op12 的运算顺序参照 1 号组合,只有当 op12 为 1 时,才计算 op3
4	op1 || op2 || op3	简化为 op12 || op3,op12 的运算顺序参照 2 号组合,只有当 op12 为 0 时,才计算 op3
5	op1 && op2 || op3	简化为 op12 || op3,op12 的运算顺序参照 1 号组合,只有当 op12 为 0 时,才计算 op3
6	op1 || op2 && op3	简化为 op1 || op23,op23 的运算顺序参照 1 号组合,只有当 op1 为 0 时,才计算 op23

其他的组合方式都可以按类似的方式简化为表 2-12 中的几种组合,不再赘述。

题 2-10 已知 int x=1,y=1,执行表达式 x++ || y++后,x 和 y 的值分别是(　　)。

A. x=2, y=1　　B. x=2, y=2　　C. x=1, y=1　　D. x=1, y=2

【题目解析】

答案:A。

先计算 x++,这是后自增 1,所以先参与计算,x 值为 1,1 || y++,不用再计算 y++。然后 x 自增 1,变成 2。结果就是 x=2,y=1。

2.7.4 位运算符

位运算符以操作数的二进制位作为运算对象,它的操作数和运算结果都是整型数据。表 2-13 列出了 6 个位运算符。

表 2-13　位运算符

<table>
<tr><th>运算符</th><th>使用形式</th><th>说　明</th></tr>
<tr><td>~</td><td>~op1</td><td>对 op1 按位取反</td></tr>
<tr><td>>></td><td>op1 >> op2</td><td>将 op1 右移 op2 个二进制位，符号位不参与移位</td></tr>
<tr><td><<</td><td>op1 << op2</td><td>将 op1 左移 op2 个二进制位，空出的位补 0，符号位不参与移位</td></tr>
<tr><td>&</td><td>op1 & op2</td><td>op1 和 op2 按位进行与运算</td></tr>
<tr><td>|</td><td>op1 | op2</td><td>op1 和 op2 按位进行或运算</td></tr>
<tr><td>^</td><td>op1 ^ op2</td><td>op1 和 op2 按位进行异或运算</td></tr>
</table>

假设 op1 和 op2 的值分别是 6 和 2，它们的二进制数分别是 110 和 010，以下是它们的位运算结果。

(1) ~6，按位对 6 的二进制位取反，结果是－7。假设 6 是 short 型，则 6 在内存中的存储方式是 00000000 00000110，按位取反后为 11111111 11111001，显然这是一个负数。由于负数的补码是其绝对值的二进制按位取反后加 1，所以若想知道该负数的值，需要进行逆运算，先将补码减 1 再按位取反后加上负号，11111111 11111001－1 的结果是 11111111 11111000，按位取反，其结果是 00000000 00000111，也就是 7，再加上负号，就是－7。

(2) 6>>2，110 右移两位，变成 1，相当于 $6/2^2=1$。

(3) 6<<2，110 左移两位，变成 11000，相当于 $6*2^2=24$。

(4) 6 & 2，110 & 010，按位逻辑与，变成 010，结果是 2。

(5) 6 | 2，110 | 010，按位逻辑或，变成 110，结果是 6。

(6) 6 ^ 2，110 ^ 010，按位异或，变成 100，结果是 4。异或是指两个值不同时，对应结果是 1，否则是 0。

位运算直接针对存储空间中的位进行运算，速度非常快，可惜不直观。巧妙运用位运算能节省一些运行时间，例如，要判断一个整数 x 的奇偶性，通常的方法是使用 x%2，余数是 0 表示 x 是偶数，否则是奇数。其实可以直接判断 x 的二进制数的最后一位，如 x & 1 的结果是 0 表示 x 是偶数，否则是奇数。再如，当 x 要乘以 2 的 n 次幂时，直接 x<<n 即可。

2.7.5　赋值(复合赋值)运算符

赋值符可以单独使用，也可以与 5 个双目算术运算符(+、-、*、/、%)和 5 个双目位运算符(>>、<<、&、|、^)组合，形成复合赋值运算符。例如，x+=3 等同于 x=x+3。赋值运算符和复合赋值运算符统称为赋值运算符。

赋值运算符采用自右向左的结合方向，假设变量 x 的值为 3，则表达式 x+=x+=x+=4 的运算过程如下：

(1) 运算右边的 x+=4，等同于 x=x+4，x 值由 3 变为 7。

(2) 运算中间的 x+=x，等同于 x=x+x，x 值由 7 变成 14。

(3) 运算左边的 x+=x，等同于 x=x+x，x 值由 14 变成 28。

再如，a=b=6 的运算过程如下：

(1) 运算右边的 b=6,让 b 值变为 6。

(2) 运算左边的 a=b,让 a 值变为 b 值,也就是 6。

【小思考】

已知 x 的值是 2,y 的值是 17,执行完表达式 x*=y%=5 后,x 值和 y 值分别是多少?

(答案见脚注①)

注意

赋值号的左值只能是变量,不可以是常量或表达式,如 7=a、a+b=c-4 和 x+y+=5 等都是错误的。这是因为赋值运算的本质,就是将赋值号右边的数值或表达式值保存到赋值号左边变量所在的内存空间,所以赋值号的左值只能是变量。

2.7.6 其他运算符

表 2-14 列举了 10 个其他运算符。

表 2-14 其他运算符

运算符	说明	运算符	说明
( )	圆括号,可以控制运算优先级	*	指针运算符(也用作乘号运算符)
[ ]	下标运算符	&	取址运算符(也用作按位与运算符)
->	指向结构体成员运算符	sizeof	计算存储空间长度运算符
.	结构体成员运算符	? :	条件运算符
(类型)	类型强制转换运算符	,	逗号运算符

“[ ]”下标运算符、“->”指向结构体成员运算符、“.”结构体成员运算符和“*”指针运算符会在后续章节介绍,这里主要介绍其他几个运算符的用法。

(1) “( )”运算符的作用是控制运算的优先级。

数学描述中,优先级有( )、[ ]和{ },但在 C 语言中,只能用( )控制优先级。越内层的( ),优先级越高。

(2) “(类型)”运算符可以将数据强制转换成其他类型,运算符格式为:

```
(类型)数值
```

如(int)5.7 将浮点数 5.7 强制转换成整数 5(只取整数部分),(float)6 将整数 6 强制转换成浮点数 6.0。

① 赋值运算符自右向左进行结合,所以先算 y%=5,等同于 y=y%5,y 值变为 2。接着计算 x*=y,等同于 x=x*y,x 值变为 4。

注意

假设有 float x=8.7,(int)x%3 中的(int)只是把 x 的值 8.7 强制转换为整数 8 参与求余计算,并不会改变 x 本身的数据类型和 x 的值,即 x 仍然是 float 型,且 x 的值仍是 8.7。

(3) "&"是取址运算符,可以得到变量所占空间的起始地址。

(4) "sizeof"运算符,可以得到操作数所占存储空间的长度。

(5) "?:"条件运算符是 C 语言提供的唯一的一个三目运算符,格式如下:

```
条件?表达式 1:表达式 2
```

其含义是,如果条件为真,则条件运算表达式的结果为表达式 1 的运算结果,否则为表达式 2 的运算结果。例如,x=(a>=b)? a:b 就可以实现把 a 和 b 中的大者赋值给 x。

(6) ","逗号运算符的格式为:

```
表达式 1, 表达式 2, 表达式 3, …,表达式 n
```

其含义是从左到右依次计算每个表达式的值,然后以最后一个表达式 n 的值作为整个表达式的值。例如,表达式 a=3. a++、a-2. b=a * 2 的运算顺序是先执行 a=3,然后是 a++,使得 a 值变为 4,然后计算 a-2,注意该计算并不会改变 a 的值,最后是 b=a * 2,结果是 8,则整个表达式的值是 8。逗号表达式经常用于两个数据的交换,如 c=a,a=b,b=c 语句就可以实现 a 和 b 的数值交换。

2.8 表达式

表达式是由一系列运算符和操作数组成的,运算符表明要做什么类型的运算,操作数是运算的对象。每一个 C 表达式都有一个值,为了得到这个值,需要按照运算符的优先级顺序完成运算。

注意

表达式后面不能加分号,表达式只能由运算符和操作数组成,它的最终结果是一个数值。C 语句以分号作为结束,所以加了分号的表达式其实是表达式语句,不再是表达式。

2.8.1 运算符的优先级和结合方向

表 2-15 列出了运算符的优先级和结合方向。

表 2-15 运算符的优先级和结合方向

<table>
<tr><th>优先级</th><th>运 算 符</th><th>记忆优先级的技巧</th><th>结合性</th></tr>
<tr><td>1</td><td>( ) [ ] -> .</td><td>括号和关于结构体成员的运算符力压群芳</td><td>左</td></tr>
<tr><td>2</td><td>! ~ ++ --
- * &
(类型) sizeof</td><td>所有的单目运算符均排在第二
这里的 * 是指针运算符</td><td>右</td></tr>
<tr><td>3</td><td>* / %</td><td rowspan="2">算术运算符按照先乘除(求余)后加减分别排在第 3 和第 4 顺位
这里的 * 是乘法运算符</td><td rowspan="2">左</td></tr>
<tr><td>4</td><td>+ -</td></tr>
<tr><td>5</td><td>>> <<</td><td>移位运算符排在第 5 级,“吾”要移位</td><td>左</td></tr>
<tr><td>6</td><td>> >= < <=</td><td rowspan="2">判断大小的关系运算符要比判断是否相等的关系运算符高一级,真是 666</td><td>左</td></tr>
<tr><td>7</td><td>== !=</td><td>左</td></tr>
<tr><td>8</td><td>&</td><td rowspan="3">位与运算比位异或运算优先
位异或运算比位或运算优先</td><td>左</td></tr>
<tr><td>9</td><td>^</td><td>左</td></tr>
<tr><td>10</td><td>|</td><td>左</td></tr>
<tr><td>11</td><td>&&</td><td rowspan="2">逻辑与运算要比逻辑或运算优先
总之单个的要比成对的优先</td><td>左</td></tr>
<tr><td>12</td><td>||</td><td>左</td></tr>
<tr><td>13</td><td>? :</td><td>唯一的三目运算符排在倒数第三,真是跟三有缘</td><td>右</td></tr>
<tr><td>14</td><td>= += -= *=
/= %= &= ^=
|= <<= >>=</td><td>赋值运算符仅优于逗号运算符</td><td>右</td></tr>
<tr><td>15</td><td>,</td><td>逗号运算符四处张望,潸然泪下</td><td>左</td></tr>
</table>

所有的单目运算符、三目运算符和赋值运算符的结合方向都是从右到左,其余全部是自左向右结合。

题 2-11 已知 int x=2, y=1, z=10,表达式 y++ || (--z<5) && x++的值、x 的值和 y 的值分别是多少?

【题目解析】

上述表达式可简化为 op1 || op2 && op3,先计算 op1 即 y++的结果,y++是后自增 1,y 值先参与计算,y 值是 1,所以 op1 的结果为 1,然后 y 值自增 1 变成 2。由于 op1 为 1,所以不用再计算 op2 和 op3,C 语言在提升运行效率方面的努力可见一斑。

综上,表达式的值为 1,x 的值是 2,y 的值是 2,z 的值是 10。

问题来了

如果让 y 的初值为 0,那题 2-11 的结果会发生如何变化?

还是先计算 op1,y 值先参与计算,y 值为 0,op1 的结果为 0,然后 y 值自增 1 变成 1。由于 op1 为 0,所以还要接着计算(op2 && op3)。op2 即--z<5,--z 是先自减 1,所以 z 值先自减 1 变成 9 再参与计算,9<5 的结果为 0,不用再计算 op3。最后,表达式的值为 0,x

值为 2，y 值为 1，z 值为 9。

注意

如果表达式中有逻辑运算符 && 或||，系统会先按照 && 运算或||运算的附加特点计算它们左边表达式的结果，此时，即使它们右边的表达式中有更优先的运算符也没有用。题 2-11 中，虽然(——z<5)有圆括号，但系统并不会优先执行它。

2.8.2　自动类型转换

当表达式中的数据类型不一样需要进行混合运算时，系统会将它们自动转换为同一类型然后再进行计算，转换是朝着确保数据信息不丢失和精度不下降的方向进行(图 2-11)。

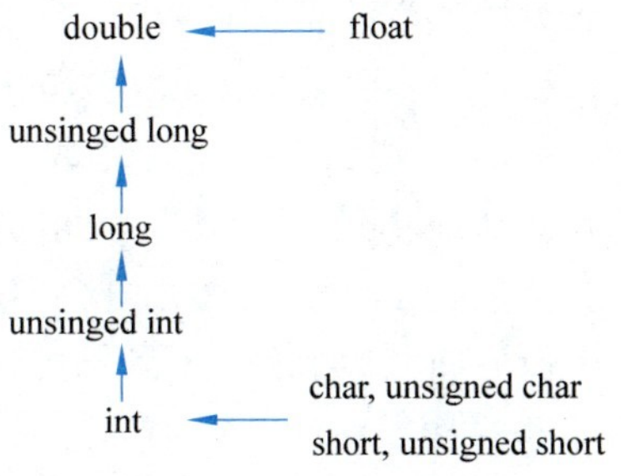

double ← float
↑
unsinged long
↑
long
↑
unsinged int
↑
int ← char, unsigned char short, unsigned short

图 2-11　数据类型自动转换方向

(1) float 型在运算时均先转换为 double 型(不管表达式中有没有 double 型)，此举可以保证精度。

(2) char 型和 short 型在计算时会转换为 int 型参与计算(即使表达式中只有 char 型或 short 型)，此举的目的也是为了不丢失数据信息。

(3) 当有符号数和无符号数混合运算时，有符号数会转换为无符号数再参与计算。

(4) 并不是说 int 型一定要先转换为 unsigned int 型之后再转换为 long 型，图中只是表明数据类型转换的方向。

(5) 当赋值运算符的左值和右值的类型不一样时，右值要转换为左值的类型后再赋值。

- 将浮点型数据赋值给整型变量时，浮点数的小数部分会被舍去。
- 将整型数据赋值给浮点型变量时，整数变成具有小数点的浮点数，如 56 会变为 56.0。
- 将整型数据赋值给 char 型或 short 型变量时，会舍弃高位数据，把低位数据赋值给相应变量。显然，这样会造成数据丢失。

题 2-12　下面程序的运行结果是(　　)。

```
int main()
{
    int x=-1;
    unsigned int y=0;
    if(x<y)
        printf("x<y");
    else
        printf("x>=y");
    return 0;
}
```

【题目解析】

程序里有关系表达式 x<y，x 和 y 的类型不一样，必须要先统一类型，int 隐含为有符号

型，所以要自动转换为无符号的 unsinged int 型，即与 y 一个类型。无符号型变量是没有符号位的，即把符号位当数据位使用。x 原来是－1，这意味着符号位上是 1。现在把符号位当作数据位使用，假设 unsinged int 型是 4 字节，表明这个数至少是 2^{31}，是一个很大的正数。y 值是 0，显然 x＜y 的结果为假，程序执行 else 分支，输出 x＞＝y。

2.8.3 对数据溢出的处理

当运算结果超过了数据类型的取值范围，就会造成数据溢出。在 C 语言中，对数据溢出采取对该类型的数据总个数进行累加(或累减)操作的方式，以此确保最终值能在取值范围内。其实，这就是求余的过程，只不过要注意求余后的结果要在该类型的取值范围内。

另外，也可以采取在取值范围内循环数数的方式得到实际值(图 2-12)。总是从 0 开始计数，正数朝着正数方向数，数到最大值后转到最小值开始往最大值方向数，如此循环直到数到当前值。负数则是朝着负数方向数，数到最小值后转到最大值开始往最小值方向数，如此循环直到数到当前值。

[最小值 ←—0—→ 最大值]

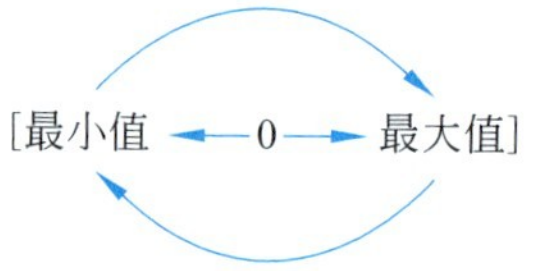

图 2-12 对数据溢出的处理示意

题 2-13 已知有语句 char a＝100; a＝a＋197;则 a 值是多少?

【题目解析】

a 值原先是 100，加上 197 后，其结果 297 已超出 char 型－128～127 的取值范围，现在用两种方法计算 a 的值。

(1) char 型的数据总个数为 256 个(2^8)，若要让 297 的值能落入－128～127 的取值范围，需要不断地减去 256，即 297－256＝41，所以 a 的值是 41。

同理，若 char a＝－900，若要让－900 的值能落入－128～127 的取值范围，需要不断地加上 256，即－900＋256＝－644，－644＋256＝－388，－388＋256＝－132，－132＋256＝124，所以 a 的值是 124。

此处注意：－900％256 的结果是－132，但由于它仍超出 char 型－128～127 的取值范围，所以仍要再加一次 256，－132＋256＝124，才是最终结果。

(2) 采用循环数数法，从 0 开始向正数的方向数，当数到 127 时，已到取值范围的最大值，转到最小值继续往最大值方向数，注意：数到 128 时，对应的实际值是－128，数到 129 时，对应的实际值是－127，以此类推。如此循环，数到 297 时，对应的实际值是 41。

同理，若 char a＝－132，从 0 开始向负数的方向数，数到－128 时，已到取值范围的最小值，转到最大值继续往最小值方向数，注意：数到－129 时，对应的实际值是 127，数到－130 时，对应的实际值是 126，以此类推。如此循环，数到－132 时，对应的实际值是 124。

2.9 数学函数

在表达式中经常会用到数学函数，如 sqrt()为开平方根函数、sin()为正弦函数、abs()为整数求绝对值函数、fabs()为浮点数取绝对值函数等。为保证计算精度，除了某些特殊函数(如 abs()函数),数学函数的参数和计算结果均为 double 型。

注意要在程序开始处添加预处理命令 #include <math.h>。表 2-16 列举了一些常用的数学函数。

表 2-16　常用的数学函数

函数名	说　明	函数名	说　明
abs	int abs(int x),对整数取绝对值	log	double log(double x),计算 lnx 的值
acos	double acos(double x),计算 $\cos^{-1}(x)$的值	log10	double log10(double x),计算 $\log_{10} x$ 的值
cos	double cos(double x),计算 cos(x)的值,x 的单位为弧度	pow	double pow(double x,double y),计算 x^y 的值
exp	double exp(double x),计算 e^x 的值	rand	int rand( ),产生－90～32767 的随机整数
fabs	double fabs(double x),对实数取绝对值	sin	double sin(double x),计算 sin(x)的值,x 的单位为弧度
floor	double floor(double x),不大于 x 的最大整数,返回值为该整数的双精度浮点数	sqrt	double sqrt(double x),计算$\sqrt{x}$的值

题 2-14　请写出$\frac{3x-\sqrt{2y-1}}{e^2+1}$的 C 语言表达式。

【题目解析】

C 语言中,两数相乘不能省略乘号,只能用圆括号控制优先级,越里层的圆括号的优先级越高。因此,表达式写为(3＊x－sqrt(2＊y－1))/(exp(2)＋1)。

2.10　C 语句

C 语言有 5 种语句。

1. 控制语句

C 语言一共有 9 种控制语句,用于完成一定的控制功能。表 2-17 列出了 9 种控制语句。

表 2-17　控制语句及功能

函　数　名	说　明
if…else…	条件语句
for…	循环语句
while…	循环语句
do…while()	循环语句
continue	结束本轮循环,开始下一轮循环
break	跳出当前循环语句或中止执行 switch 语句

续表

函 数 名	说 明
switch	开关语句
return	从函数返回语句
goto	转向语句，在结构化程序中已基本不用该语句

2. 函数调用语句

函数调用语句由一个函数调用加一个分号组成，例如：

```
scanf("%d",&a);
```

3. 表达式语句

表达式语句由一个表达式加一个分号组成，例如：

```
b=a+3;
b=sqrt(b);
```

表达式语句并不是表达式，表达式只能由操作数和运算符组成。

4. 空语句

空语句由一个分号组成：

```
;
```

空语句的意思就是什么也不做。例如，如果循环体是空语句，表示这个循环是空循环。空语句的作用主要有：

(1) 起到延时的作用。

(2) 先预留出位置，以后扩充新功能。

(3) 为保证全路径覆盖，对多条件语句中的不完备分支，用空语句补全。

5. 复合语句

复合语句（又称为语句块）用大括号把一些语句括起来，例如：

```
{
    int a,b,c;
    a=b;
    b=c;
    c=a;
}
```

在复合语句里定义的变量只能在复合语句内部使用，复合语句结束时，系统会释放这些变量所占的空间。

2.11　编程实战

实战 2-1　用户输入 3 个整数，输出它们的平均值。

输入示例 1：

```
1 2 3
```

输出示例 1：

```
2.000000
```

输入示例 2：

```
2 2 3
```

输出示例 2：

```
2.333333
```

【问题分析】

(1) 程序需要几个数据，它们应该是什么类型？

(2) 怎么计算平均值？

【程序设计】

(1) 因为是对 3 个整数求平均值，而平均值有可能是小数，所以需要 3 个整型变量和一个浮点型变量。

(2) 把 3 个整数相加后再除以 3，就可以得到平均值。

【初步实现与测试】

某同学编写了程序并测试了两个用例，程序代码和运行结果如图 2-13 所示，表明程序只通过了第一个测试用例。

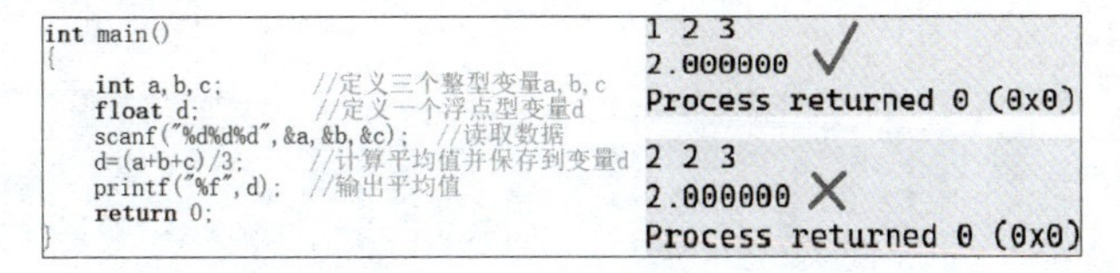

图 2-13　实战 2-1 中某同学的代码与运行结果

【错误分析与修改】

初学者最容易犯的错误之一，就是把数学上的一些常识套用到 C 程序设计中。例如，同样是 5/2，数学上的计算结果是 2.5，但在 C 语言中，5/2＝2。原因也很简单，C 语言规定同类型数据的运算结果仍是该类型。在 5/2 中，5 和 2 都是整型，所以它们的运算结果也是整型，因此会只保留整数部分，生成 5/2=2 的结果。

所以，对于“/”运算符来说，当操作数都是整型时，会进行整除运算，但只要其中一个操作数是浮点型，运算结果就是浮点型。5/2.0、5 * 1.0/2、5.0/2、(float)5/2 和 5/(float)2 的结果都是 2.5。

同理，上述程序中的 d=(a+b+c)/3，a、b 和 c 都是整型，3 也是整型常量，所以会进行整除运算。又由于变量 d 是浮点型，所以在赋值时系统会自动进行类型转换，在整数结果后面加上小数点，转换成浮点型。

修改方法很简单，只要让其中一个操作数变成浮点型即可，如(a+b+c) * 1.0/3、(a+b+c)/3.0、(float)(a+b+c)/3 等。

```
int main()
{
    int a,b,c;                    //定义 3 个整型变量 a、b、c
    float d;                      //定义一个浮点型变量 d
    scanf("%d%d%d",&a,&b,&c);     //读取数据
    d=(a+b+c)/3.0;                //计算平均值并保存到变量 d,这是与前面程序中的唯一区别
    printf("%f",d);               //输出平均值
    return 0;
}
```

运行结果如图 2-14 所示。

```
2 2 3
2.333333
Process returned 0 (0x0)
```

图 2-14 修改代码后，实战 2-1 的运行结果

实战 2-2 给定三角形的三条边 a、b 和 c，计算三角形面积 s 的海伦公式是：

$$p=(a+b+c)/2, s=\sqrt{p(p-a)(p-b)(p-c)}$$

现在用户输入 3 个整数，分别代表三角形的三边，请计算三角形的面积。

输入示例：

```
3 3 2
```

输出示例：

```
2.828427
```

【问题分析】

(1) 程序需要几个数据，它们应该是什么类型？

(2) 怎么写出海伦公式的 C 语言表达式？

【程序设计】

(1) 三角形的三边是整型，p 和 s 是浮点型，因此需要 3 个整型变量和 2 个浮点型变量。

(2) 表达式需要用到 sqrt()函数,因此要在＃include 预处理命令中包含 math.h。公式中有“/”运算符,要避免可能出现的整除问题。

【程序实现】

```
#include <math.h>
int main()
{
    int a,b,c;
    float p,s;
    scanf("%d%d%d",&a,&b,&c);
    p=(a+b+c)/2.0;                          //避免整除
    s=sqrt(p*(p-a)*(p-b)*(p-c));            //注意不能缺少乘号
    printf("%f",s);
    return 0;
}
```

程序运行结果如图 2-15 所示。

```
3 3 2
2.828427
Process returned 0 (0x0)
```

图 2-15　实战 2-2 的运行结果示例

习题

一、单项选择题

1. 下面是合法 C 语句的选项是(　　)。

   A. //a=a+2;　　B. int a=b=2;　　C. ＃define N 3　　D. a++;

2. 下面不是合法标识符的选项是(　　)。

   A. 23a　　B. main　　C. _ab2　　D. long_char

3. 下面不是合法整型常量的选项是(　　)。

   A. 01111　　B. −78L　　C. 0xabc　　D. 078

4. 下面是合法浮点常量的选项是(　　)。

   A. 3.5e　　B. 90　　C. 24.9f　　D. E2

5. 下面是合法字符常量的选项是(　　)。

   A. '8'　　B. '\0x12'　　C. '97'　　D. '\'

6. 表达式 3+5/2 的值是(　　)。

   A. 5.5　　B. 6　　C. 5　　D. 5.0

7. 十进制数 20 的八进制数是(　　)。

   A. 24　　B. 024　　C. 824　　D. 0x24

8. 已知有 int x=5, y;语句,执行完表达式 y=6, x+3, 7 后,表达式的值是(　　)。

A. 6　　B. 7　　C. 8　　D. 没有值

9. 已知变量已正确定义,下面为合法表达式的选项是(　　)。

A. a+=5;　　B. a-b=b-c　　C. 5.6%3　　D. a+=b+=c

10. 已知有 int i=0, j=0, k=0;语句,执行完表达式 i++ && j++ && k++后,i、j、k 的值分别是(　　)。

A. 1 1 1　　B. 1 0 0　　C. 1 1 0　　D. 0 0 0

11. 下面能表达变量 a 为小写字母的选项是(　　)。

A. 'a'<=a<= 'z'　　B. 'a'<=a || a<= 'z'

C. a>= 'a' && a<= 'z'　　D. 97<=a and a<=122

12. C 语言中要求操作数必须为整数的运算符是(　　)。

A. %　　B. !　　C. /　　D. ++

13. 若表达式结果为真,下面能表示 x 为奇数的选项是(　　)。

A. x/2==1　　B. x%2=1　　C. x%2!=0　　D. x/2=1

14. 已知有 int x=1, k; float y=12;语句,表达式的运算结果为 2 的选项是(　　)。

A. y=(int)y%5　　B. k=++x

C. x+=x+=1　　D. k=2, k+1, k-x

15. 已知'A'的 ASCII 码是 65,则 char a= 'B'; printf("%d,%c",a+3,a-1);语句的运行结果是(　　)。

A. 69,A　　B. E,A　　C. 69,65　　D. E,65

二、编程题

1. 用户输入 4 个小写字母,编写程序,输出相应的大写字母。

输入示例:

```
afkc
```

输出示例:

```
AFKC
```

2. BMI 是身体质量指数,计算公式是 BMI=体重/(身高的平方),单位是 kg/m^2。用户输入身高(整数,单位 cm)和体重(浮点数,单位 kg),编写程序,输出 BMI 值。

输入示例:

```
173  73.5
```

输出示例:

```
24.558121
```

3. 编写程序,计算 sin(x)的值。注意:用户输入的是角度,而 sin(x)函数中 x 的单位是弧度，需要进行换算。

输入示例：

```
30
```

输出示例：

```
0.500000
```

第3章

数据的输入和输出

数据的输入/输出(简称I/O)是程序与用户进行交互的手段,通过输入将用户的数据告知程序,通过输出将程序的运行结果反馈给用户。C语言本身并不提供I/O函数,需要在#include预处理命令中包含stdio.h头文件。

为了得到准确的输入数据和满足用户的输出需求,可以用格式化输入函数scanf()和格式化输出函数printf()来指定具体的格式。此外,还可以使用单字符输入函数getchar()、单字符输出函数putchar()、字符串输入函数gets()和字符串输出函数puts()等实现数据的输入和输出。

本章将对scanf()、printf()、getchar()和putchar()函数进行介绍。关于gets()和puts()的使用将在第6章中介绍。

3.1 预备知识

3.1.1 缓冲区

计算机在内存空间中预留了一定大小的存储空间用来缓冲输入或输出的数据(图3-1),这部分预留的空间称为缓冲区。根据其对应的是输入设备还是输出设备,分为输入缓冲区和输出缓冲区。

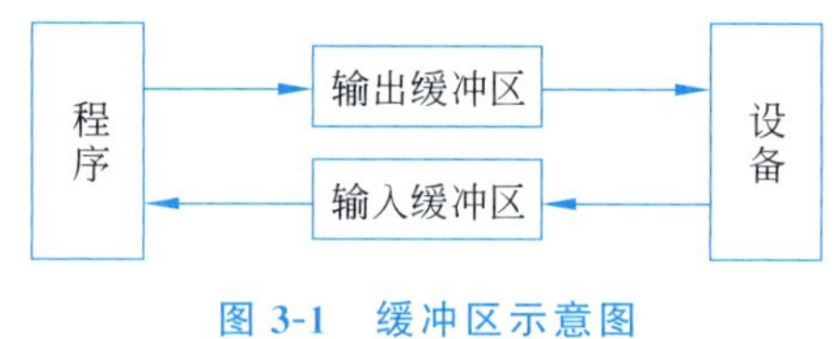

图3-1 缓冲区示意图

缓冲区对于输入和输出有着很重要的意义,它允许用户输错数据后可以及时地修改,也可以避免可能的数据丢失。

3.1.2 缓冲区的类型

缓冲区实际是一段内存,它的大小由stdio.h头文件中的符号常量BUFSIZ表示,可通过BUFSIZ查看:

```
printf("%d",BUFSIZ);     //缓冲区一般是512字节
```

根据系统何时处理缓冲区中的数据,可以把缓冲区分为如下3种类型。

1. 全缓冲区

所谓全缓冲区，指只有当缓冲区空间被放满数据时，程序才会开始真正的 I/O 操作。假设缓冲区的大小是 512 字节，哪怕此时缓冲区中已有 511 字节，程序也不会执行 I/O 操作。全缓冲区的典型代表是对磁盘文件的读写。

2. 行缓冲区

所谓行缓冲区，指当用户按下回车后(回车符也会放在缓冲区中)，程序才会开始真正的 I/O 操作。行缓冲区的典型代表是 stdin(标准输入)和 stdout(标准输出)。

3. 无缓冲区

所谓无缓冲区，就是没有缓冲的意思，用户输入一个字符，程序就会执行一次操作。无缓冲区的典型代表是 stderr(标准出错情况)，这使得出错信息可以尽快地显示出来。

3.1.3　读取缓冲区的数据

当调用标准输入函数时，系统会将用户输入的数据先保存到输入缓冲区，直到缓冲区已满或者用户按下回车后，系统才真正开始从输入缓冲区中读取数据，未读取的部分仍保存在输入缓冲区。此外，如果调用标准输入函数时输入缓冲区中仍有数据，系统会继续从输入缓冲区中读取数据，直到输入缓冲区已空后，才会让用户输入新的数据。可以想象系统对用户说“你先输入，等你输入完毕我再读取”，以及“我先读取你已经输入好的，等我读取完了你再接着输入”的方式体会系统从输入缓冲区中读取数据的过程。

注意

如果在输入过程中，发现之前输入的数据有错误，只要没有按下回车，都可以退回至错误处进行修改，这也是系统设计输入缓冲区的目的之一。

3.1.4　缓冲区的刷新

以下情况会引发缓冲区的刷新：

- 缓冲区满时。
- 执行特定函数刷新缓冲区(如 fflush 语句)。
- 遇到回车时。
- 关闭文件时。

长知识

问：如何清空缓冲区中的内容？

清空输入缓冲区是指清除掉输入缓冲区中的所有内容；清空输出缓冲区是把输出缓冲

区中的所有数据立刻输出到显示器屏幕上。其实，如果程序是单进程的，是否清空输出缓冲区对于用户来说一般是感觉不明显的，因为要输出的内容总归会显示到屏幕上，是分批次显示还是一次性显示对于用户来说差别不大。不过，当程序是多进程的，且多个进程都在进行输出时，可能会出现输出错误的问题，此时就可以通过清空输出缓冲区避免输出错误的发生。

C 标准规定 fflush()函数可以用来清空标准输出，语句是 fflush(stdout)，但对于标准输入，它是没有定义的。不过有些编译器也定义了 fflush(stdin)，可以清空输入缓冲区中的内容。

例 3-1 输入缓冲区的作用示例。

这里设计了 3 个示例来展示输入缓冲区的作用。例 3-1-1 没有清空输入缓冲区，例 3-1-2 和例 3-1-3 有清空输入缓冲区的动作。

如表 3-1 所示，例 3-1-2 与例 3-1-1 的区别在于多了一条 fflush(stdin)语句，它在第一条 scanf 语句后清空了输入缓冲区，所以系统在执行第二条 scanf 语句时会要求用户输入新的数据。例 3-1-3 则验证了用户输入的回车符也会保存在输入缓冲区。

表 3-1 输入缓冲区的作用示例

例 3-1-1 代码	例 3-1-2 代码	例 3-1-3 代码

int main()
{
    int a,b;
    scanf("%d",&a);
    scanf("%d",&b);
    printf("%d,%d\n",a,b);
    return 0;
}
	int main()
	{
	    int a,b;
	    scanf("%d",&a);
	    //清空缓冲区
	    fflush(stdin);
	    scanf("%d",&b);
	    printf("%d,%d\n",a,b);
	    return 0;
	}
		int main()
		{
		    int a,b;
		    char c;
		    scanf("%d",&a);
		    //清空缓冲区
		    fflush(stdin);
		    scanf("%d",&b);
		    printf("%d,%d\n",a,b);
		    scanf("%c",&c);
		    printf("%d",c);
		    return 0;
		}

3 个程序的运行效果分别如图 3-2(a)、图 3-2(b)和图 3-2(c)所示。

```
111 222 333 444
111,222
Process returned 0 (0x0)
```

(a) 例3-1-1的运行效果

```
111 222 333 444
555
111,555
Process returned 0 (0x0)
```

(b) 例3-1-2的运行效果

```
111 222 333 444
555
111,555
10
Process returned 0 (0x0)
```

(c) 例3-1-3的运行效果

图 3-2 例 3-1 的运行效果示例

上面 3 个示例中的第一条 scanf 语句都会让用户进行输入，用户输入“111 222 333 444”并回车后，系统才从输入缓冲区中读走 111 并把它赋给变量 a，此时的输入缓冲区中还剩下“ 222 333 444\n”(即当前缓冲区中的第一个字符是空格，最后一个字符是回车符)。

在例 3-1-1 中，当执行第二条 scanf 语句时，由于输入缓冲区中仍有数据，所以继续从输入缓冲区中读取 222 并把它赋给变量 b，此时的输入缓冲区中还剩下“ 333 444\n”(即当前缓冲区中的第一个字符是空格，最后一个字符是回车符)。

程序结束后，缓冲区被清空。

问题来了

在输入缓冲区中，222 的前面还有一个空格，系统是以何种方式读走这个空格呢？

C 语言规定，隐含使用空格、Tab 符和回车符作为非字符型数据(如整型、浮点型、字符串)之间的分隔符，系统在从输入缓冲区中读取非字符型数据时，会“智能”地读走这些分隔符(包括连续出现的空格、Tab 符和回车符)。因此，在输入时，输入“111　　　222”的效果与“111 222”一样。

在例 3-1-2 中，在第一条 scanf 语句之后是 fflush(stdin)语句，其功能是清空输入缓冲区，所以在执行第二条 scanf 语句时，由于输入缓冲区已被清空，于是要求用户继续输入数据。用户输入“555”并回车后，系统才从输入缓冲区中读取 555 并把它赋给变量 b，此时的输入缓冲区中还剩下“\n”。

在例 3-1-3 中，为了验证例 3-1-2 中输入缓冲区还剩下“\n”，定义了一个字符型变量 c，让它从输入缓冲区读走一个字符并显示该字符的 ASCII 码，结果是 10，而回车符的 ASCII 码正好是 10(表 2-5)。

3.2 格式化输入函数 scanf()

3.2.1 scanf()的使用形式

scanf()函数通过标准输入设备(键盘)来获取数据，并将其存放到指定变量所占的内存空间，也就是给变量赋值。它的使用形式如下：

```
int scanf("格式描述",变量地址列表);
```

其中，

- scanf()的返回值类型是 int，代表已读取到的数据个数。
- 格式描述是用户在输入数据时应遵循的格式。
- 变量地址列表指的是要被赋值的变量地址列表(通常用“& 变量名”表示变量地址，“&”在此处是取址符)。

3.2.2 scanf()的格式描述

格式描述是用双引号括起来的字符串，主要包括格式控制符和分隔符两部分，有时也会有一些说明文字或提示信息。格式描述的作用就是提醒用户按照给定的格式“照猫画虎”地输入数据，而系统在读取数据时，也是按照格式描述一一从输入缓冲区中读取内容的。

例如，格式描述"%d,%f"就是要求用户输入一个整数和一个实数，两个数之间用逗号分隔。再如，对于格式描述"x:%d,y:%d"，如果用户想让系统正确读取到 5 和 96 并赋值，应输入“x:5,y:96”。注意：格式描述中的“x”和“y”不是变量名，它们只是说明信息，在输入时要求用户照样输入。

可以发现，用户在输入时，除了**用实际的数据代替格式控制符**之外，其余部分必须按照格式描述中的内容照样输入。例如，对于 scanf("请输入 x 和 y: %d%d",&x,&y)，若想让 x 的值为 10，y 的值为 20，用户要在键盘上输入“请输入 x 和 y: 10 20”后回车，即用 10 代替第一个格式控制符%d，用 20 代替第二个格式控制符%d，其余内容原样输入。显然，为简化输入内容，scanf()中的格式描述应越简单越好，建议不要有除了格式控制符和分隔符之外的其他字符，如果一定要添加说明文字或提示信息，可以用 printf 语句配合 scanf()使用，如：

```
printf("请输入 x 和 y:");    //用 printf 语句进行提示
scanf("%d%d",&x,&y);        //用户只需要输入数据，这里隐含分隔符为空格、Tab 符和回车符
```

【小思考】

如果 scanf()中的格式描述是"请输入 x: %d,请输入 y: %d"，用户应如何把 7 和 18 正确赋值给对应的变量？答案见脚注①。

1. 格式控制符

如图 3-3 所示，格式控制符由%开始并以一个格式字符结束，还可以根据需要在它们之间添加赋值抑制符“*”、域宽“m”或类型长度修正“l/h”等格式修饰符。

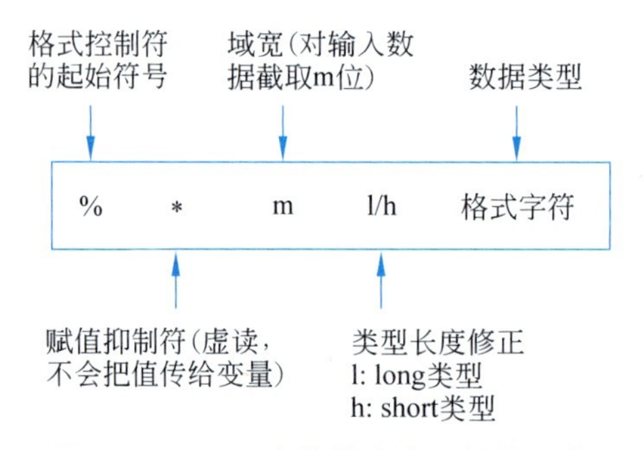

图 3-3 scanf()中的格式控制符的组成

表 3-2 列举了可用于 scanf()的格式字符。

---

① 用户应输入“请输入 x: 7,请输入 y: 18”，除了具体数值，其余部分和格式描述中的一模一样。

表 3-2 可用于 scanf()的格式字符

格式字符	说明
d	以带符号的十进制整数的形式读取数据，不能组成合法十进制数的字符为非法字符
u	以十进制无符号整数的形式读取数据，不能组成合法十进制数的字符为非法字符
o	以八进制无符号整数的形式读取数据，不能组成合法八进制数的字符为非法字符
X 或 x	以十六进制无符号整数的形式读取数据，不能组成合法十六进制数的字符为非法字符
c	读取一个字符，所有字符都合法
s	读取一个以非空格字符开始，到空格符结束的一个字符串
f、e、g	以小数形式或指数形式读取浮点数，指数形式要满足 e/E 前面有数，后面是整数。不能组成合法浮点数的字符为非法字符

表 3-3 列举了可用于 scanf()的格式修饰符。

表 3-3 可用于 scanf()的格式修饰符

格式修饰符	说明
*	赋值抑制符，指定输入项读入数据后不赋值给变量，可理解为虚读一个数据
m	域宽，指定输入数据的最大宽度，遇空格或非法字符后结束
l	加在 d、o 和 x 前面，指定输入类型为 long 型；加在 e、f、g 前面，指定输入类型为 double 型
h	加在 d、o 和 x 前面，指定输入类型为 short 型

格式控制符指定系统要按照何种数据类型以及何种修饰方式来读取数据，对于同样的用户输入，不同的格式控制符会导致不同的读取结果。例如，如果输入缓冲区的内容是“178as\n”，%o 的格式控制符会读取 17 作为输入数据（因为 8 不是八进制的有效数字），%d 的格式控制符会读取 178 作为输入数据（因为 a 不是十进制的有效数字），而%x 的格式控制符会读取 178a 作为输入数据（因为 s 不是十六进制的有效数字）。

例 3-2 scanf()中不同格式控制符的作用示例。

这里设计了两个示例展示不同格式控制符的作用。

如表 3-4 所示，例 3-2-1 测试了不同格式字符对数据读取的影响，例 3-2-2 测试了不同格式修饰符对数据读取的影响。

表 3-4 不同格式控制符对数据读取的影响

<table>
<tr><th>例 3-2-1 代码</th><th>例 3-2-2 代码</th></tr>
<tr><td>

```
int main()
{
    int a;
    float b;
    char c;
    scanf("%o,%f,%c",&a,&b,&c);
    printf("a=%d,b=%f,c=%c\n",a,b,c);
    return 0;
}
```

</td><td>

```
int main()
{
    int a,b;
    double c;
    scanf("%3d%*2d%d%lf",&a,&b,&c);
    printf("a=%d,b=%d,c=%lf", a,b,c);
    return 0;
}
```

</td></tr>
</table>

两个程序的运行效果分别如图 3-4(a)和图 3-4(b)所示。

```
10,54.6,*
a=8,b=54.599998,c=*
```

(a) 例3-2-1的运行效果

```
1234567890
999
a=123,b=67890,c=999.000000
```

(b) 例3-2-2的运行效果

图 3-4 例 3-2 的运行效果示例

在例 3-2-1 中,用户输入"10,54.6,*"并回车后,系统按照格式描述,先在输入缓冲区中按%o 读走 10(不能读作"一十")并赋值给变量 a(逗号不是八进制数的有效数字,所以停止读取数据),此时的输入缓冲区中还剩下",54.6,*\n"。然后系统按照格式描述,在读走分隔符','后按%f 读走 54.6 并赋值给变量 b,此时输入缓冲区中还剩下",*\n"。类似地,系统按照格式描述,在读走分隔符','后按%c 读走字符'*'并赋值给变量 c。printf 语句在输出变量 a 的值时是按照%d 即十进制数输出的,所以输出的数值是 8。变量 b 的值有误差,这是因为浮点数在保存时就有误差的缘故。

在例 3-2-2 中,用户输入"1234567890"并回车后,系统按照格式描述,在输入缓冲区中按%3d 读取 3 位数字的宽度即 123 并赋值给变量 a,此时的输入缓冲区中还剩下"4567890\n"。接着,系统按照格式描述,按%*2d 读取 2 位数字的宽度即 45,但并不进行赋值,也就是虚读。然后,系统按照格式描述,按%d 读取 67890 并赋值给变量 b,此时输入缓冲区中还剩下"\n"。最后系统按%lf 读取数据,但此时的输入缓冲区中已无数据(回车符隐含是非字符型数据的分隔符,系统会自动读走),所以要求用户继续输入。用户输入"999"并回车后,系统读走 999 并赋值给变量 c。

2. 分隔符

分隔符的作用是分隔数据。当 scanf()从输入缓冲区中读取数据时,遇到分隔符或非法字符时会停止数据的读取,并将已读取的数据赋值给对应变量。

scanf()隐含**空格、Tab 符('\t')和换行符**作为非字符型数据之间的分隔符,也可指定某个符号(如逗号、冒号)作为分隔符。但对于字符型数据,空格、Tab 符和换行符将不再作为分隔符,而是作为有效字符被读取。

如果要求用户使用空格或回车符等隐含分隔符作为非字符型数据的分隔,在格式描述中可以省略隐含分隔符。例如格式描述"%d%d%d",用户在输入数据时,既可以用空格进行分隔,也可以用 Tab 符或换行符进行分隔。

注意

当用 scanf 语句读取非字符型数据时,它前面的空格、Tab 符和回车符都是隐含分隔符,系统会自动读走它们。但在读取字符型数据时,所有字符都是有效字符。

例 3-3 分隔符和非法字符对读取数据的影响示例。

如表 3-5 所示,例 3-3-1 测试了分隔符对读取数据的影响,例 3-3-2 测试了非法字符对读取数据的影响。

表 3-5　分隔符和非法字符对读取数据的影响

例 3-3-1 代码	例 3-3-2 代码

int main()
{
    int a,b;
    float c;
    char d;
    scanf("%d%d%f%c",&a,&b,&c,&d);
    printf("a=%d,b=%d,c=%f,d=%d",a,b,
c,d);
    return 0;
}
	int main()
	{
	    int a=0,c=0;
	    float b=0;
	    int n; //n 是 scanf()读取的数据个数
	    n=scanf("%o%f%d",&a,&b,&c);
	    printf("a=%d,b=%f,c=%d\n",a,b,c);
	    printf("读取了%d个数据",n);
	    return 0;
	}

两个程序的运行效果分别如图 3-5(a)和图 3-5(b)所示。

```
18      981
270 *
a=18,b=981,c=270.000000,d=32
```

(a) 例3-3-1的运行效果

```
17890.2e3.56
a=15,b=890200.000000,c=0
读取了2个数据
```

(b) 例3-3-2的运行效果

图 3-5　例 3-3 的运行效果示例

在例 3-3-1 中，用户输入“18”后按下 Tab 键再输入“981”并回车后，系统按照格式描述，用%d 读取 18 并赋值给变量 a(Tab 符对于%d 来说是分隔符，会停止读取数据)，输入缓冲区中还剩下“\t981\n”，接着按%d 读取数据时会自动读走隐含分隔符'\t'，再读走 981 并赋值给变量 b(回车符对于%d 来说是分隔符，会停止读取数据)。接着按%f 读取数据时会自动读走隐含分隔符'\n'，然后输入缓冲区中已没有数据，所以用户再次输入“270 *”并回车后，系统读走 270 并赋值给变量 c(对于%f 来说空格是分隔符)，此时的输入缓冲区中还剩下“ *\n”(第一个字符是空格)。最后按%c 读取一个空格并赋值给变量 d(对于%c 来说空格是有效字符)。printf 语句中输出的是变量 d 的 ASCII 码，结果是 32，而这正是空格的 ASCII 码(参见表 2-5)。

在例 3-3-2 中，所有变量在定义时都被赋初值为 0。用户输入“17890.2e3.56”并回车后，系统按照格式描述，用%o 读取 17 并赋值给变量 a(在八进制数中，8 是非法数字，停止读取数据)，输入缓冲区中还剩下“890.2e3.56\n”。接着按%f 读走 890.2e3 并赋值给变量 b(实数的指数形式中，e 后面必须是整数，所以 e 后面出现的小数点是非法字符)，输入缓冲区中还剩下“.56\n”。接着按%d 读取数据但不成功，因为'.'对于%d 来说是非法字符。至此，scanf 总共读取了 2 个数据(变量 a 和变量 b 的值)，未能给变量 c 赋值(c 仍是原值 0)，所以 scanf()的返回值是 2。

问题来了

已知有语句 int a; char b;，程序运行时，用户会用隐含分隔符输入 78 和'*'，如“78 *”或“78↙ *”(用↙表示回车)，应该怎么写 scanf 语句才能把 78 赋值给变量 a，把'*'赋值给变量 b?

这里提供两种方法：

(1) scanf("%d%c%c",&a,&b,&b)。

(2) scanf("%d%*c%c",&a,&b)。

第一种方法：读两次%c，第一次的%c会读走分隔符并赋值给变量b，第二次的%c会读走'*'并赋值给变量b，相当于覆盖了前一次读取的分隔符。

第二种方法：用赋值抑制符虚读走分隔符。

3.2.3 scanf()的变量地址列表

想象一下自己是一名快递员，若要把包裹送到小a的家，是不是要知道小a家的地址？那小a家的地址是多少呢？就是&a。所以，scanf()中使用的是变量地址就理所当然了。

变量地址列表中的变量类型和个数与格式描述中的格式控制符类型和个数是一一对应的，即用%d、%o、%u、%x格式读取的数据要放在整型变量所占的空间，用%f格式读取的数据要放在float型变量所占的空间，用%lf格式读取的数据要放在double型变量所占的空间等。

问题来了

已知int a, b;语句，输入数据时如果写成scanf("%d%d",a,b);语句，系统会提示出错吗？

对于内存来说，地址就是一个个的编码，如果把输入语句写成scanf("%d%d",a,b)，编译器会把a值和b值当作地址，不会报错但会给出警告(图3-6(a))。但是在运行时，由于用a值和b值所表示的地址编码很可能并不在系统为C程序分配的可用内存空间范围内(表2-1)，所以当用户输入数据后，系统会因无法把数据存储到指定的地址而非正常退出(图3-6(b))。

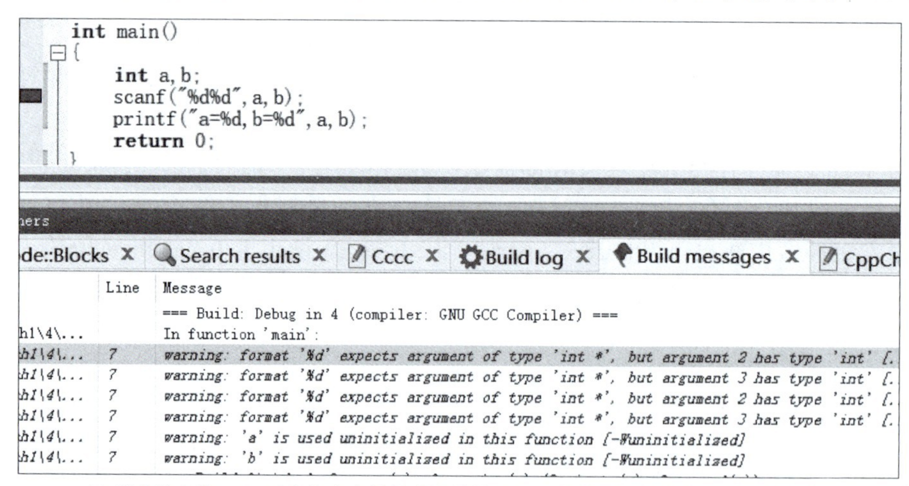

(a) 警告信息为：%d对应的应该是整型变量的地址，但代码中给的是整型变量的值

(b) 输入数据后非正常退出（正常退出应返回0）

图3-6 scanf()中的变量地址列表中不能是变量值

【小建议】

检查程序错误的一个小技巧

运行程序后，如果程序非正常退出（如图 3-6(b)的箭头所示，返回值不为 0)，首先就要检查 scanf 语句，看是不是忘了在变量名前面加上取址符 &。

3.3 格式化输出函数 printf()

3.3.1 printf()的使用形式

printf()函数通过标准输出设备（显示器屏幕，简称屏幕）输出数据，其作用是按照用户指定的格式，将信息显示到屏幕上。printf()的使用形式有两种：

```
(1)printf("字符串");
(2)printf("格式描述",输出参数列表);
```

第一种形式是输出双引号里面的字符串，通常用于提示信息的显示。

第二种形式与 scanf()差不多，只是在格式描述上有些许差异，输出参数列表是以逗号分隔的若干输出项，可以是常数、变量或表达式。

3.3.2 printf()的格式描述

格式描述是一个用双引号括起来的字符串，主要包含提示信息和格式控制符。格式描述的输出规则如下：

(1) 从左到右依次输出。

(2) 遇到格式控制符（如%d 或%f)，将输出参数列表中与之对应的输出项按格式控制符的格式输出。

(3) 遇到转义字符，输出它所代表的转义含义（如'\n'表示换行）。

(4) 遇到其他字符，原样输出。

1. 格式控制符

如图 3-7 所示，格式控制符由%开始并以一个格式字符结束，还可以根据需要在它们之间添加在有符号的正数前面显示正号的“+”、左对齐输出的“-”、空位补 0 的“0”、域宽“m”、保留小数点位数“n”、八进制或十六进制数显示前导的“#”或类型长度修正“l/h”等格式修饰符。

表 3-6 列举了可用于 printf()的格式字符。

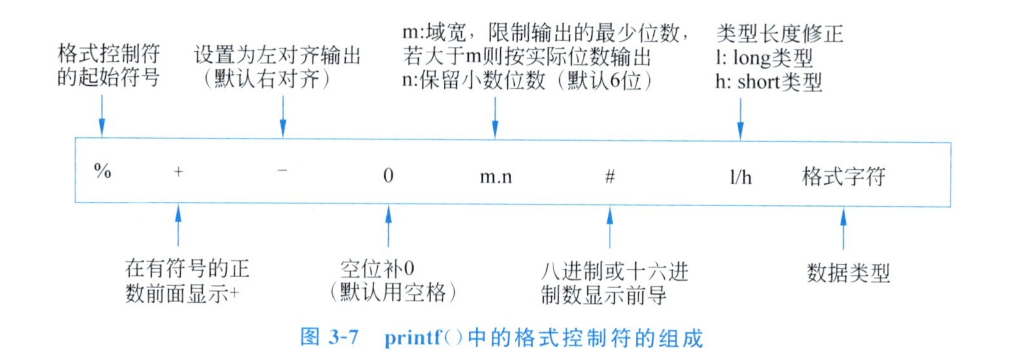

图 3-7 printf()中的格式控制符的组成

表 3-6 可用于 printf()的格式字符

格式字符	说　明
d	输出带符号的十进制整数(正数不输出符号)
u	输出十进制无符号整数
o	输出八进制无符号整数(不输出前导 0)
X 或 x	输出十六进制无符号整数(不输出前导 0X 或 0x) 用 X 时,十六进制数中的 A～F 以大写形式输出,用 x 时,则以小写形式输出
c	输出一个字符
s	输出一个字符串
f	以小数形式输出浮点数,隐含保留小数点后 6 位
E 或 e	以规范化指数形式输出浮点数,指数部分有正负号,隐含小数部分 6 位
G 或 g	选用%f 或%e 格式输出宽度较短的一种形式,不输出无意义的 0

表 3-7 列举了可用于 printf()的格式修饰符。

表 3-7 可用于 printf()的格式修饰符

格式修饰符	说　明
+	指定在有符号数的正数前面显示正号(+),不对无符号数添加
#	在八进制和十六进制数前显示前导 0 或前导 0x,需配合对应的格式字符
m	域宽,限制输出的最少位数,若输出的实际位数超过 m,按实际输出,否则在空位补空格。对于浮点数的小数形式,输出位数包括整数部分、小数点和小数部分。对于浮点数的指数形式,还要包括 e 及后面的正负号和指数
n	按照四舍五入的方法保留小数点后 n 位小数,如果不写,默认保留 6 位小数
-	指定输出数据左对齐,默认是右对齐
0	只能用于右对齐时的空位补 0,即只能在数据前面补 0
l	加在 d、o 和 x 前面,指定输出类型为 long 型;加在 e、f、g 前面,指定输出类型为 double 型
h	加在 d、o 和 x 前面,指定输出类型为 short 型

注意

不可以在 scanf()的格式描述中指定浮点数的输入精度，如 scanf("%4.2f",&a)是错误的，这一点与 printf()完全不同。可以指定输出数据的精度，但不能指定输入数据的精度。

例 3-4　printf()中不同格式控制符的作用示例。

```
int main()
{
    int a=12,b=28902,c=672;
    double d=123.456789126;
    float f=54.678;
    printf("不同进制的输出:\n");                 //输出提示信息
    printf("%+d,%+#o,%+#x\n",a,a,a);          //同一个整数用不同的进制输出并显示前导
    printf("右对齐方式下的域宽测试\n");
    printf("a=%4d,b=%4d,c=%04d\n",a,b,c);        //右对齐时在前面补位,空位可以补 0
    printf("左对齐方式下的域宽测试\n");
    printf("a=%-4d,b=%-4d,c=%-04d\n",a,b,c); //左对齐时只能在后面补空格
    printf("测试浮点数的域宽与精度\n");
    printf("f=%9.2f,d=%.7lf\n",f,d);          //域宽包括浮点数的整数、小数点与小数部分
    printf("格式字符与变量类型不匹配时\n");
    printf("a=%f,f=%d\n",a,f);                //不匹配时出现数据错误
    printf("格式控制符超过参数个数时\n");
    printf("a=%d,b=%d,c=%d\n",a,b);
    printf("格式控制符少于参数个数时\n");
    printf("a=%d,b=%d\n",a,b,c);
    printf("输出%%的方法\n");                  //用%%可以输出%
    printf("%d%%\n",a);
    printf("参数可以是表达式,会先计算表达式的值再输出\n");
    printf("%d",a*2);
    return 0;
}
```

程序的运行效果分别如图 3-8 所示。

```
不同进制的输出:
+12,014,0xc
右对齐方式下的域宽测试
a=  12,b=28902,c=0672
左对齐方式下的域宽测试
a=12  ,b=28902,c=672
测试浮点数的域宽与精度
f=    54.68,d=123.4567891
格式字符与变量类型不匹配时
a=0.000000,f=-1073741824
格式控制符超过参数个数时
a=12,b=28902,c=0
格式控制符少于参数个数时
a=12,b=28902
输出%的方法
12%
参数可以是表达式，会先计算表达式的值再输出
24
```

图 3-8　例 3-4 的运行效果示例

由此可以总结使用 printf()时的注意事项如下。

(1) 在不同进制的输出中,"+"只针对有符号数有效。

(2) 右对齐方式下,若输出数值不够域宽,会在前面的空位补空格或 0。输出数值达到域宽要求时,按实际输出。

(3) 左对齐时,若输出数值不够域宽,会在后面的空位补空格。"0"补位符不起作用。

(4) 当输出数据为浮点数时,输出位数是包括整数部分、小数点和小数部分的,如果输出位数不够域宽,会相应地补位,具体补位方法与(2)和(3)项相同。

(5) 格式控制符一般要与参数的数据类型一一对应,否则会出现数据错误。但对于 char 型变量,%d 是输出它的 ASCII 码值,%c 是输出它的字符形式。

(6) 格式控制符的个数超过输出参数个数时,对于多出的格式控制符,系统会输出一些无意义的数据。

(7) 格式控制符的个数少于输出参数个数时,不输出多余的参数。

3.4 单字符 I/O 函数

3.4.1 单字符输入函数 getchar()

getchar()的功能是从输入缓冲区中读取一个字符,使用形式是:

```
a=getchar();          //把输入的字符赋值给字符变量 a
```

a=getchar()与 scanf("%c",&a)的作用完全相同,读者可任意选用。

3.4.2 单字符输出函数 putchar()

putchar()的功能是输出一个字符到屏幕上,使用形式是:

```
putchar(a);          //把字符变量 a 的值输出到屏幕上
```

putchar(a)与 printf("%c",a)的作用完全相同,读者可任意选用。

3.5 编程实战

实战 3-1 用户输入一个 4 位的整数,请输出各个位上数字的和。

输入示例:

```
1562
```

输出示例:

```
14
```

【问题分析】

(1) 程序需要几个数据？它们应该是什么类型？

(2) 怎样拆分各个位上的数字及求和？

【程序设计】

(1) 首先看怎样拆分各个位上的数字。

第一种方案，把用户输入的数据当成一个整体看待，先用%d 读取数据，然后想办法拆分成个位、十位、百位和千位上的数字。如此，至少需要 5 个整型变量，分别存储输入的数据和 4 个位上的数字。

至于个位，以 1562 为例，1562%10 的结果就是个位。

至于十位，用 1562/10%10 即可得到。因为 1562/10 是 156(整数相除的结果仍是整数)。

百位和千位的求法与十位相似，只需要 1562/100%10 和 1562/1000 即可。

读者们不妨找一下求某位上数字的规律，当学会循环后，就可以用这个规律得到每一位上的数字。

第二种方案，把用户输入的数据当成 4 个字符读取，将它们分别减去'0'进行数值化，就可得到个位、十位、百位和千位上的数字(两个字符相减，得到的是它们的 ASCII 码的差值，如'5'−'0'=5)。如此，需要 4 个字符变量。

(2) 把所有位上的数字相加，就可得到它们的和。

(3) 这个和是否需要存放到内存中？如果需要保存，是定义一个新的变量，还是借用某个已有的变量？

【程序实现】

表 3-8 分别是两种方案的代码，它们都是直接输出各个位上数字的和，程序运行结果如图 3-9 所示。

表 3-8　实战 3-1 的两种实现方案

方　案　一	方　案　二

int main()
{
    int a,ones,tens,hundreds,thousands;
    scanf("%d",&a);
    ones=a%10;
    tens=a/10%10;
    hundreds=a/100%10;
    thousands=a/1000;
    printf("%d", ones+tens+hundreds+thousands);
    return 0;
}
	int main()
	{
	    char ones,tens,hundreds,thousands;
	    scanf("%c%c%c%c", &ones, &tens, &hundreds, &thousands);
	    printf ("%d", ones + tens + hundreds + thousands-4 * '0');
	    return 0;
	}

```
3471
15
Process returned 0 (0x0)
```

图 3-9　实战 3-1 的运行结果示例

就本例而言，方案二用字符的形式分别读取各位数字会更方便，但当改为“用户输入不超过 4 位的整数”时，方案二就需要用循环来配合读取字符，而方案一不需任何改动就可使用。

实战 3-2 妈妈问大宝写了多久的作业，大宝会按“h:m”的方式回答，如“1:16”就表示他学习了 1 小时 16 分钟。请编写程序，输出大宝一共学习了多少分钟。

输入示例：

```
1:16
```

输出示例：

```
大宝一共学习了 76 分钟
```

【问题分析】

(1) 程序需要几个数据？它们应该是什么类型？

(2) 用户输入数据用的是什么分隔符？

(3) 怎样把小时换算成分钟？

【程序设计】

(1) 需要两个整型变量 hour 和 min，分别表示小时和分钟。

(2) 用户用冒号分隔数据，所以 scanf()的格式描述里也要用冒号作为分隔符。

(3) 1 小时=60 分钟。

【程序实现】

```c
int main()
{
    int hour,min;
    scanf("%d:%d",&hour,&min);
    printf("大宝一共学习了%d分钟",hour * 60+min);
    return 0;
}
```

程序运行结果如图 3-10 所示。

```
2:15
大宝一共学习了135分钟
Process returned 0 (0x0)
```

图 3-10　实战 3-2 的运行结果示例

习题

一、单项选择题

1. 已知有 int a,b; scanf("x=%d,y=%d",&a,&b);语句，用户若希望把 10 赋给变

量 a,把 20 赋给变量 b,下面选项正确的是(　　)。

A. x=10,y=20　　B. 10,20　　C. a=10,b=20　　D. 10 20

2. 已知有 int a=10;语句,则 printf("%d,%o,%x",a,a,a);语句的输出结果是(　　)。

A. 10,012,0xa　　B. 10,10,10　　C. 10,12,'a'　　D. 10,12,a

3. 已知有 int a=28;语句,则 printf("|%-04d|",a);语句的输出结果是(　　)。

A. |2800|　　B. |28　|　　C. |0028|　　D. |　28|

4. 已知有 int a=2890;语句,则 printf("%3d",a);语句的输出结果是(　　)。

A. 289　　B. 290　　C. 890　　D. 2890

5. 已知有 int a; char b;语句,运行程序时用户会输入"89 t",若要把 89 赋给 a,把't'赋给 b,下面输入语句错误的是(　　)。

A. scanf("%d%*c%c",&a,&b);　　B. scanf("%d%c%c",&a,&b,&b);

C. scanf("%d%c",&a,&b);　　D. scanf("%d %c",&a,&b);

6. 已知有 int a; float b;语句,下面选项能正确输入数据的是(　　)。

A. scanf("%3d%6f",&a,&b);　　B. scanf("%d%d",&a,&b);

C. scanf("%d%6.2f",&a,&b);　　D. scanf("%d%lf",&a,&b);

7. 已知有 int a, b; scanf("%d: %d",&a,&b);语句,下面选项能正确输入数据的是(　　)。

A. 14 789　　B. 16,65　　C. 167: 2　　D. %17: %78

8. 用户输入 goodbye,下面程序的运行结果是(　　)。

```
int main()
{   char a,b;
    a=getchar();
    b=getchar();
    putchar(a+2);
    putchar(b+4);
    return 0;
}
```

A. go　　B. is　　C. oy　　D. a+2b+4

9. 已知有 int a=10,b=20;语句,则 printf("a+b=%d",a+b);语句的输出结果是(　　)。

A. 30　　B. a+b=30　　C. a+b=%30　　D. 10+20=30

10. 已知有 int a=0;float b=0;scanf("%d%f",&a,&b);语句,运行时用户输入"12e6",下面选项描述正确的是(　　)。

A. a 的值是 1,b 的值是 2e6

B. a 的值是 12,b 的值是 e6

C. a 的值是 12,b 的值是 0

D. a 的值是 12e6,光标闪动等待用户继续输入

11. 已知有 float a=123.45678;语句,则 printf("%-8.2f",a);语句的输出结果是(　　)。这里用□代替空格。

A. 123.46□□　　B. □□123.46　　C. -123.46□□　　D. □□-123.46

12. 已知有 int a; float b;语句,关于 scanf()和 printf(),下面选项正确的是(　　)。

A. scanf("%3d",&a)和 printff("%3d",a)中的%3d 的作用相同

B. printf("%.0f",b)可实现以四舍五入的方式输出数据的整数部分

C. 可以用 scanf("%4.2f",&b)的方式指定输入数据的精度

D. scanf("%-05d",a),当 a 的位数不够 5 位时,会在后面补 0,以实现左对齐

13. 下面选项能正确输出%的是(　　)。

A. printf("%");　B. printf('%');　C. printf("\%");　D. printf("%%");

14. 已知有 int a,b,c;scanf("%d%d%d",&a,&b,&c);语句,用户的输入不能正确地把 10 赋给 a,把 20 赋给 b,把 30 赋给 c 的选项是(　　)。用↙代表回车,□代表空格。

A. 10□20↙
30↙　B. 10↙
20↙
30↙　C. 10↙
20□30↙　D. 10,20,30

15. 已知有 char a='d';语句,则 putchar(a);语句与 putchar('a');语句的输出结果是(　　)。

A. a'a'　B. aa　C. da　D. dd

二、编程题

1. 小明开了一家奶茶店,每月房租是 r 元,材料成本是 m 元,月底共进账 t 元(r、m 和 t 都不超过 10 万元)。他现在请你帮忙计算房租和材料成本加起来占进账的百分比(保留小数点后一位)。

输入示例:

```
2000 680 5800
```

输出示例:

```
房租和材料成本占 46.2%
```

2. 用户按 yyyy/mm/dd 的方式输入日期(保证输入数据正确),请转换成 yyyy 年 mm 月 dd 日的方式输出。

输入示例:

```
2009/5/12
```

输出示例:

```
2009 年 05 月 12 日
```

3. 假设 1 美元可以兑换 r 元人民币,用户输入汇率 r 和要兑换的美元数 a(r 和 a 都不超过 50000),输出可兑换的人民币(保留小数点后两位)。

输入示例:

```
6.7891,200
```

输出示例：

```
1357.82
```

4. 用户输入4个大小写字母，请将其中的大写转换为小写，小写则转换为大写后输出。

输入示例：

```
abkD
```

输出示例：

```
ABKd
```

第4章

选择结构

C语言是结构化程序设计语言，有顺序、选择和循环等3种基本结构。顺序结构就是按顺序执行程序中的每一条语句，选择结构根据条件判断的结果执行不同的分支，循环结构用于重复执行指定的程序段。

本章将对选择结构中的if结构和switch结构进行介绍。

4.1 预备知识

4.1.1 算法的特点

程序设计由数据结构和算法组成，数据结构包括数据类型和数据的组织形式，而算法就是解题的方法和步骤，合理地组织数据和设计算法是用编程解决问题的关键。

一个算法应该具有以下几个特点。

1. 有穷性

有穷性是指算法一定能在有限的步骤之后停止。

2. 确定性

确定性是指算法的每个步骤都是确定的，不能有歧义。例如，有算法描述“当 a≥0 时，输出 Yes；当 a≤0 时，输出 No”，那么当 a 为 0 时，是应该输出 Yes 还是 No 呢？这就产生了不确定性。

3. 有效性

有效性是指算法的每个步骤都是能有效执行的。例如，“对负数取平方根”就不能有效执行。

4. 有0个或多个输入

0个输入是指算法含有初始条件，无需用户输入，如“找出100以内的所有素数”；但若要“找出m到n之间的所有素数”就需要用户输入m和n的值了。

5. 有 1 个或多个输出

设计算法就是以得到计算结果为目的，没有输出的算法没有意义。

6. 高效性

高效性主要从时间复杂度和空间复杂度进行评价，时间复杂度是指算法的执行速度，空间复杂度是指算法占用的内存资源(参见 5.1.4 节)。

7. 鲁棒性

鲁棒性也称为健壮性，是指程序在非正常情况下(如用户的输入不符合规定)不会出错或崩溃。例如，在设计“将百分制转换为等级制”的算法时，是否有应对用户的输入不在 0～100 时的方案。

解决一个问题可能有多种算法，建议初学者以培养分析问题和解决问题的能力为主，当具备一定经验后，再进一步考虑算法的高效性。

4.1.2　算法的描述方法

算法的描述方法主要有自然语言、伪代码、传统流程图和 NS 流程图等，读者可以根据习惯进行选择和使用。

1. 自然语言

用自然语言描述算法时，可使用汉语、英语和数学符号等，它比较符合人们日常的思维习惯，但在表达上容易出现疏漏，不易直接转化为程序。

2. 伪代码

伪代码是指介于自然语言和计算机语言之间的一种代码，它虽然不能在计算机上执行，却可以帮助编程者厘清思路，且易于转换为程序。

3. 传统流程图

流程图是一个描述程序的控制流程和指令执行情况的有向图，ANSI 规定了一些常用的流程图符号，如图 4-1 所示。

流程图的优点是形象直观、易于转化为程序，缺点是所占篇幅较大，分支和循环结构不便于用一个个的框顺序组成。

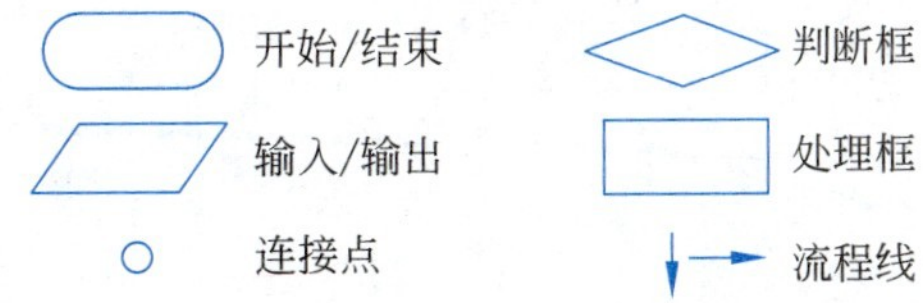

图 4-1　常用的流程图符号

4. NS 流程图

NS 流程图的特点是完全去掉了流程线，避免了算法流程的任意转向，且将分支和循环结构用框的形式进行表示，既形象直观又节省篇幅，尤其适用于结构化程序设计。

例 4-1 用 4 种算法描述方法完成以下题目的算法设计。

用户输入 a、b 和 c，计算一元二次方程 $ax^2+bx+c=0(a\neq 0)$ 的实数根。

【程序设计】

一元二次方程的根的计算公式如式 4-1 所示。

$$x_{1,2}=\frac{-b\pm\sqrt{b^2-4ac}}{2a} \tag{4-1}$$

判别式为 $\Delta=b^2-4ac$。当 $\Delta>0$ 时，方程有两个不相等的实数根；当 $\Delta=0$ 时，方程有两个相等的实数根；当 $\Delta<0$ 时，方程无实数根。

因此，程序应有 6 个浮点型变量，分别用于保存 a、b、c、Δ、x1 和 x2 的值。

为方便显示，表 4-1 用自然语言和伪代码描述例 4-1 的算法设计，图 4-2 是使用流程图和 NS 流程图描述的算法设计。

表 4-1 用自然语言和伪代码描述例 4-1 的算法设计

自然语言	伪代码
step 1:读入 a, b 和 c 的值。 step 2:计算 Δ=b²-4ac。 step 3:如果 Δ>0,按(式 4-1)计算 x1 和 x2 并输出。 　　如果 Δ=0,x1 =-b/2a 并输出。 　　如果 Δ<0,输出“无实根”。 step 4:算法结束。	input a, b, c Δ=b²-4ac if Δ>0 用(式 4-1)计算 x1, x2 　　print x1,x2 else if Δ==0 x1=-b/2a 　　print x1 else print “无实根”

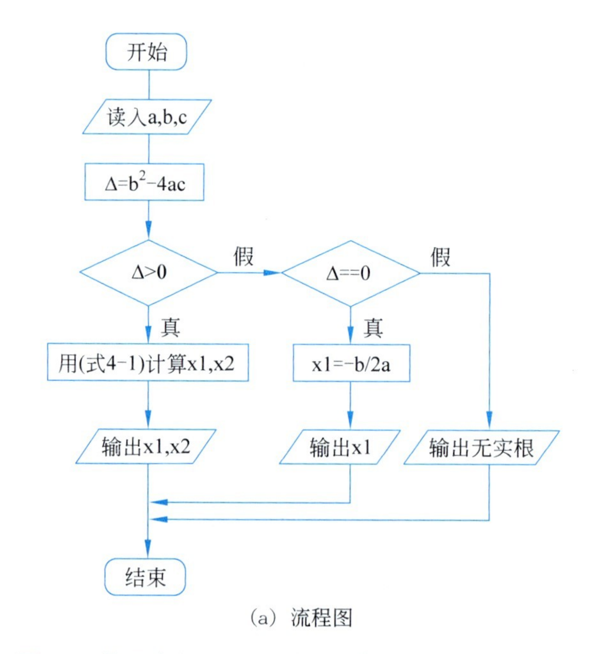

(a) 流程图

图 4-2 使用流程图和 NS 流程图描述例 4-1 的算法设计

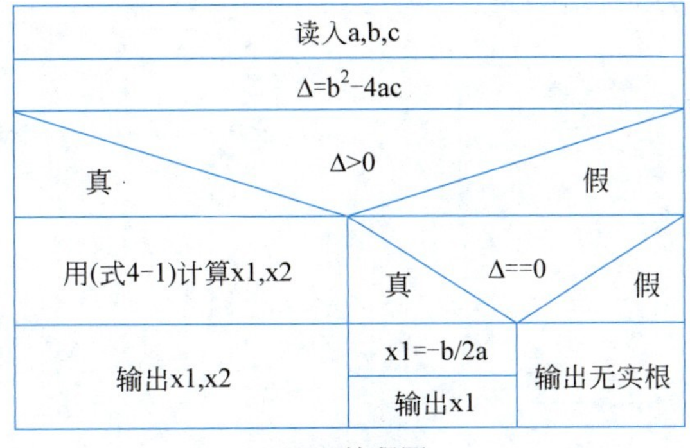

(b) NS流程图

图 4-2(续)

4.2 if 选择结构

选择结构又称为分支结构，包括单分支选择、双分支选择和多分支选择等 3 种。在 C 语言中，通常用 if 语句实现单分支选择结构，用 if…else 语句实现双分支选择结构，用 if 语句的嵌套或 switch 语句实现多分支选择结构。

4.2.1 if 单分支选择结构

if 单分支选择结构的一般形式如下：

```
if (条件表达式)
{
    if块;
}
```

if 单分支选择结构的流程图如图 4-3 所示。

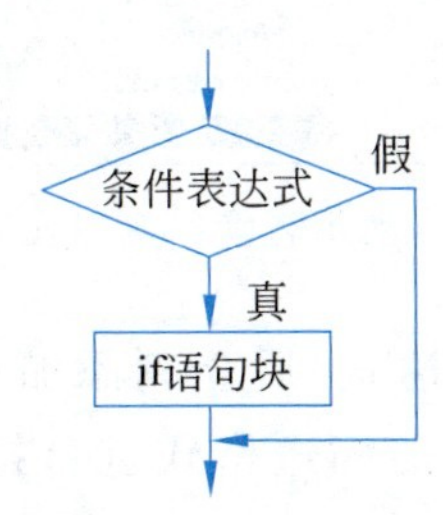

图 4-3 if 单分支选择结构的流程图

条件表达式可以是任意表达式、变量或常量，如果条件表达式的值非 0（逻辑真），就执行 if 语句块中的语句。if 语句块是由一对花括号括起来的，只有当 **if 语句块是单条语句**时，才可以省略花括号。

题 4-1 以下程序的运行结果是(　　)。

```
int main()
{
    int a=5, b=9, t=100;
    if (a>b)
        t=a;
        a=b;
        b=t;
    printf ("a=%d, b=%d", a, b);
    return 0;
}
```

A. a＝9，b＝5　　B. a＝5，b＝9　　C. a＝9，b＝100　　D. 语法错误

【题目解析】

答案：C。

再次强调，if 语句块是用一对花括号括起来的，当且仅当语句块中只有一条语句时，才可以省略花括号。

本题中的 if 后面是没有花括号的，说明 if 块只有一条语句。千万不要因为 if 语句下面有 3 条缩进语句，就想当然地认为 if 语句块中包含 3 条语句，但其实它们不过是编程者利用空格进行的排版而已。试想一下，如果不同的排版效果能改变程序的运行结果，那程序的可靠性又何在？利用右键菜单的智能缩进格式重新排版后的代码如图 4-4 所示。这里因为不满足 a>b，所以程序会跳过 if 语句块，执行后面的 a＝b 和 b＝t 语句，所以 a＝9，b＝100。

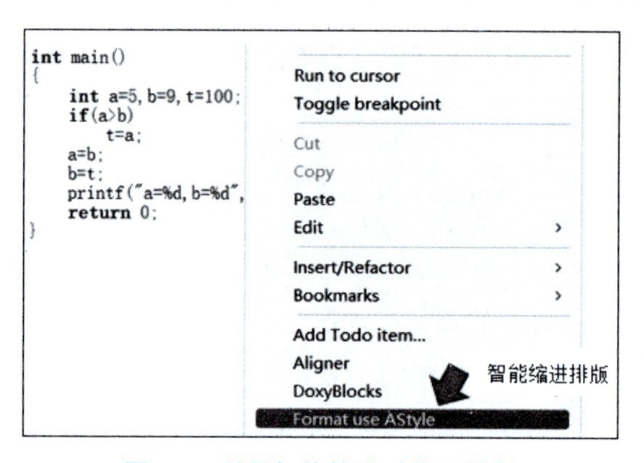

图 4-4　利用智能缩进对代码排版

建议初学者养成写完 if(条件表达式)后立刻添加一对花括号然后再写 if 语句块的习惯。另外，要充分利用 IDE 提供的智能缩进格式进行排版，可以避免出现一些不易发现的问题。

例 4-2 用户输入 3 个数，请输出其中的最小值。

假设用户输入数据时以空格进行间隔(如 5 7 2)。以下是两种算法设计方案，方案一是直接通过表达式找到最小值；方案二是先把第一个数当作最小值 min，然后让 min 依次与其余的数相比，如果有数比 min 还小，就更新 min，让 min 始终是已经比较过的数中的最小值。

当所有数都比较完毕，则最小值 min 也随之得到。

表 4-2 分别是两种方案的代码，程序运行结果如图 4-5 所示。

表 4-2　例 4-2 的两种算法设计方案

<table>
<tr><th>方　案　一</th><th>方　案　二</th></tr>
<tr><td><pre>
int main()
{
    int a, b, c, min;
    scanf ("%d%d%d", &a, &b, &c);
    if (a<=b && a<=c)
        min=a;
    if (b<=a && b<=c)
        min=b;
    if (c<=a && c<=b)
        min=c;
    printf ("最小值是%d", min);
    return 0;
}
</pre></td><td><pre>
int main()
{
    int a, b, c, min;
    scanf ("%d%d%d", &a, &b, &c);
    min=a;   //先把 a 作为最小值 min
    if (min>b)   //如果 b 比 min 还小，就更新 min
        min=b;
    if (min>c)   //如果 c 比 min 还小，就更新 min
        min=c;
    printf ("最小值是%d", min);
    return 0;
}
</pre></td></tr>
</table>

```
5 2 7
最小值是2
Process returned 0 (0x0)
```

图 4-5　例 4-2 的运行结果示例

就本例而言，方案一的思路更直接，但它没有可扩展性。如果要求在 10 个数中找最小值，或者在 100 个数中找最小值呢？难道要写 10 条或 100 条条件判断语句吗？事实上，方案二是从多个数中找最值（最小值或最大值）的标准算法，通过搭配循环结构，哪怕在 1000 个数中找最值，代码量也不会比方案二的增加多少。

问题来了

在例 4-2 的方案二中，为什么只考虑了 min>b，却没有考虑 min<=b 的情况？

如果考虑 min<=b 的情况，if 语句应写成：

```
if (min>b)
    min=b;
else
    min=min;
```

显然 else 分支没有存在的必要，在数值没有改变的情况下，自己给自己赋值徒增程序的运行时间。其实，使用 if 单分支选择结构的“潜台词”就是，除非出现条件表达式所描述的情况，否则程序中的各个值就保持原样。

4.2.2　if…else 双分支选择结构

if…else 双分支选择结构的一般形式如下：

```
if(条件表达式)
{
    if 语句块;
}
else
{
    else 语句块;
}
```

if…else 双分支选择结构的 NS 流程图如图 4-6 所示。

与 if 单分支选择结构相比，if…else 双分支选择结构仅仅是多了 else 分支，如果条件表达式的值非 0（逻辑真），就执行 if 语句块中的语句，否则就执行 else 语句块中的语句，if 语句块和 else 语句块不可能同时被执行。

else 语句块也是由一对花括号括起来的，只有当 else 语句块是单条语句时，才可以省略花括号。

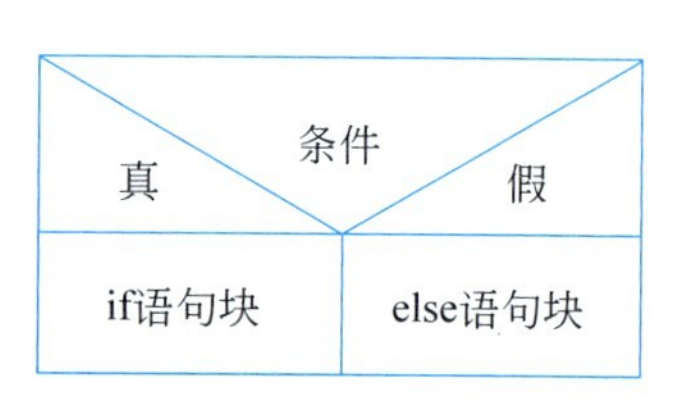

图 4-6 if…else 双分支选择结构的 NS 流程图

注意

else 不能单独存在，必须与 if 配对使用。没有“如果”，又哪来的“否则”呢？

题 4-2 以下程序的运行结果是(　　)。

```
int main()
{
    int a=0;
    if (a=0)
        printf ("a是0");
    else
        printf ("a不是0");
    return 0;
}
```

A. a 是 0　　　　B. a 不是 0　　　　C. 语法错误

【题目解析】

答案：B。

这里，条件表达式是 a=0，这其实是一个赋值表达式，而赋值表达式的值就是变量 a 的值（也就是 0）。0 在逻辑上表示“假”，当条件表达式的值为假时，程序会执行 else 分支。

初学者特别容易把 if(a=0) 当作是在判断 a 是否为 0，主要原因就是按照数学常识把“if(a=0)”读作“如果 a 等于 0”。“=”在数学中确实是“等于”的意思，但它在 C 语言中却是赋值号。

在 C 语言中，要用“==”进行“等于”的判断，“a=0”是赋值表达式（不能读作“a 等于 0”），“a==0”才是关系表达式（读作“a 等于 0”或“a 与 0 相等”），读者一定不要混淆。

小技巧

可以用交换两个操作数的方式来帮忙区分 if(a=0)和 if(a==0)的不同。if(a==0)与 if(0==a)是等价的,但 if(0=a)却有语法错误,赋值号的左边不能是常量。

【小思考】

如果题 4-2 中的条件表达式改为 if (a=5),程序的运行结果是多少?如果再分别改成 if (a==0)和 if(a==5)呢?答案见脚注①。切记,只有"=="才能实现判断两个操作数是否相等。

4.2.3 if 语句的嵌套

实际应用中,经常出现条件的分支多于两种的情况,也就是多分支情况,此时可以采用对 if 结构进行嵌套的方式,即在 if 语句块或 else 语句块中再使用 if 结构,如:

```
if (条件表达式 1)
{
    if (条件表达式 2)
    {…}
    else
    {…}
}
else
{
    if (条件表达式 3)
    {…}
    else
    {…}
}
```

程序能执行条件表达式 2 的前提是条件表达式 1 的结果为真,能执行条件表达式 3 的前提是条件表达式 1 的结果为假,因此在设计条件表达式 2 和条件表达式 3 时,可以省略已符合的条件。

在使用 if 语句的嵌套时,一定要注意 if 与 else 的匹配问题。

(1) if 可以单独使用,但 else 必须与 if 配对。

(2) 采用"最近匹配原则",else 往前找离它最近的未配对的 if 进行配对。

(3) 在出现 if 嵌套时,建议使用花括号标识清楚相应的语句块。

(4) 内层的选择结构必须完整地嵌套在外层的选择结构内,两者不允许交叉。

---

① a=5 是赋值表达式,表达式的值是 5,5 是非 0,表示逻辑真,所以执行 if 分支,答案是 A。a==0 和 a==5 都是关系表达式,if(a==0)的输出结果是 A,if(a==5)的输出结果是 B。

最常用的多分支选择结构的一般形式为：

```
if (条件表达式 1)
{
    if 语句块 1;
}
else if (条件表达式 2)
{
    if 语句块 2;
}
…
else if (条件表达式 n)
{
    if 语句块 n;
}
else
{
    else 语句块;
}
```

这种多分支选择结构又称为 if…else if…else 多分支选择结构，由 n 个 if 语句块和一个 else 语句块，总共 n+1 个语句块组成。每个 if 语句块的条件表达式都是要被处理的数据的一个子集，并且各个**子集互斥**，相互之间没有交集。最后的 else 分支没有条件表达式，它对应的就是不属于之前任意一个子集范围中的数据，由此就构成了数据的全集。如果子集之间有交集，或者所有子集不能构成一个全集，就说明程序有问题，需要重新设计各个分支。

当程序执行到 if…else if…else 多分支选择结构时，会按照先后顺序对条件表达式进行判断，当执行完符合条件的分支后就会跳出多分支选择结构。因此，每次程序运行到多分支选择结构时，**有且只会有一条分支被执行**。

例 4-3 计算以下分段函数，保留小数点后两位。

$$f(x)=\begin{cases}2x+9, & x\leqslant -5\\ 0, & -5<x\leqslant 5\\ 3x-12, & \text{其他}\end{cases}$$

如图 4-7 所示，分段函数中的条件表达式把输入变量 x 的取值范围分成了 3 段，3 段之间没有交集，它们共同构成了一个全集。

图 4-7 例 4-3 中变量 x 的取值范围

甲、乙、丙 3 位同学用不同的选择结构完成了程序设计，他们的代码分别如表 4-3 中的例 4-3-1、例 4-3-2 和例 4-3-3 所示，运行结果分别如图 4-8(a)、图 4-8(b)和图 4-8(c)所示。

表 4-3 甲、乙、丙三位同学的代码

例 4-3-1 代码（甲方案）

```c
int main()
{
  float x;
  scanf ("%f", &x);
  if (x<=-5)
    printf ("%.2f", 2*x+9);
  else if (x<=5)
    printf ("0.00");
  else
    printf ("%.2f", 3*x-12);
  return 0;
}
```

例 4-3-2 代码（乙方案）

```c
int main()
{
  float x;
  scanf ("%f", &x);
  if (x<=-5)
    printf ("%.2f", 2*x+9);
  if (-5<x && x<=5)
    printf ("0.00");
  if (x>5)
    printf ("%.2f", 3*x-12);
  return 0;
}
```

例 4-3-3 代码（丙方案）

```c
int main()
{
  float x;
  scanf ("%f", &x);
  if (x<=-5)
    printf ("%.2f", 2*x+9);
  if (-5<x && x<=5)
    printf ("0.00");
  else
    printf ("%.2f", 3*x-12);
  return 0;
}
```

```
-10
-11.00
Process returned 0 (0x0)
```

(a) 甲同学方案的运行效果

```
-10
-11.00
Process returned 0 (0x0)
```

(b) 乙同学方案的运行效果

```
-10
-11.00-42.00
Process returned 0 (0x0)
```

(c) 丙同学方案的运行效果

图 4-8 3 位同学不同方案的运行效果示例

在例 4-3-1 中，甲同学用了一个多分支 if…else if…else 选择结构，两个 if 语句块和一个 else 语句块分别对应了 3 段函数。并且，如果程序能执行到 else if(x<=5)，就已说明 x>−5，没有必要再写成 else if(−5<x && x<=5)。

在例 4-3-2 中，乙同学用了 3 个 if 单分支选择结构，前两个 if 分支的条件表达式与分段函数一致，最后一个 if 分支用“x>5”代替了分段函数中的“其他”。

在例 4-3-3 中，丙同学表面上设计了 3 个分支，分别对应 3 个分段函数，但其实又犯了把数学常识带入到编程中的错。在数学的分段函数表达中，“其他”是对前面所有分支的否定，但在 C 语言中，其实是把丙同学的这种写法看作是由一个 if 单分支选择结构和一个 if…else 双分支选择结构组成，所以 else 仅仅是对位于它前面的 if 分支的否定。前面的 if 分支代表的是 x 在(−5,5]区间，所以 else 分支代表的是 x 不在(−5,5]区间，即 x<=−5 或 x>5，显然这就与 if 单分支结构中的 x<=−5 存在交集。所以，当 x=−10 时，它不仅会执行 if 单分支选择结构中的 if 语句块，还会执行 if…else 双分支选择结构中的 else 语句块，所以输出了两个结果。

甲同学和乙同学的方案都是可行的，在条件表达式比较简单时，**if…else if…else 多分支选择结构完全可以由多个 if 单分支选择结构表示**。但当条件表达式比较复杂时，如何用一个 if 单分支选择结构写出 if…else if…else 结构中的最后一个 else 分支所代表的条件表达式就需要仔细斟酌了。

例 4-4 用户输入一个字符，编写程序，实现大小写字母互换，数字字符原样输出，其他字符则提示出错。

(1) 遇到多分支选择结构，可以用类似于图 4-9 所示的结构进行描述，分支个数与各个分支的条件表达式都很直观，很容易转换为程序代码，是编写多分支选择结构程序的利器。

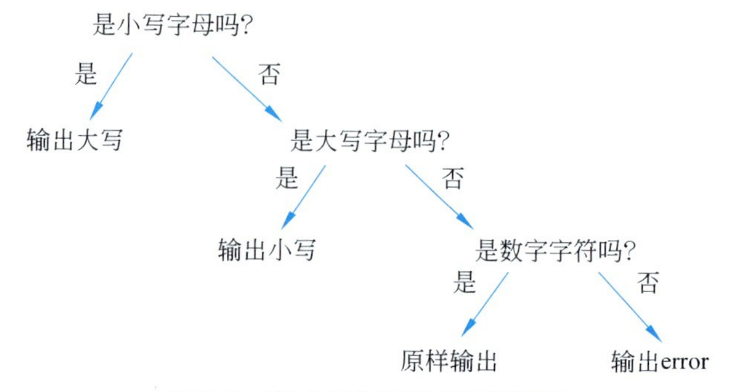

图 4-9　例 4-4 的多分支结构描述

当程序执行到判断输入是否是大写字母时，就已经排除了输入是小写字母的可能；当执行到判断输入是否是数字字符时，就已经排除了输入字符是小写或大写字母的可能；当执行到最后的 else 分支时，就已表明输入的是其他字符。这就是 if…else if…else 多分支选择结构中最后一个 else 分支的用处了，它是对前面所有分支的否定，即“输入既不是小写字母，也不是大写字母，也不是数字字符”，所有子集加上它，就能形成一个全集。

（2）描述 x 在[a，b]区间的表达式是 a<=x && x<=b，不是 a<=x<=b（参见 2.7.3 节），不要与数学上的表达方式混淆。

```
int main()
{
    char x;
    x=getchar();                    //等同于 scanf("%c",&x);
    if ('a'<=x && x<='z')
        printf ("%c", x-32);        //小写字母的 ASCII 比对应大写字母的 ASCII 码大 32
    else if ('A'<=x && x<='Z')
        printf ("%c", x+32);
    else if ('0'<=x && x<='9')
        printf ("%c", x);
    else
        printf ("error");
    return 0;
}
```

注意

在测试多分支选择结构时，应该为每个分支设计一个测试用例，以确保所有分支的结果是正确的。就例 4-4 而言，需要测试输入是小写字母、大写字母、数字字符和其他字符的情况。如有必要，还应测试一下边界值，如小写字母中的'a'和'z'、大写字母中的'A'和'Z'等。

多分支选择结构可以由多个 if 单分支选择结构实现，例 4-4 的各个 if 分支可描述为：

if (x 是小写字母) 输出对应大写；

if (x 是大写字母) 输出对应小写；

if (x 是数字字符) 原样输出；

if (x 不是小写字母 && x 不是大写字母 && x 不是数字字符) 输出“error”。

注意最后一个分支不能写成 else。

4.3 switch 结构

除了 if 嵌套的多分支选择结构外，C 语言还提供了另一种多分支选择结构，即 switch 结构。switch 结构又称为开关结构，可以根据开关表达式产生不同的值，从不同的入口进入程序，从而实现有选择性地执行部分语句。

1. switch 多分支选择结构的形式

switch 多分支选择结构的一般形式如下：

```
switch (开关表达式)
{
    case 入口常量 1: 语句组 1; [break;]
    case 入口常量 2: 语句组 2; [break;]
    …
    case 入口常量 n: 语句组 n; [break;]
    [default: 语句组 n+1; break;]
}
```

方括号括起来的为可选部分，正因为这些可选部分，switch 多分支选择结构没有固定的流程图，但它的执行流程大致如图 4-10 所示。

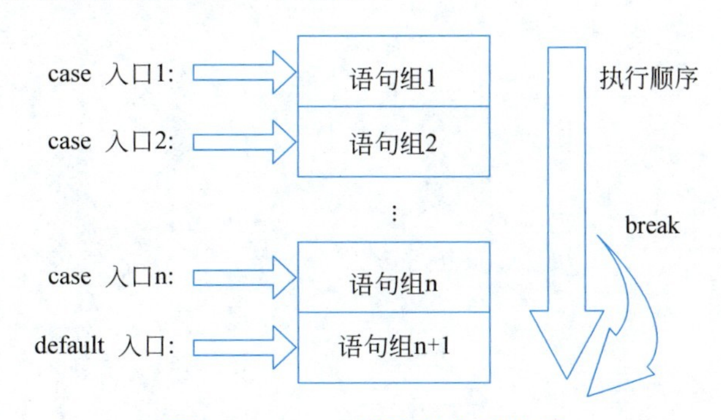

图 4-10　switch 语句的大致流程

可以想象 switch 中所有的语句组构成了一条高速道路，人们可以选择从某个入口进入高速，然后一直往前开，直到道路尽头或者在中途遇到 break(打断)才会下高速。

假设高速上没有 break，程序从入口 1 进入后，会依次执行语句组 1、语句组 2……、语句组 n+1，相当于要跑完整条高速；程序从入口 2 进入后，会从语句组 2 开始依次执行每条语句，直到跑完高速。

问题来了

怎么才能让程序从某个入口进去后，只执行对应的语句组，例如从入口 2 进去，就只执行语句组 2 呢？

方法是在每个语句组的结尾添加 break 语句，程序执行完语句组后就会被打断从而跳出 switch 结构。

2. 使用 switch 结构的注意事项

（1）开关表达式的结果必须是整型常量、字符常量或枚举常量，同时要与 case 分支的入口常量值的类型一致。计算出开关表达式的值后，会从对应的 case 分支开始执行程序。

（2）case 分支的入口常量值必须是整型常量、字符常量、枚举常量或由它们组成的常量运算表达式，且各个 case 分支的入口常量值不能相同。

（3）如果开关表达式的值没有匹配的 case 分支，就会执行 default 分支，如果没有 default 分支，就跳出 switch 结构。

（4）case 分支后面可以没有语句组，程序会接着执行下一个语句组。

（5）如果每个语句组的结尾都有 break，则各个 case 分支的先后次序不会影响程序的运行结果。

（6）switch 结构可以嵌套，用 break 只能跳出它所在的 switch 结构。

（7）default 语句不是必选项。

题 4-3 用户输入 7，以下程序的运行结果是（　　）。

```
int main()
{
    int a, s=0;
    scanf ("%d", &a);
    switch (a)
    {
        case 1: s+=1;
        case 4: s+=4;
        default:
        case 3: s+=3;
        case 5: s+=5;
    }
    printf ("%d", s);
    return 0;
}
```

A. 0　　B. 3　　C. 5　　D. 8

答案：D。

做关于 switch 结构的题目时，方法如下：

（1）首先看其中有没有 break 语句，一旦程序从某个 case 分支进入，就会一直执行到 switch 结构的结尾或者遇到 break 才会跳出 switch 结构。

（2）开关表达式的值有没有对应的 case 分支？如果有，就从这个分支开始执行程序。如果没有对应的 case 分支，就看有没有 default 分支。如果没有 default 分支，就跳出 switch 结构。

综上，本题没有 break，开关表达式的值是 7（由用户输入），没有对应的 case 分支，但有 default 分支，所以程序进入 default 分支后一直往下执行语句 s+=3 和 s+=5，直到 switch 结构的花括号结束。s 的初值是 0，所以最后的结果是 8。

初学者通常误以为程序进入到 case 分支后，只会执行两个分支之间的语句。以本例为例，可能有读者会认为 default 分支到它后面的 case 3 分支之间没有语句，所以就不执行 switch 结构，从而选择 A 选项。

4.4　编程实战

实战 4-1　表 4-4 是某地的阶梯电价收费标准。

表 4-4　某地的阶梯电价

档　　次	分档标准/kW·H	电价/元
第一档	0～260	0.68
第二档	261～600	0.73
第三档	601 度及以上	0.98

用户输入他的用电量（int 型非负数），请输出他应支付的电费（保留小数点后两位）。

【问题分析】

（1）程序需要几个数据？它们应该是什么类型？

（2）这是几个分支的选择结构？每个分支的语句块要完成什么功能？

【程序设计】

（1）用电量 x 是 int 型，电费 y 是 float 型。

（2）可以用 if…else if…else 多分支选择结构编程，当然，因为条件表达式比较简单，也可以用 3 个 if 单分支选择结构编程。

图 4-11 是 if…else if…else 多分支选择结构的描述。

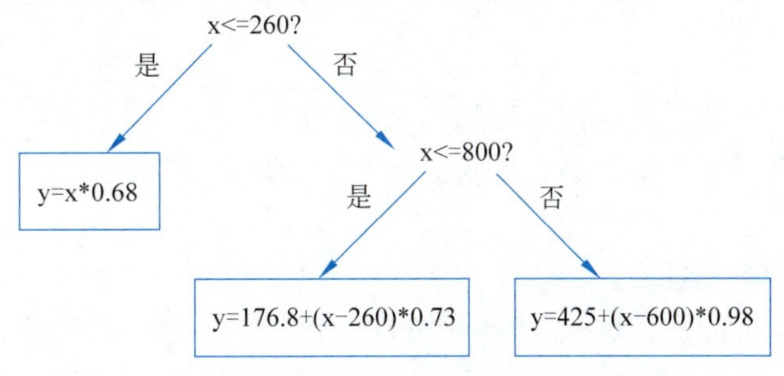

图 4-11　实战 4-1 的多分支选择结构描述

【程序实现】

表 4-5 分别是 if…else if…else 多分支和 if 单分支两种方案的代码。

表 4-5 实战 4-1 的两种实现方案

方案一	方案二

<pre>int main()
{
    int x;
    float y;
    scanf ("%d", &x);
    if (x<=260)
        y=x * 0.68;
    else if (x<=600)   //此时的 x 肯定>260
        y=176.8+(x-260) * 0.73;
    else   //此时的 x 肯定>600
        y=425+(x-600) * 0.98;
    printf ("%.2f", y);
    return 0;
}</pre>
	<pre>int main()
	{
	    int x;
	    float y;
	    scanf ("%d", &x);
	    if (x<=260)
	        y=x * 0.68;
	    if (261<=x && x<=600)
	        y=176.8+(x-260) * 0.73;
	    if (x>=601)
	        y=425+(x-600) * 0.98;
	    printf("%.2f", y);
	    return 0;
	}</pre>

切记：当使用多个 if 单分支选择结构进行多分支问题编程时，一定不要在最后一个分支使用 else，它无法实现对前面所有分支的否定，一定会与其中的一些分支产生数据上的交集，从而导致程序结果不正确。

实战 4-2 根据表 4-6 将用户输入的百分制成绩转换为等级制并输出，如果用户的输入不在[0,100]区间，提示出错。

表 4-6 百分制转等级制方案

百分制成绩	等级
[90,100]	A
[80,89]	B
[70,79]	C
[60,69]	D
[0,59]	E

【问题分析】

(1) 程序需要几个数据？它们应该是什么类型？

(2) 选择结构有几个分支？怎么表示成绩在某个区间范围？

【程序设计】

(1) 需要一个整型变量 a。

(2) 程序应有 6 个分支，除了 5 个等级分支外还有一个输入错误分支。

(3) 如果采用 switch 结构，case 后面应是具体的常量值，不能是一个区间范围，如 case 80<=a && a<=89 是错误的。本例中，每一级的分数段恰好有个特点，它们在十位上的

数字是相同的，如[80,89]的十位数都是 8，[70,79]的十位数都是 7，所以可以用整除运算“a/10”得到十位数。

【程序实现】

表 4-7 分别是 if…else if…else 多分支（方案一）、多个 if 单分支（方案二）和 switch 多分支（方案三）3 种方案的代码。

表 4-7　实战 4-1 的 3 种实现方案

方　案　一

```
int main()
{
    int a;
    scanf ("%d", &a);
    if (90<=a && a<=100)
        printf ("A");
    else if (80<=a && a<=89)
        printf ("B");
    else if (70<=a && a<=79)
        printf ("C");
    else if (60<=a && a<=69)
        printf ("D");
    else if (0<=a && a<=59)
        printf ("E");
    else
        printf ("input
error");
    return 0;
}
```

方　案　二

```
int main()
{
    int a;
    scanf ("%d", &a);
    if (90<=a && a<=100)
        printf ("A");
    if (80<=a && a<=89)
        printf ("B");
    if (70<=a && a<=79)
        printf ("C");
    if (60<=a && a<=69)
        printf ("D");
    if (0<=a && a<=59)
        printf ("E");
    if (a<0 || a>100)
        printf ("input
error");
    return 0;
}
```

方　案　三

```
int main()
{
    unsigned int a;
    scanf ("%d", &a);
    switch (a/10)
    {
        case 10:
        case 9: printf("A");
                break;
        case 8: printf("B");
                break;
        case 7: printf("C");
                break;
        case 6: printf("D");
                break;
    case 5:
    case 4:
        case 3:
        case 2:
        case 1:
        case 0: printf("E");
                break;
        default: printf
              ("input error");
    }
    return 0;
}
```

细心的读者可能已注意到方案三的变量 a 是 unsigned int 型，这是因为如果 a 是 int 型，当 a 在[−9，−1]范围内取值时，a/10 的结果是 0，所以用户输入该区间的数时，对应的输出是“E”，这显然是不对的。把 a 作为无符号数时，问题就迎刃而解。

if…else if…else 多分支结构能很好地解决多分支问题，尤其在条件表达式比较复杂时，是解决多分支问题的首选。此外，该结构是个整体，只要其中一个分支被执行后，程序会直接跳过其他分支，能节省一些运行时间。例如，用户输入 98，方案一在输出“A”后不再判断其他分支，而是转而执行该结构后面的 return 0 语句。

多个 if 单分支也能解决多分支问题，但一定注意最后一个分支不能使用 else。此外，所有 if 单分支是相互独立的个体，程序会顺序执行每一个 if 单分支语句，这会造成对多个分支的无效操作。例如，用户输入 98，方案二在输出“A”后，还会继续判断 a 是否在[80, 89]、[70, 79]等区间。

switch 多分支结构的优势是直观简洁，可读性好于采用嵌套的 if 多分支结构，但它只能用于分支数有限，且入口值能用整型常量、字符常量或枚举型常量表示的情况。本例中，假如分数段所包含的分数不具备十位上数字相同的特点(如[75, 84])，就无法用 a/10 表示 case 分支的入口值。

习题

一、单项选择题

1. 已知有 int A;语句，若希望当 A 的值为奇数时表达式的值为真，A 的值为偶数时表达式的值为假，以下选项不能满足要求的是(　　)。

A. A%2!=0　　B. !(A%2==0)

C. abs(A)%2==1　　D. !(A%2)

2. 以下程序的输出结果是(　　)。

```
int main()
{
    int a=5,b=-2,c=2;
    if (a<b)
        if (b<0) c=0;
    else ++c;
    printf ("%d\n",c);
    return 0;
}
```

A. 3　　B. 2　　C. 1　　D. 0

3. 以下程序的输出结果是(　　)。

```
int main()
{
    int a=12;
    if (a%5==0)
        printf ("***");
    printf ("@@@");
    return 0;
}
```

A. ***@@@　　B. ***　　C. @@@　　D. 无输出结果

4. 已知有 int a=0,b=3,c=8,d=4,x;语句，执行完以下代码段后 x 的值是(　　)。

```
if (b>a)
    if (!d) x=1;
    else
        if (d>c)
            if (b<d) x=2;
            else x=3;
        else x=4;
else x=5;
```

A. 2　　B. 3　　C. 4　　D. 5

5. 以下选项描述不正确的是(　　)。

A. else 往前与跟它最近的未配对的 if 匹配

B. switch 语句可以没有 default 分支

C. case 后面可以跟整型常量和浮点型常量

D. if 语句可以没有 else

6. 以下程序的输出结果是(　　)。

```
int main()
{
    int a=0, b=0, c=0;
    if (a==b==c)
        printf ("三个数相等");
    else
        printf ("三个数不相等");
    return 0;
}
```

A. 3 个数相等　　B. 3 个数不相等

C. 3 个数相等 3 个数不相等　　D. 语法错误

7. 分析以下代码段,如果希望 t 的输出结果是 4,a 和 b 必须要满足(　　)。

```
int s, t, a, b;
scanf ("%d%d", &a, &b);
s=4;
t=1;
if (a>0) s/=2;
if (a<b) t+=s;
else if (a==b) t=6;
else t=2 * s;
printf ("t=%d", t);
```

A. a>0 且 a>b　　B. a>b>0　　C. a>0 且 b>0　　D. b>a>0

8. 已知有 int a,b,x,y;语句,以下 switch 结构正确的是(　　)。

A.
```
switch a-b
{
    case 1: x=a++; break;
    case 4: y=b++; break;
    default: y=x=a-b;
}
```

B.
```
switch (a-b)
{
    case 1:
    case 4: y=b++; break;
    case 1: x=a++; break;
}
```

C.
```
switch (a-b);
{
    case 1: x=a++; break;
    case 4: y=b++; break;
}
```

D.
```
switch (a-b)
{
    case 1:
    case 3: x=a++; break;
    case 4: y=b++;
}
```

9. 闰年是能被4整除但不能被100整除,或能被400整除的年份。已知变量x表示年份,以下选项能正确描述闰年的是(　　)。

A. x/4==0 && x/100!=0 || x/400==0

B. x%4=0 ||x%100!=0 && x%400=0

C. x%4==0 && x%100!=0 || x%400==0

D. x%4=0 && x%100!=0 || x%400=0

10. 已知有int x,y;语句,以下选项与y=(x<0? -1:x>0? 1:0)功能相同的是(　　)。

A.
```
y=1;
if (x)
    if (x<0) y=-1;
    else if (x>0) y=1;
    else y=0;
```

B.
```
y=0;
    if (x<0) y=-1;
    else y=-1;
```

C.
```
if (x)
    if (x<0) y=-1;
    else if (x>0) y=1;
    else y=0;
```

D.
```
if (x<0) y=-1;
else if (x>0) y=1;
else y=0;
```

二、编程题

1. 用户输入一个不超过4位的整数,先输出它是几位数,然后逆序输出。

输入示例:

```
78
```

输出示例:

```
2 87
```

2. 用户输入3个整数a、b和c,先判断它们能否构成一个三角形,如果能则输出它们是何种三角形：等边三角形、等腰三角形、直角三角形或一般三角形；如果不能则输出“不能构成三角形”。

输入示例 1：

```
5 5 1
```

输出示例 1：

```
不能构成三角形
```

输入示例 2：

```
3 5 4
```

输出示例 2：

```
直角三角形
```

3. 身体质量指数 BMI 的计算公式为：BMI＝体重/(身高^2)，体重单位是 kg，身高单位是 m。BMI 指数与身体状况的关系如下：

- BMI 指数＜20：偏轻。
- BMI 指数在[20，24]：正常。
- BMI 指数在(24，28]：超重。
- BMI 指数＞28：肥胖。

用户输入体重和身高，请输出对应的身体状况。

输入示例：

```
75.5 1.65
```

输出示例：

```
超重
```

第5章

循环结构

在程序设计中，很多实际问题有重复性操作或规律性操作的需求，因此需要重复执行某些语句。循环结构作为结构化程序设计的3个基本结构之一，能够减少代码的重复书写，而计算机的一大特点就是高速运算，能在短时间内完成大量有规律的重复性操作。

本章将对循环结构中的for循环、while循环和do…while循环进行介绍。

5.1 循环的相关概念

5.1.1 循环结构

循环结构就是在某种条件成立时，反复执行某一组语句的结构。被反复执行的语句称为循环体，控制循环操作的条件称为循环条件。循环结构有两种，一种是当型循环，一种是直到型循环，它们的流程图分别如图5-1和图5-2所示。

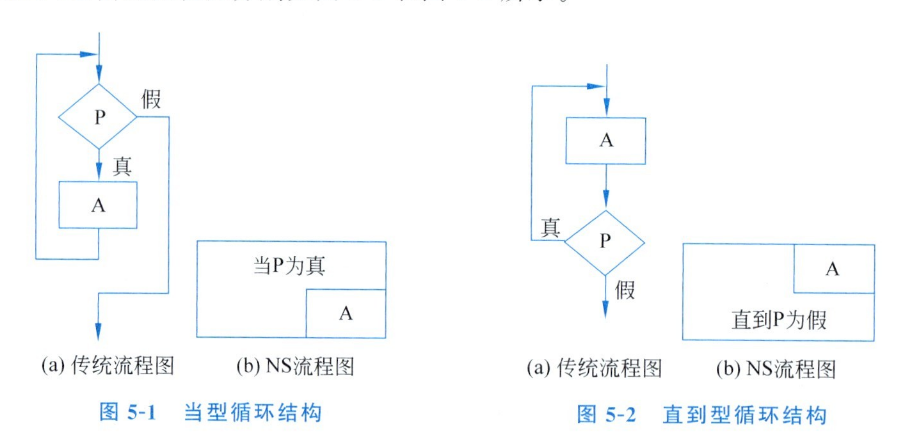

图5-1 当型循环结构　　图5-2 直到型循环结构

当型循环是当循环条件P为真时，就执行循环体A；当循环条件P为假时，结束循环。

直到型循环是至少执行一次循环体A，然后再根据循环条件P决定是否继续循环。

可以看出，当型循环是先判断循环条件再决定是否循环，因此有可能一次循环也不执行，而直到型循环至少执行一次循环体。循环结构中的for循环和while循环都属于当型循环，do…while循环属于直到型循环。

为使循环体能被正常执行，在设计循环结构时必须考虑两个问题：

（1）循环次数是确定的还是不确定的？如何为不确定次数的循环设置循环条件。

(2) 每次循环时,循环体中的各项数据是不变的还是有规律性变化的?如何把这种规律性变化与循环的轮次建立起关联。

5.1.2　循环条件的设计

循环条件有两种设计方式:一种是按照循环次数设计,一种是按照终止条件设计,前者用于循环次数确定的循环,后者用于循环次数不确定的循环。例如,类似“用户输入 10 个学生的成绩,计算他们的平均分”的问题就是能确定循环次数的(循环 10 次),而类似“用户输入若干个学生的成绩,计算他们的平均分”的问题就是不能确定循环次数的(循环若干次)。不过,这种无法确定循环次数的问题一定会给出终止循环的条件,如“当用户输入－1 时,表示输入结束”。

1. 按照循环次数设计

在能确定循环次数的程序设计中,需要用一个整型变量来计数循环轮次,这个变量称为循环变量,约定俗成依次用循环变量 i、j、k 为不同层的循环计数循环轮次。编程时,要为循环变量设置 3 个值:

(1) 循环变量的初始值。

(2) 循环变量的目标值。

(3) 循环变量的递增/递减值(也称为步长)。

有了这 3 个值,就能确定循环次数。

假设要循环 n 次,可以把循环变量的初值设置为 1,目标值设置为 n,步长设置为＋1。当然也可以反过来,初始值设置为 n,目标值设置为 1,步长设置为－1,不过人们通常更习惯于正着计数。当然,如果随着循环轮次的增加,循环体里的数据会有规律性变化时,如何确定循环变量的 3 个值就必须具体问题具体分析了。

2. 按照终止条件设计

在循环次数不确定的程序设计中,要根据要求设置相应的循环条件。题目给出的通常是终止循环的条件,因此在编程时要取反处理,把终止条件变成循环条件。

例如,对于“用户输入若干个非负数,计算它们的和,当输入－1 时,表示输入结束”,循环条件就是“当输入不为－1 时,进入循环求和”。

再如,对于“输入 s,计算自然数数列前多少项之和刚好超过 s”,循环条件就是“当数列项之和不超过 s 时,进入循环继续累加下一个数列值”。

5.1.3　循环体的设计

循环体就是每次循环时要执行的语句,这些语句要用花括号括起来形成一个语句组,只有当循环体是单条语句时,才可以省略花括号。

循环体可分为无变化规律的循环体和有变化规律的循环体两种。对于无变化规律的循环体,只需把要进行循环的语句用花括号括起来即可。对于有变化规律的循环体,要找到变化规律与循环轮次的关联，并在循环体的相关数据中使用这种关联。

例如，“用户输入 n，在屏幕上输出 n 个 * ”，循环体其实就是一条 printf(" * ")语句，而“用户输入 n，在屏幕上输出自然数数列的前 n 个数”，每次输出的数值就是有变化规律的，在设计循环体语句时，就需要考虑这种变化规律与循环轮次的关系。

本章将在 5.7 节编程实战中以数据统计(如求和、求平均值、求最值等)、特殊性质数的判断(如素数、完数、水仙花数等)、字符处理(如分类统计、大小写互换等)、图形打印和穷举等问题为例，介绍不同类型问题的循环体设计思路。

5.1.4 循环效率的分析

算法设计中有一个“高效性”的指标，分别从时间复杂度和空间复杂度上对算法的效率进行分析。

1. 时间复杂度

时间复杂度用于估算算法的运行时间。假设 CPU 在处理每个操作单元时消耗的时间都是相同的，那么就可以根据算法的操作单元数量大致估计出算法的运行时间。假设算法的问题规模为 n，操作单元数量用函数 f(n)来表示。如果随着问题规模 n 的增大，算法运行时间的增长率与 f(n)的增长率相同，就称它是时间复杂度，记为 O(f(n))，即时间复杂度是 f(n)的函数。

如果不管 n 为多少，程序代码始终只执行一次，算法的时间复杂度就是 O(1)。

如果 n 为多少，程序代码就大概运行多少次，算法的时间复杂度就是 O(n)。

类似地，还有 $O(n^2)$、O(logn)、O(nlogn)等时间复杂度，图 5-3 显示了 5 种时间复杂度的对比。

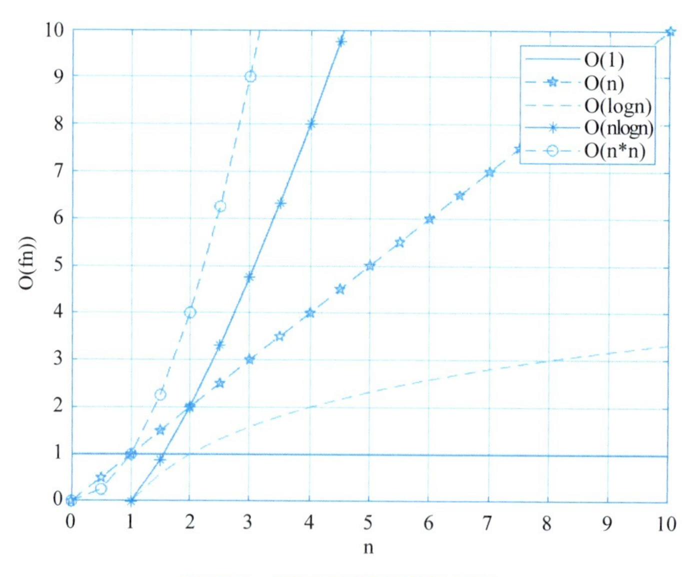

图 5-3　5 种时间复杂度的对比

2. 空间复杂度

空间复杂度是指一个算法在运行过程中占用存储空间大小的量度。它包括算法本身占用的存储空间、算法的输入输出数据占用的存储空间和算法在运行过程中临时占用的存储空间 3 部分。

(1) 算法本身所占用的存储空间与算法的代码长度成正比，所以想减少这部分的存储空间，就要编写出较短的算法。

(2) 算法的输入输出数据所占用的存储空间是由要解决的问题决定的，不会随着算法的不同而改变。

(3) 算法在运行过程中临时占用的存储空间与算法的设计有关。如果算法只需要占用少量的临时存储空间，并且这些空间不会随着问题规模的大小而改变，就是节省存储空间的算法。

与时间复杂度类似，空间复杂度主要有 O(1)、O(n)和 O(n^2)等。

5.2　for 循环

for 循环用于实现当型循环，使用方式非常灵活，它的一般形式为：

```
for(表达式 1; 表达式 2; 表达式 3)
{
    循环体;
}
```

其中，

(1) 表达式 1 的作用是对循环变量设置初值，其他一些需要在循环开始前设置初值的变量也可以在表达式 1 中进行初值的设置。可使用逗号表达式同时为多个变量赋初值，如 i=1, s=0。

(2) 表达式 2 的作用是设置循环条件，当循环条件的结果为真时进入循环。

(3) 表达式 3 的作用是设置循环变量的步长，与表达式 1 类似，可使用逗号表达式同时为多个变量设置步长。

(4) 3 个表达式之间用分号进行间隔，且两个分号不可省略。

(5) 循环体要用花括号括起来，只有当循环体是单条语句时，才可以省略花括号。

图 5-4 显示了 for 循环的执行过程。

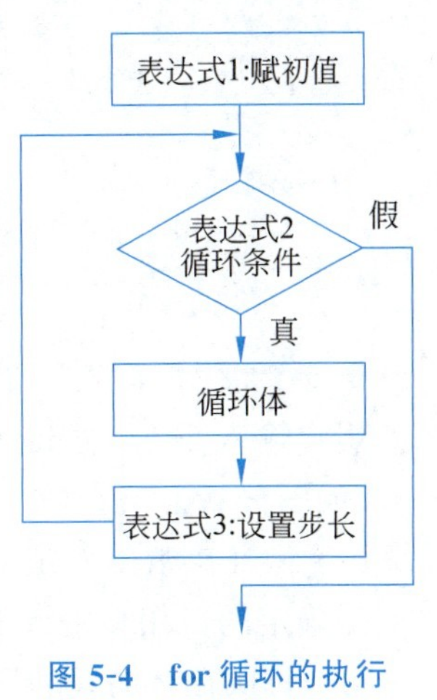

图 5-4　for 循环的执行过程示意图

可以发现：

(1) 表达式 1 在整个循环过程只执行一次。因此，如果在循环开始之前的语句中已对相关变量设置了初值，表达式 1 可省略不写。

(2) 循环体执行完毕后会先执行表达式 3,然后再执行表达式 2 即循环条件的判断。因此,如果循环体中已对循环变量的值进行了更新,表达式 3 可省略不写,或者说可以把表达式 3 写进循环体。

(3) 如果表达式 2 的结果为真就执行循环,否则就退出循环。事实上,表达式 2 也可以省略不写,不过这就意味着循环条件始终为真,无法正常退出循环,这种情况被称为"死"循环。为了避免"死"循环,当表达式 2 被省略时,必须在循环体内有终止循环的判断语句(参见 5.5 节),也可以理解为把循环条件取反处理后,当作终止条件写进循环体。

以下列举了 for 循环的几种变体形式,读者们也可以写出其他的变体形式。

(1)

```
表达式 1;
(for(     ; 表达式 2; 表达式 3)
{
    循环体;
}
```

(2)

```
表达式 1;
for(     ; 表达式 2;      )
{
    循环体;
    表达式 3;
}
```

(3)

```
表达式 1;
for(     ;       ;     )
{
    if(!表达式 2)                              //将循环条件取反后转为终止条件
        break;                                 //break 用于退出它所在的循环
    循环体;
    表达式 3;
}
```

例 5-1 用户输入一个不超过 20 的正整数 n 和一个字符 c,在一行中输出 n 个字符 c。例如用户输入 6 *,输出******。

【问题分析】

(1) 循环次数是确定的吗?

是确定的。用户输入 n,就执行 n 次循环,时间复杂度是 O(n)。

(2) 每次循环时,循环体中的内容有变化吗?

没有。每次循环的任务都是输出一个同样的字符。

(3) 题目对 n 的取值范围作了说明，它的作用是方便编程者定义数据类型。通常情况下，如果没有明确取值范围，整型用 int，浮点型用 float 或 double。

【程序设计】

```
int main()
{
    int i, n;
    char a;
    scanf ("%d% * c%c", &n, &a);           //% * c 用于跳过(虚读)数值和字符之间的分隔符
    for(i=1;i<=n;i++)                      //for 循环的 3 个表达式能很直观地呈现循环次数
        printf( "%c", a);
    return 0;
}
```

循环变量 i 的初值为 1，每次循环后加 1，如果 $i \leqslant n$，就继续执行循环。显然，当变量 i 增加到比 n 大时就会退出循环，退出循环时的 i 值是 $n+1$。

程序的运行结果如图 5-5 所示。

```
8 #
########
Process returned 0 (0x0)
```

图 5-5　例 5-1 的运行结果示例

注意

在 C99 标准中，允许在 for 循环的表达式 1 中临时定义循环变量，如：

```
for(int i=1;i<=n;i++)
{
    循环体;
}
```

此时变量 i 的作用域只限于 for 循环体内，当循环结束后，变量 i 所占用的存储空间就会被系统释放。

5.3　while 循环

while 循环用于实现当型循环，它的一般形式为：

```
表达式 1;
while(表达式 2)
{
    循环体;
    表达式 3;
}
```

while 循环与 for 循环无条件等价，只是各个表达式的位置不一样而已。

与 for 循环一样，循环体要用花括号括起来。

用 while 循环实现例 5-1 的程序如下。

```
int main()
{
    int i, n;
    char a;
    scanf("%d% * c%c",&n,&a);
    i=1;
    while(i<=n)                         //while 循环的 3 个表达式位置与 for 循环不同
    {
        printf("%c",a);
        i++;
    }
    return 0;
}
```

5.4 do…while 循环

do…while 循环用于实现直到型循环，它的一般形式为：

```
表达式 1;
do
{
    循环体;
    表达式 3;
}while(表达式 2);
```

注意 while 语句后面的分号不可缺少。

do…while 循环是“先执行，后判断”，会至少执行一次循环体，而 for 循环与 while 循环是“先判断，后执行”，有可能一次循环都不执行。

用 do…while 循环实现例 5-1 的程序如下。

```
int main()
{
    int i, n;
    char a;
    scanf("%d% * c%c",&n,&a);
    i=1;
    do
    {
        printf("%c",a);
        i++;
    }while(i<=n);                      //不可缺少分号
    return 0;
}
```

5.5 循环的跳转

有时，需要在满足某种条件时提前跳出循环，或者提前结束本轮循环，转而开始下一轮循环，这时就需要使用 break 语句或 continue 语句实现程序的跳转。

1. break 语句

break 语句已在 switch 结构中得到应用，其作用是让程序跳出其所在的 switch 结构。同理，在循环结构中使用 break 语句，也能起到让程序跳出其所在循环层的作用。在循环结构中使用 break 语句时，一般会给出某个特定条件，当符合这个条件时，就提前退出循环。

不过，使用 break 语句会带来一个现实问题：程序既可以通过循环条件正常退出循环，也可以通过特定条件提前退出循环，那怎么才能知道程序是正常退出循环，还是提前退出循环的呢？

此处列举两种解决方法：

(1) 在退出循环后，判断循环变量是否仍满足循环条件，如果满足，就说明程序是提前退出循环的。

(2) 设置一个标识及初值(如 int flag=0)，在提前退出时修改标识值(如 flag=1)。循环结束后，就可以根据标识值判断退出循环的方式。

2. continue 语句

continue 语句的作用是提前结束当前轮次的循环，转而执行下一轮循环。

可以想象现在正在举行“接力跑圈”的团队比赛，前一个队员跑完圈后，下一个队员接着开始跑圈。如果规定只要有队员犯规，全队就结束比赛，就相当于使用了 break 语句；如果规定犯规队员不再继续跑圈，转而由下一个队员开始跑圈时，就相当于使用了 continue 语句。

题 5-1 以下程序的运行结果是(　　)。

```
int main()
{
    int a,b=1;
    for(a=1; a<=30; a++)
    {
        if(b>7)
            break;
        a++;
        if(b%3==1)
        {
            b+=3;
            continue;
        }
```

```
        a++;
    }
    printf("a=%d,b=%d", a, b);
    return 0;
}
```

A. a=31,b=46　　　　B. a=7,b=10

C. a=31,b=31　　　　D. a=10,b=10

【题目解析】

答案：B。

第一轮循环开始时，a=1，循环条件 a<=30 的结果为真，因此进入循环。由于此时的 b 值为 1，因此 b>7 的结果为假，不执行 if 语句块。接着执行 a++，a 值变为 2。由于条件表达式 b%3==1 的结果为真，因此执行 if 语句块。b+=3 后 b 值变为 4，随后的 continue 语句提前结束了第一轮循环，转而执行表达式 3，a++后 a 值变为 3，并且仍满足 a<=30 的循环条件，开始第二轮循环。

以此类推，b 值会不断增加。当 b 值符合 b>7 时，执行 break 语句，退出循环。

长知识

问：有什么办法能在运行程序时查看每个变量值的变化？

（1）可以利用 printf 语句打印中间计算结果。

（2）可以利用 IDE 提供的调试工具。以 Codeblocks 为例，在调试之前先确定项目路径和项目名称不含中文，然后按照图 5-6～图 5-8 的顺序依次操作，就可以调试程序并查看变量值。

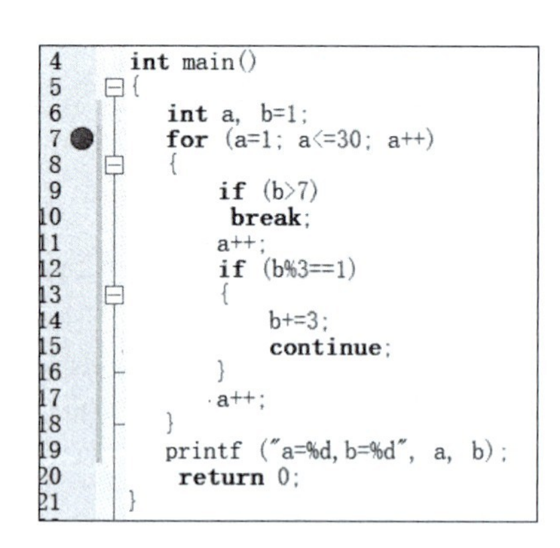

图 5-6　在要开始调试的代码行号后面单击，生成红色断点，再次单击会取消断点

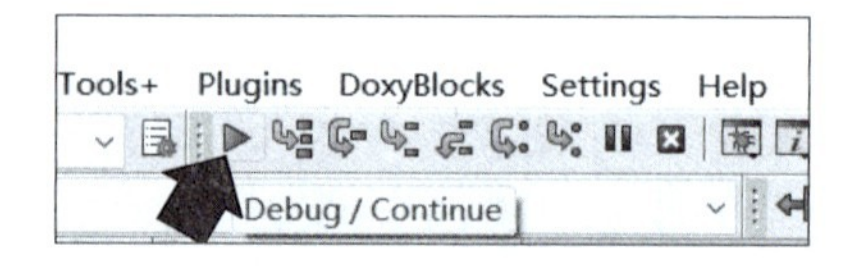

图 5-7　单击调试工具栏的三角图标或按 F8 快捷键开始调试

- 在需要开始调试的代码行号后面单击添加断点。
- 以调试方式运行程序，并打开 Watches 窗口。
- 在调试工具栏上选择需要的方式执行代码，并查看变量值的变化。

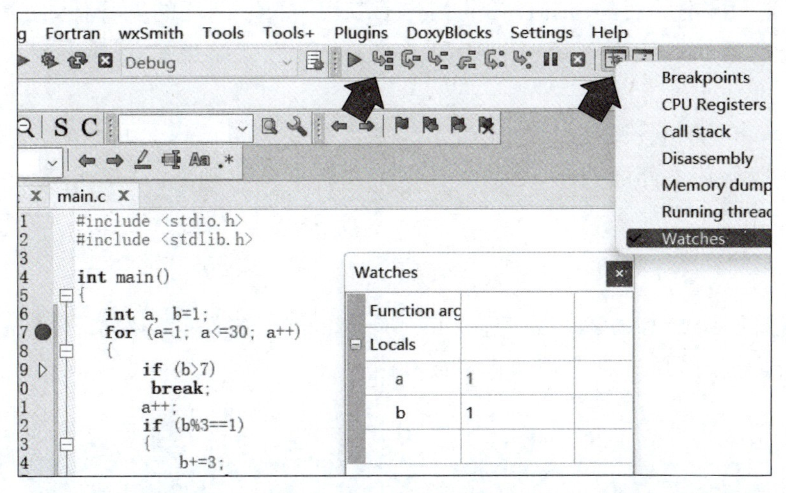

图 5-8　根据需要单击相应图标执行代码，并查看 Watches 窗口中的变量

题 5-2　以下程序的运行结果是(　　)。

```
int main()
{
    int x=2;
    while(x--)
        printf("%d",x);
    x=2;
    while(--x);
        printf("%d",x);
    return 0;
}
```

A. 100　　B. 101　　C. -10　　D. 1010

【题目解析】

答案：A。

建议通过调试工具查看 x 的变化过程。

(1) 先看第一个 while 循环。x 的初值是 2，循环条件 x－－是后自减 1，因此 x 先参与判断，结果为真，再自减 1 变为 1 后进入循环，输出 1。此时循环尚未结束，因此要再次进入循环条件的判断，x 先参与判断，结果为真，再自减 1 变为 0 后进入循环，输出 0。继续判断，x 为 0，0 代表逻辑假，不满足循环条件，再自减 1 后退出循环。可以发现，在退出循环时，x 值为－1。

(2) 重新给 x 赋值为 2 后再看第二个 while 循环。细心的读者想必已发现 while 语句后有分号，这个分号代表的是空语句，相当于

```
while(--x)
    ;                               //循环体是空语句
```

此时，系统不再把后面的 printf 语句当作第二个 while 循环的循环体，而是当作在循环结束后再执行的语句。读者不要被排版所迷惑，使用智能缩进就能看到真实的程序执行顺序。

再看－－x，它是先自减 1，x 的初值是 2，先由 2 变成 1 后再参与判断，结果为真，执行空语句后再进行循环条件的判断，x 先由 1 变为 0 后再参与判断，结果为假，退出循环后执行 printf 语句，输出 0。

注意

如果在循环语句的后面添加分号，如 for(i＝1;i＜＝n;i＋＋);语句，就表示这个循环是空循环，可以认为循环期间程序什么也不做。

【小思考】

如果题 5-2 中的第二个 while 循环写成：

```
while(--x)
    printf ("%d",x);
```

那么程序的运行结果又是什么呢？答案见脚注[①]。

5.6 循环的嵌套

循环的嵌套就是在循环中又包含循环，从而形成两层或多层循环，通常会从外到内分别用变量 i、j 和 k 来计数不同层循环。

两层循环又称为双循环，内层循环结束后会回到它所在的外层循环继续执行它后面的语句。超过两层的循环被称为多层或多重循环。

可以借助时钟上的秒针、分针和时针来帮助理解循环的嵌套。秒针计数 60 次后分针才计数一次，分针计数 60 次后时针才计数一次，也就是内层的循环结束后，嵌套它的外层循环才执行了一次。

题 5-3 以下程序的运行结果是(　　)。

```
int main()
{
    int i,j,k,im=0,jm=0,km=0;          //im、jm、km 用于计数不同层循环的执行次数
    for(i=1;i<=3;i++)
    {
        im++;
```

① －－x 是先自减 1，x 的初值是 2，由 2 变成 1 后因符合循环条件进入循环，输出 1。接着再自减 1 变为 0，因不符合循环条件退出循环。所以题 5-2 的运行结果就变成了 B。

```
        for(j=1;j<=2;j++)
        {
            jm++;
            for(k=1;k<=3;k++)
                km++;
        }
    }
    printf("im=%d,jm=%d,km=%d",im,jm,km);
    return 0;
}
```

【题目解析】

答案：im=3，jm=6，km=18。

可以发现，k 循环是最内层循环，km 计数 3 次后，jm 才计数一次。同理，jm 计数两次后(此时的 km 已计数 6 次)，im 才计数一次。由于最外层的循环次数为 3，所以 im=3，而 jm=im×2=6，km=jm×3=18。

注意

(1) 不同层的循环变量名不能相同，即循环变量 i 不能同时计数外循环和内循环。

(2) 不能出现循环结构交叉的情况，即内循环的循环体必须都处于外循环的花括号之内。

5.7　编程实战

5.7.1　数据统计类

数据统计类的问题主要涉及求和与求积、求平均值、求最值(最大值或最小值)、求各位数字之和等问题。

1. 求和与求积

求和与求积是类似的编程思路，只不过一个是相加，一个是相乘。接下来以求和为例进行讲解。

求和问题指的是多个数求和，可以细化为两类：

(1) 一类是数列求和。先给出数列规律，然后求前 n 项之和，或者求前多少项之和刚好超过 s，前者是确定次数的循环，后者是不确定次数的循环。

(2) 一类是输入数求和。用户输入 n 个数，或者输入若干个数，求它们的和。同样，前者是确定次数的循环，后者是不确定次数的循环。

在数学描述上，若已知有 $a_1, a_2, a_3, \cdots, a_n$，如果用 s_{i-1} 表示前 i−1 个数的和，那么前 i 个数之和就可以表示为 $s_i = s_{i-1} + a_i$，$(2 \leqslant i \leqslant n, s_1 = a_1)$。

在程序描述上，由于变量实际是个存储空间，可以用赋新值的方式覆盖原先存储的值，因此求和公式可以简化为 s=s+a，可以理解为变量 s 在第 i 轮求和之前存储的是 s_{i-1}（前面 i−1 个数的和），求和之后存储的是 s_i（前面 i 个数的和），变量 a 则是第 i 轮要相加的数。由此，“s=s+a”被形象地称为“累加公式”。

注意

一般将累加公式写作 s=s+term，其中的 s 是累加器，term 是累加项；累积公式写作 s=s×term，其中的 s 是累积器，term 是累积项。

累加器要在使用前初始化为 0，累积器要在使用前初始化为 1。

求和时，循环体要完成的事情主要有以下两件。

(1) 更新 term。所谓更新 term，就是读取或计算本轮要累加的数，将其赋值给 term。

(2) 执行 s=s+term。

对于输入求和，可以在第 i 轮从输入缓冲区中读取数据；对于数列求和，就需要找到数列中第 i 个数与 i 的关系，或者与它前面相邻数的关系。

以下是几个典型的数列求和实例。

(1) 求 1+2+3+…+100 的和。

规律很明显，第 i 轮要相加的数就是 i，累加公式是 s=s+i。

```
int main()
{
    int s,i;
    for(i=1,s=0; i<=100; i++)        //推荐在初始化循环变量 i 的同时初始化累加器 s 为 0
        s=s+i;
    printf( "%d",s);
    return 0;
}
```

类似地，求 1+3+5+7+…+101 的和，或者求 2+4+6+…+100 的和都可以使用 s=s+i，只需要让 i 的初值为 1(或者 2)，步长为 2 即可，如 for(i=1,s=0;i<=101;i+=2) s=s+i。

(2) 求 1−2+3−4+5−6+…+101 的和。

可以发现奇数项是相加，偶数项是相减，通常有 3 种方法改变累加项的奇偶性：

- 增加一个判断奇偶性的 if…else 双分支选择结构。
- 增加一个 sign 变量，利用 sign=−sign 改变正负号，然后 s=s+sign×term。
- 将数列拆成奇数列 s1 和偶数列 s2，分别累加求和后再相减 s=s1−s2。

```
int main()
{
    int s,i,sign;
    for(i=1,s=0,sign=1; i<=101; i++)
    {
        s=s+sign * i;
```

```
        sign=-sign;                     //改变下一个累加项的正负号
    }
    printf( "%d",s);
    return 0;
}
```

(3) 求数列 1! +2! +3! +…+10! 的和。

第 i 项是 i!,累加公式是 s=s+term,可以让 term=i!,然后问题变成如何计算 i!。其实这里有个技巧,i!=(i−1)! ×i,所以 term 其实也是累积器,用 term=term×i 就可以得到 i!。需要说明的是,一般用 long long 型存储阶乘计算的结果。

```
int main()
{
    long long s,term;
    int i;
    for(i=1,s=0,term=1; i<=10; i++) //累加器 s 和累积器 term 都要初始化
    {
        term=term*i;
        s=s+term;
    }
    printf( "%lld",s);
    return 0;
}
```

(4) 求数列 1+1/2+1/3+…+1/100 的和。

第 i 轮要相加的是 **1.0/i**,切记不能写成 1/i,因为 i 是 int 型,1/i 是整除运算,当 i>1 后,1/i=0。建议不要把 i 定义为 float 型,因为浮点数通常不能准确地存储在内存中,总会有一些精度的丢失,而整型数据是能准确存储的。

```
int main()
{
    float s;
    int i;
    for(i=1,s=0; i<=100; i++)           //累加器 s 要初始化为 0
        s=s+1.0/i;
    printf( "%.f",s);
    return 0;
}
```

(5) 求数列$\frac{1}{1}+\frac{1}{2}+\frac{2}{3}+\frac{3}{5}+\frac{5}{8}+\cdots$前 n 项之和。

规律是后一项的分子是前一项的分母,后一项的分母是前一项的分子与分母之和。可以定义两个 float 型变量 a 和 b,每轮循环时,更新 a 和 b 后,可得到 term=a/b。

```
int main()
{
    int n,i;
    float s,term,a,b,c;             //a 表示分子,b 表示分母,c 是临时变量,用于存储 a+b
    scanf("%d",&n);
    for(i=1,s=0,a=1,b=1; i<=n; i++) //在表达式 1 中设置各种初值
    {
        term=a/b;                    //得到本轮要累加的数
        s+=term;
        c=a+b;
        a=b;                         //更新分子
        b=c;                         //更新分母
    }
    printf( "%.4f",s);
    return 0;
}
```

类似地,Fibonacci 数列是 1,1,2,3,5,8,13,…,从第 3 个数开始,该数是前两个数之和。

实战 5-1 用$\frac{\pi}{4}\approx 1-\frac{1}{3}+\frac{1}{5}-\frac{1}{7}+\cdots$计算 π 的近似值,直到某一项的绝对值小于 10^{-6} 为止。

【问题分析】

(1) 程序需要几个数据?它们应该是什么类型(数据描述)?

(2) 循环次数是否确定?循环条件是什么?

(3) 第 i 次要处理的数据与 i 的关系?

【程序设计】

本例是利用数据精度终止不确定次数循环的典型示例。

(1) 要求精度为小数点后 6 位,说明计算时至少要精确到小数点后 7 位,因此初步需要两个 double 型变量 s 和 term,用于计算 s=s+term。需要一个 int 型循环变量 i,用于计数循环。

(2) 循环次数不确定,终止条件是$|term|<10^{-6}$,取反处理后变成循环条件,$|term|>=10^{-6}$。

(3) i 的初值是 1,步长是+1,term=1.0/(2 * i-1),奇数项是加 term,偶数项是减 term。此时,可以考虑不定义变量 term,直接使用 1.0/(2 * i-1)即可。

至此,对数据类型的需求变更为需要一个 double 型变量 s 和一个 int 型循环变量 i。

解决方案不止一种,这里不再一一列举。

【程序实现】

表 5-1 是分别用 for 循环、while 循环和 do…while 循环实现的 3 个方案,并分别搭配不同的方法改变累加项的奇偶性,程序运行结果如图 5-9 所示。

表 5-1　实战 5-1 的 3 种循环实现方案

<table>
<tr><th>方案一(for 循环)</th><th>方案二(while 循环)</th><th>方案三(do…while 循环)</th></tr>
<tr>
<td>//利用奇偶性改变正负号
int main()
{
double s;
int i;
for(s=0,i=1;1.0/(2*i-1)>=1e-6;i++)
{
if(i%2==0)
s-=1.0/(2*i-1);
else
s+=1.0/(2*i-1);
}
printf("%f",s*4);
return 0;
}</td>
<td>//利用 sign 改变正负号
//i 的步长为+2,累加项是 1.0/i
int main()
{
double s;
int i,sign;
s=0,i=1,sign=1;
while (1.0/i>=1e-6)
{
s+=sign*1.0/i;
sign=-sign;
i+=2;
}
printf ("%f",s*4);
return 0;
}</td>
<td>//拆分成奇数列和偶数列
int main()
{
double s1,s2;
int i,j;
s1=s2=0;
i=1,j=3;
do
{
s1+=1.0/i;
s2+=1.0/j;
i+=4,j+=4;
}
while (1.0/i>=1e-6 || 1.0/j>=1e-6);
printf ("%f",(s1-s2)*4);
return 0;
}</td>
</tr>
</table>

```
3.141591
Process returned 0 (0x0)
```

图 5-9　实战 5-1 的运行结果示例

多数情况下,3 个循环结构可以互相通用,for 循环和 while 循环更是无条件等价。不过,在循环次数确定的情况下,一般习惯用 for 循环,通过它的 3 个表达式可以一目了然地看出循环变量的初值、目标值和步长。

实战 5-2　用户输入一个不超过 8 位的非负数 n,计算 n 各位上数字的和。

输入示例:

```
1872
```

输出示例:

```
18
```

【拆分各位数字的原理】

本例是拆分整数位数的典型示例。

虽然就本例而言,完全可以将用户输入的内容当成数字字符进行读取,数值化后(数字字符-'0')再求和,但有时候需要把已存储的整数进行拆分,所以掌握拆分整数位数的原理还是很有必要的。

假设 n 是要拆分的数,n 值为 1872:

- 个位:n%10,1872%10 的结果是 2。
- 十位:n/10%10,1872/10 的结果是 187,187%10 的结果是 7。
- 百位:n/100%10,1872/100 的结果是 18,18%10 的结果是 8。

- 千位：n/1000%10，1872/1000 的结果是 1，1%10 的结果是 1。
- 万位：n/10000%10，1872/10000 的结果是 0，万位上已没有位数。

可以发现，利用 n%10 能得到 n 的个位数，如果想得到某一位上的数字，只要让这一位变成新数据的个位就行了。以下是 3 种方案：

(1) 每次循环让 n=n/10，原来的十位数会变为个位数。

(2) 利用累积器 i=i×10，再利用 n/i 得到新数据。该方法的优势是不改变 n 的值，但代价是引入一个新的变量 i。

(3) 利用 C 语言提供的 pow(10, i)函数计算 10^i。但 pow 的参数是 double 型，而浮点数据在内存中通常是不能准确存储的，会存在一定的误差，因此当输入和输出数据都是整型时，不建议额外引入 double 型。

本例使用第一种和第二种方法实现位数的拆分。

【程序设计】

(1) 需要两个 int 型变量 s 和 n，n 是用户输入的数据，s 是 n 的各位数字的累加和。其中一个方案需要一个 int 型变量 i，用于计算 10^i。

(2) 循环次数不确定，终止条件是已没有可累加的位数。以第一种拆分方法为例，每经过一次循环，n 值都是前次的 1/10，当 n 为 0 时，就表示已没有位数需要累加。

(3) 每次循环，都需要以下两个步骤。

- 累加位数。
- 更新下次参与计算的数据。

之所以是先累加再更新数据，是因为累加个位时用的是上一次处理后得到的数据(第一次累加时用的是原始数据)。

【程序实现】

表 5-2 是分别用第一种和第二种拆分整数位数的方法实现的两个方案，程序运行结果如图 5-10 所示。在方案一中，循环结束后，n 值为 0；在方案二中，循环结束后，n 仍为用户输入的原值。

表 5-2 实战 5-2 的两种实现方案

方案一(第一种方法)	方案二(第二种方法)

<pre>int main()
{
    int n,s;
    scanf("%d",&n);
    s=0;   //累加器初始化为 0
    while(n!=0)
    {
        s=s+n%10; //累加当前位
        n=n/10;   //n 整除 10
    }
    printf("%d",s);
    return 0;
}</pre>
	<pre>int main()
	{
	    int n,s,i;
	    scanf("%d",&n);
	    s=0,i=1; //累加器和累积器的初始化
	    while(n/i!=0)
	    {
	        s=s+n/i%10; //累加当前位
	        i=i * 10; //10 的幂加 1
	    }
	    printf("%d",s);
	    return 0;
	}</pre>

```
18092
20
Process returned 0 (0x0)
```

图 5-10　实战 5-2 的运行结果示例

2. 求平均值

求平均值是在求和基础上的进一步操作：

（1）在数据个数确定的情况下，假设数据个数是 n(n 不能为 0)，和是 s，则平均值 ave=s/n。在使用"/"符号时，需要注意整除问题。

（2）在数据个数不确定的情况下，一般会定义一个计数器 i 或 n，每累加一个数，计数器就会加 1。循环结束后，i 或 n 值就是参与求和的数据个数。

实战 5-3　用户输入若干个学生的成绩，求他们的平均值(精确到小数点后两位)。当输入−1 时，表示输入结束。

输入示例：

```
82 95 20 39 -1
```

输出示例：

```
59.00
```

【程序设计】

本例是处理不确定次数循环的典型示例。

（1）初步需要两个 int 型变量 s 和 term，用于计算 s=s+term。需要一个 int 型循环变量 i，用于计数有多少个数已进行了求和。

（2）循环次数不确定，终止条件是输入值为−1。

（3）每次循环，都需要以下两个步骤。

- 读取一个数，赋值给变量 term。
- 判断 term 是否为−1，如果是则退出循环，否则 s=s+term，计数器 i 加 1。

（4）求和完毕后，直接在 printf 语句中输出平均值，因此不需要变量进行存储。

【程序实现】

```
int main()
{
    int s,term,i;
    s=0,i=0;                    //累加器和计数器初始化为 0
    while (1)                   //无条件进入循环,即循环条件始终为真
    {
        scanf ("%d",&term);     //读取一个数,并赋值给 term
        if (term==-1)           //如果读取的是-1,退出循环
            break;
        s+=term;                //累加
```

```
        i++;                        //已累加数据的个数加 1
    }
    printf("%.2f",s*1.0/i);        //s*1.0 可以避免整除,也可以将 s 定义为 float 型
    return 0;
}
```

程序运行结果如图 5-11 所示。

```
89 100 56 73 88 -1
81.20
Process returned 0 (0x0)
```

图 5-11 实战 5-3 的运行效果示例

在判断 term 是否为－1 时,使用的是 if 单分支选择结构,这是因为如果 term 不是－1,就会执行正常的求和操作,由此可以少写一个 else 分支。

该实现方案有 Bug,如果用户直接输入－1,程序退出循环时 i 的值是 0,而 0 是不能作为分母的,算法的有效性未达到要求。可以在输出前进行判断以完善程序。例如,如果 i 为 0,就直接输出 0.00,否则再输出平均值。

3. 求最值及其在输入数据中的位置

求最值包括求最大值和最小值。以求最大值为例,通常是先把输入的第一个数作为最大值 max,然后再让 max 依次与其他输入数据比较,如果有数据比 max 还大,就更新 max,以此保证 max 始终是已比较过的数据中的最大值。全部数据比较完毕,最大值也随之得到,这种方法可以最大程度地利用循环。

求最大值时最容易犯的错是先把 max 初始化为 0,然后再把 max 跟所有数据比。这种方法有 Bug,当所有输入数据都是负数时,就会得到错误的答案。

在更新最值的同时记录最值的位置,就可以得到最值在数列中的位置。**在初始化最值的同时要初始化最值位置**。

实战 5-4 用户先输入正整数 n,表示接下来要输入 n 个整数,然后再输入 n 个整数,求最大值及所在的位置。若最大值不止一个,输出最大值第一次出现的位置。

输入示例:

```
5
4 1899 -3 1899 3
```

输出示例:

```
1899 2
```

【程序设计】

本例是对 n 个数进行循环处理的典型示例。

用户通常会先输入 n,给定要处理的数据规模,之后就可以根据 n 写出循环条件。

(1) 初步需要 4 个 int 型变量 n、a、max 和 pos,分别用于读取数据规模、读取数据、保存最大值和最大值所在位置。这里需要一个 int 型循环变量 i,用于计数循环。

(2) 循环次数确定,由于第一个数已被赋值给最大值,所以循环变量 i 的初值是 2,目标值是 n,步长是＋1。

(3) 每次循环，都需要以下两个步骤。

- 读取一个数，赋值给变量 a。
- max 与 a 比较，if (max<a) 更新 max 为 a。

注意

如果数列中的最大值不止一个，在求最大值所在位置时，判断条件 max<a 和 max<=a 会得到不同的结果，前者得到的是最大值第一次出现的位置，后者则是最大值最后一次出现的位置。

【程序的初步实现】

初步的程序代码和运行结果如图 5-12 所示。

```
int main()
{
    int n, a, max, pos, i;
    scanf("%d", &n);
    scanf("%d", &max);
    for(i=2; i<=n; i++)
    {
        scanf("%d", &a);
        if(max<a)
        {
            max=a;
            pos=i;
        }
    }
    printf("%d %d", max, pos);
    return 0;
}
```

```
4
56 78 2 -9
78 2
Process returned 0 (0x0)
```
√

```
4
78 56 2 -9
78 0
Process returned 0 (0x0)
```
×

图 5-12　实战 5-4 的运行效果示例

可以发现，当最大值恰好位于第一个位置时会出现错误，但位于其他位置时能得到正确结果。究其原因，程序代码只是在更新 max 的同时更新了 pos，却没有给 pos 赋初值。目前程序用到的变量都是由系统在栈区分配存储空间，变量被定义好后，变量值是随机数，**所有变量在正式使用前都必须赋初值**。在本例中，n、max、a 和 i 在正式使用前都已赋值(n、max 和 a 通过 scanf 语句赋值，i 通过 i=2 赋初值)，而 pos，只有在条件表达式 max<a 为真时，才会被赋值为 i。那么，当第一个数恰好就是最大值时，pos 还未被赋值过，仍是定义完成时的随机数，从而导致结果出错。有读者可能会说：“这段代码在我的机器上运行结果完全正确，第一个数为最大值时，pos 的输出结果就是 1。”那只能说明，在该读者的机器上，pos 的随机值刚好是 1 而已。

【程序的修正】

```
int main()
{
    int n,a,max,pos,i;
    scanf("%d",&n);                    //读取数据规模
    scanf("%d",&max);                  //读取第一个数作为 max
    pos=1;                             //对最大值位置进行初始化
    for(i=2;i<=n;i++)
    {
        scanf("%d",&a);                //读取下一个数据 a
        if(max<a)
```

```
        {
            max=a;                          //如果 a 比 max 大,更新 max 和 pos
            pos=i;
        }
    }
    printf("%d %d",max,pos);
    return 0;
}
```

程序的运行结果如图 5-13 所示。

```
4
78 56 2 -9
78 1
Process returned 0 (0x0)
```

图 5-13　修正程序后实战 5-4 的运行效果示例

5.7.2　具有特质的数的判断

奇数、偶数、素数、合数、完数、水仙花数、玫瑰花数等都是具有某种特质的数,因此在算法设计上也要从这些数的特质入手。

1. 素数的判断

所谓素数,是指除 1 和它本身之外,不能被其他因子整除的自然数,2 是最小的素数。

如果想要判断整数 n 是否为素数,只需要根据素数的特质,让循环变量 i 从 2 开始到 n－1 结束,测试是否存在 n%i＝＝0(n 能被 i 整除)的情况。如果不存在这种情况,并且 n≥2,就说明 n 是素数,否则 n 就不是素数。

(1) 判断素数第一版(简称 v1.0)的代码段如下:

```
int i, n, num=0;            //num 用于计数除了 1 和它本身之外,n 能被多少个因子整除
scanf("%d",&n);
for(i=2;i<=n-1;i++)         //i 从 2 开始,循环到 n-1 结束,步长为+1
{
    if(n%i==0)              //如果 n 能被 i 整除,则 i 是 n 的因子
    num++;                  //n 的因子数 num 加 1
}
if(num==0 && n>=2)          //如果没有因子能整除 n,并且 n≥2
    printf("%d是素数",n);
else
    printf("%d不是素数",n);
```

判断素数 v1.0 完全按照素数的特质编程,它很好理解,但执行效率太低。假设 n 是 99,当 i 为 3 时,就已经判断出 n 不可能是素数(99 能被 3 整除),但程序仍然继续测试到 98,显

然后面的测试都是在浪费时间。如果 n 是 99999999 呢？浪费的时间会更多。

事实上，只要找到一个能整除 n 的因子(num 为 1)就足以证明 n 不是素数，完全可以退出循环而不再往下测试。

(2) 判断素数 v2.0 的代码段如下：

```
int i, n, num=0;                    //num 用于标识是否有因子能整除 n
scanf("%d",&n);
for(i=2;i<=n-1;i++)                 //i 从 2 开始,循环到 n-1 结束,步长为+1
{
    if(n%i==0)                      //如果 n 能被 i 整除
    {
        num++;                      //if 语句块不是单条语句,不能省略花括号
        break;                      //与 v1.0 版唯一不同之处
    }
}
    if(num==0 && n>=2)              //没有因子能整除 n,并且 n≥2
        printf("%d 是素数",n);
    else
        printf("%d 不是素数",n);
```

判断素数 v2.0 中，如果 n 不是素数，只要找到一个因子就能退出循环。但如果 n 是素数，以 n 是 79 为例，当 i 测试到 40，即 i 值超过 n/2 时，已能确定不会再有能整除 n 的因子，但 i 仍是测试到了 78，浪费了时间。因此可以把 i 的目标值调整到 n/2，即

```
for(i=2;i<=n/2;i++)
```

执行效率再一次提高，但还能更快。

因为 $n=\sqrt{n}\cdot\sqrt{n}=v1\cdot v2$，如果 v1 增大，v2 就要相应变小才能满足等式

所以除非 v1 与 v2 相等，否则总有一个因子会小于$\sqrt{n}$，因此可以再次把 i 的目标值调整到$\sqrt{n}$，即

```
for(i=2;i<=sqrt(n);i++)
```

(3) 判断素数 v3.0 的代码段如下：

```
int i, n, num=0;                    //num 用于标识是否有因子能整除 n
    scanf("%d",&n);
    //i 从 2 开始,循环到√n结束,步长为+1,此为与 v2.0 唯一不同之处
    for(i=2;i<=sqrt(n);i++)
        if(n%i==0)                  //如果 n 能被 i 整除
        {
            num++;                  //if 块不是单条语句,不能省略花括号
            break;
```

```
        }
    if (num==0 && n>=2)                    //没有因子能整除 n,并且 n≥2
        printf("%d是素数",n);
    else
        printf("%d不是素数",n);
```

判断素数 v3.0 版本的时间复杂度从 v1.0 版本的 O(n)下降到 $O(\sqrt{n})$。

长知识

问：网上有 C 语言程序设计的 OJ(Online Judge,在线评测)系统,为什么在自己的计算机上用测试用例进行测试时没有问题,但提交程序后,系统会给出超时的评价?

多数 OJ 系统不仅提供用于课堂教学的题目,还会提供用于比赛训练的题目,后者的问题规模和测试用例都远大于基础教学的要求,更多的是考察算法的鲁棒性和高效性,即要求在限定时间内测试完所有用例并给出正确结果。以判断 n 是否为素数为例,自己在测试时设计的测试用例数量和问题规模都非常有限,当 n 的值足够大、测试用例数量足够多时,如果提交的是判断素数 v1.0 甚至 v2.0 版本,都有可能出现超时的评价。

实战 5-5　用户输入 m 和 n(m≤n),请输出[m, n]之间的所有素数。若[m,n]区间没有素数,输出"该区间没有素数"。

输入示例:

```
-10 31
```

输出示例:

```
2 3 5 7 11 13 17 19 23 29 31
```

【程序设计】

本例是在素数判断的基础上进行应用扩展的典型示例,如统计某个区间内的素数个数、素数之和,或者整数 n 的各位数字之和是否是素数等。结构化程序设计可以把复杂问题划分为小的任务模块,流程图的作用开始显现。

图 5-14 是实战 5-5 的 NS 流程图,循环变量 i 从 m 开始到 n 结束,如果 i 是素数,就进行统计。需要指出的是,对判断素数 v3.0 进行以下改变就能判断 i 是否是素数:

(1) 原程序需要 scanf 语句读取要判断的整数 n,现在 i 就是要判断的整数。

(2) 原程序中用循环变量 i 充当因子,现在需要另一个循环变量 j 来充当因子。

(3) 输出格式要根据用户要求而改变。

注意

用户给定的数据区间可能有素数,也可能没有素数,为避免出现没有任何输出就结束程序的情况,要在程序结束前根据已找到的素数个数进行判断,如果没找到素数,就给出相应的提示。这种方式适用于所有可能没有输出结果的问题。

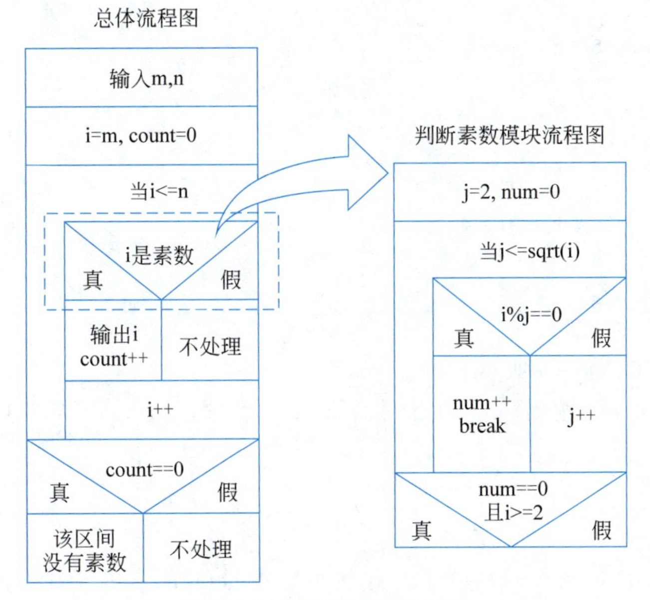

图 5-14　实战 5-5 的流程图

综上所述，

(1) 需要 4 个 int 型变量 m、n、num 和 count，m 和 n 表示所要处理数据的区间范围，num 在素数判断模块中用于标识是否有因子，count 用于计数[m，n]区间有多少个素数。需要两个 int 型循环变量 i 和 j，i 用于表示当前正在处理的数据（$m \leqslant i \leqslant n$），j 在素数判断模块中充当循环变量（$2 \leqslant j \leqslant \sqrt{i}$）。

(2) 循环次数确定，外循环 i 的初值是 m，目标值是 n，步长是+1；内循环 j 的初值是 2，目标值是 sqrt(i)，步长是+1。

【程序实现】

```
#include <math.h>
int main()
{
    int m,n,num,count,i,j;
    scanf("%d%d",&m,&n);
    for(i=m,count=0;i<=n;i++)          //count 要初始化为 0
    {
        //切记每次 num 都要清零,不能只在定义 num 时初始化为 0
        for(j=2,num=0;j<=sqrt(i);j++)
            if(i%j==0)
    {
        num++;
        break;
    }
        if(num==0 && i>=2)
```

```
            {
                printf("%d ",i);
                count++;
            }
        }
        if(count==0)
            printf("该区间没有素数");
        return 0;
    }
```

程序运行结果如图 5-15 所示。

```
-10 15
2 3 5 7 11 13
Process returned 0 (0x0)
```

图 5-15　实战 5-5 的运行效果示例

读者可以进行扩展，输出[m,n]之间的素数个数与素数之和。

2. 完数的判断

所谓完数，是指该数的所有真因子之和就是它本身(n 的真因子比 n 小)，6 是最小的完数。例如，28 的真因子是 1、2、4、7 和 14，而 1+2+4+7+14=28，所以 28 是完数。

如果想要判断整数 n 是否为完数，只需要根据完数的特质，让循环变量 i 从 1 开始到 n/2 结束，如果 n%i==0，说明 i 是 n 的真因子，就进行真因子和的累加。循环结束后，如果真因子之和与 n 相等，说明 n 是完数，否则 n 不是完数。

判断完数的代码如下：

```
int main()
{
    int i,n,s=0;
    scanf("%d",&n);
    //累加器 s 初始化为 0,i 的目标值设置为 n/2,没有大于 n/2 的因子
    for(i=1,s=0; i<=n/2; i++)
        if(n%i==0)
            s+=i;
    if(n==s && n>=6)                    //注意"等于"运算符是"=="
        printf("%d 是完数",n);
    else
        printf("%d 不是完数",n);
    return 0;
}
```

实战 5-6　用户输入 m 和 n(m<=n，且均为 int 型)，请输出[m, n]之间的完数。若[m,n]区间没有完数，输出“该区间没有完数”。

输入示例：

```
0 1000
```

输出示例：

```
6 28 496
```

【程序设计】

图 5-16 是实战 5-6 的 NS 流程图，可以发现，只要把实战 5-5 的判断素数模块替换成判断完数模块就能解决问题。在函数章节会讲解把常用的功能模块编写为函数的方法，到时就能像调用 sin()函数、sqrt()函数一样调用这些函数。

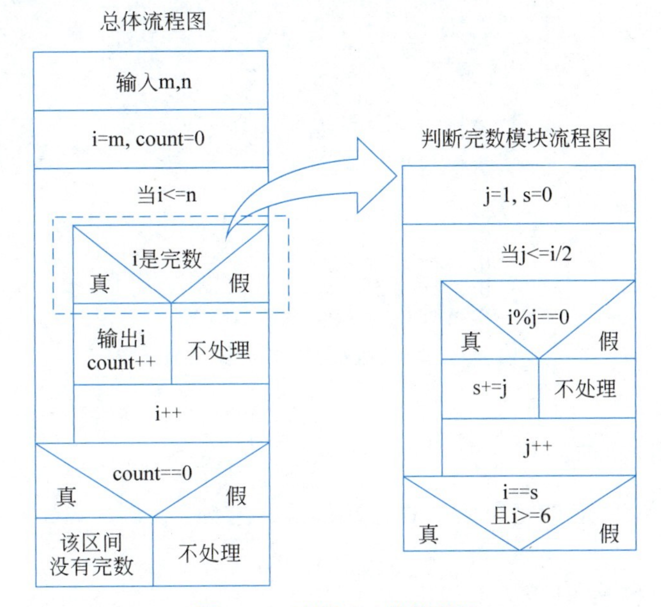

图 5-16　实战 5-6 的流程图

综上所述，

(1) 需要 4 个 int 型变量 m、n、s 和 count，m 和 n 表示所要处理数据的区间范围，s 在完数判断模块中用于累加真因子和，count 用于计数[m，n]区间有多少个完数。需要两个 int 型循环变量 i 和 j，i 用于表示当前正在处理的数据（m≤i≤n），j 在完数判断模块中充当循环变量。

(2) 循环次数确定，外循环 i 的初值是 m，目标值是 n，步长是+1；内循环 j 的初值是 1，目标值是 i/2，步长是+1。

【程序实现】

```
#include <math.h>
int main()
{
    int m,n,s,count,i,j;
    scanf("%d%d",&m,&n);
    for(i=m,count=0;i<=n;i++)
    {
```

```
        for(j=1,s=0;j<=i/2;j++)         //切记每次 s 都要清零,不能只在定义时清零
            if(i%j==0)
                s+=j;
        if(s==i && i>=6)
        {
            printf("%d ",i);
            count++;
        }
    }
    if(count==0)
        printf("该区间没有完数");
    return 0;
}
```

程序运行结果如图 5-17 所示。

```
0 1000
6 28 496
Process returned 0 (0x0)
```

图 5-17 实战 5-6 的运行效果示例

3. 水仙花数的判断

水仙花数是 3 位数,它的每位数字的立方和就是它本身。例如,$153=1^3+5^3+3^3$,所以 153 是水仙花数。

如果想要判断整数 n 是否为水仙花数,只需要根据水仙花数的特质,把 n 拆分成个位、十位和百位,再判断它们的立方和是否与 n 相等。

5.7.3 字符类的处理

关于字符类的处理主要有字符的分类统计、大小写互换等,且在描述问题时通常以"用户输入一行字符,并以指定字符作为输入结束标志……"开头,所以关于字符类处理的问题大多是无法确定循环次数的,在循环时要把终止条件取反处理成循环条件,或者循环条件始终为真,但在循环体中利用终止条件和 break 语句退出循环。

实战 5-7 用户输入一行字符(以回车符作为结束),请分别统计大小写字母、数字字符、空格和其他字符的个数。

输入示例:

```
009   AVCds  &^& 128Zza
```

输出示例:

```
letters=8,digits=6,spaces=6,others=3
```

【程序设计】

(1) 需要 4 个 int 型变量 letters、digits、spaces 和 others，分别计数各类字符的个数。需要一个 char 型变量 a，用于读取字符。

(2) 循环次数不确定，终止条件是“以回车符作为结束”，取反处理后变成“输入的若不是回车符，就进入循环进行分类统计”。

【程序实现】

```
int main()
{
    int letters=0,digits=0,spaces=0,others=0;   //计数器要初始化为 0
    char a;
    while((a=getchar())!='\n')                   //典型的一边读取字符一边判断情形
    {
        if('a'<=a && a<='z' || 'A'<=a && a<='Z')
            letters++;
        else if('0'<=a && a<='9')
            digits++;
        else if(a==' ')
            spaces++;
        else
            others++;
    }
    printf("letters=%d,digits=%d,spaces=%d,others=%d",
              letters,digits,spaces,others);
    return 0;
}
```

程序运行结果如图 5-18 所示。

```
a bDz1  *$3  iJ
letters=6,digits=2,spaces=5,others=2
```

图 5-18　实战 5-7 的运行结果示例

程序用 a=getchar()读取字符，并同时与'\n'进行比较，这就涉及运算符的优先级问题，因为赋值符的优先级低于关系运算符，所以要给 a=getchar( )加上圆括号，即

```
(a=getchar())!='\n'
```

如果没有圆括号，a=getchar( )!='\n'的意思就变为读取一个字符并与'\n'进行比较，把比较结果赋值给变量 a。

循环也可以写成：

```
while(1)                                  //也可以写成 for ( ; ; )形式
{
    a=getchar();
```

```
    if (a=='\n')                          //通过终止条件退出循环
        break;
    //以下开始进行字符的分类判断
    ...
}
```

5.7.4 打印图形

实战 5-8 用户输入一个正整数 n(n 不超过 20)和一个字符 c,请打印如具有如下规律的图形。

输入示例:

```
4 *
```

输出示例:

```
   *
  ***
 *****
*******
```

【打印图形的思路】

打印图形是经典的双层循环,外循环控制要打印的行数,内循环控制每行要打印的内容。

每一行都是由若干个前导空格、若干个字符和一个换行符组成,并且每行的前导空格数、字符数都与它所在行有关。因此打印图形的问题就变成寻找规律的问题。

(1) 要打印的行数。

确定打印行数时,每行字符的增减要遵循一致的规律。实战 5-8 的输出示例中,每行字符的递增规律一致,可以在一个循环中打印出来,因此要打印的行数是 n(示例中 n 的值是 4)。

在打印诸如菱形这种递增、递减规律会改变的图形时,就需要分成多个子图分别打印。

(2) 每行要打印的前导空格数和字符数。

可以列出一个表格,填写每行的行号、前导空格数和字符数,即可找到规律,而且这种规律肯定与 i 和 n 有关。表 5-3 列出了实战 5-8 的输出图形数据规律。

表 5-3 实战 5-8 的输出图形数据规律

变量 i 所代表的行数	前导空格数	字 符 数
i=1	3	1
i=2	2	3
i=3	1	5
i=4	0	7

针对第 i 行，可以发现：

(1) i 值＋前导空格数的和就是 n(此时的 n 值是 4)，所以每行要打印的前导空格数是 n－i 个。

(2) 字符数是 2×i－1，所以每行要打印的字符数是 2×i－1 个。

(3) 每行都是先打印完前导空格再打印字符，字符打印完毕后回车，准备打印下一行。

【程序设计】

(1) 需要一个 int 型变量 n 和一个 char 型变量 a，分别用于读取用户输入的数据。需要两个循环变量 i 和 j，分别计数外循环和内循环。

(2) 循环次数确定。

- 外循环中，i 的初值是 1，目标值是 n，步长是＋1。
- 内循环中，要先用一个循环打印前导空格，再接着用一个循环打印字符。前者的初值是 1，目标值是 n－i，步长是＋1；后者的初值是 1，目标值是 2×i－1，步长是＋1。该行打印完毕后回车。

【程序实现】

```
int main()
{
    int n,i,j;
    char a;
    scanf("%d%c",&n,&a);
    printf("开始:\n");                //打印开始的标识,测试程序时专用
    //打印图形时,一般习惯循环变量从 1 开始,这样方便计数和找规律
    for (i=1;i<=n;i++)
    {
        //先打印前导空格
        for(j=1;j<=n-i;j++)
            printf(" ");
        //再打印字符
        for(j=1;j<=2*i-1;j++)
            printf("%c",a);
        //打印回车符
        printf("\n");
    }
    //打印结束的标识,测试程序时专用,打印正确后,要注释掉起止标识
    printf("结束:\n");
    return 0;
}
```

程序的运行结果如图 5-19 所示。

图 5-19 中有“开始：”和“结束：”标志，主要用于测试环节，它们之间的图形就是真正的打印效果。如果总结的图形规律不正确，打印时可能会在开头或结尾出现多余的空行；如果没有标识符，凭肉眼很难发觉空行的存在。打印成功后，就可以注释掉开始和结束标志。

```
7#
开始:
      #
     ###
    #####
   #######
  #########
 ###########
#############
结束:
```

图 5-19　实战 5-8 的运行结果示例

实战 5-9　用户输入一个正整数 n(n 不超过 20),请打印如具有如下规律的图形(按%4d 格式输出数据)。

输入示例:

```
5
```

输出示例:

```
   1   2   3   4   5
       6   7   8   9
          10  11  12
              13  14
                  15
```

【打印图形的思路】

(1) 要打印的行数。

实战 5-9 的输出示例中,每行要打印的数据个数都按照同一个规律递减,所以可以在一个循环中打印出来,并且要打印的行数是 5(示例中 n 值是 5)。

(2) 每行要打印的前导空格数和数据个数。

表 5-4 列出了实战 5-9 的输出图形数据规律。

表 5-4　实战 5-9 的输出图形数据规律

变量 i 所代表的行数	前导空格数	数 据 个 数
i=1	0	5
i=2	1	4
i=3	2	3
i=4	3	2
i=5	4	1

针对第 i 行,可以发现:

(1) 每行要打印的前导空格是 i−1 个。

(2) i 值加数据个数的和是 n+1(n 值是 5),所以每行要打印的数据个数是 n+1−i 个。

(3) 要打印的数据从 1 开始递增,步长为+1。所以需要一个变量 a 代表要打印的数据。

【程序设计】

（1）需要两个 int 型变量 n 和 a，n 用于读取用户输入的数据，a 用于表示当前要打印的数据；需要两个循环变量 i 和 j，分别计数外循环和内循环。

（2）循环次数确定。

- 外循环中，i 的初值是 1，目标值是 n，步长是+1。
- 内循环中，要先用一个循环打印前导空格，再接着用一个循环打印数据。前者的初值是 1，目标值是 i−1，步长是+1；后者的初值是 1，目标值是 n+1−i，步长是+1。该行打印完毕后回车。

【程序实现】

```
int main()
{
    int n,a,i,j;
    scanf("%d",&n);
    printf("开始:\n");                    //打印开始的标识,测试程序时专用
    for(i=1,a=1;i<=n;i++)                 //数据从 1 开始打印,所以 a 初值为 1
    {
        //先打印空格
        for(j=1;j<=i-1;j++)
            printf("%4c",' ');            //为了对齐,空格也要按照%4c 输出
        //再打印数据
        for(j=1;j<=n+1-i;j++)
        {
            printf("%4d",a);              //循环体也可写为 printf("%4d",a++);
            a++;                          //下一个要打印的数据递增 1
        }
        //打印回车符
        printf("\n");
    }
    printf("结束:\n");                    //打印结束的标识
    return 0;
}
```

程序的运行结果如图 5-20 所示，确认打印的图形正确后注释掉开始和结束标志。

```
6
开始:
   1   2   3   4   5   6
       7   8   9  10  11
          12  13  14  15
              16  17  18
                  19  20
                      21
结束:
```

图 5-20　实战 5-9 的运行结果示例

5.7.5 穷举问题

所谓穷举，就是一一列举所有的可能解并代入问题，逐一试验找出符合条件的解的方法。

实战 5-10 “鸡兔同笼”问题。用户输入笼子里鸡和兔的总头数 n 和总脚数 m(0<n，m<5000)，计算笼子里鸡兔各有多少只。如果无解，输出“数据有错误”。

输入示例：

```
20 46
```

输出示例：

```
鸡 17 只,兔 3 只
```

【程序设计】

(1) 需要 3 个 int 型变量 n、m 和 count，分别表示鸡兔的总头数、总脚数和解的个数；需要一个循环变量 cock，表示鸡的只数。兔子的个数可由 n-cock 得到。

(2) 循环次数确定。cock 的初值是 0(有可能笼子里没有鸡)，目标值是 n，步长是+1。

【程序实现】

```
int main()
{
    int n,m,count,cock;
    scanf("%d%d",&n,&m);
    for(cock=0,count=0; cock<=n; cock++)      //解的个数 count 初始化为 0
        if(2*cock+4*(n-cock)==m)
        {
            printf("鸡%d 只,兔%d 只\n",cock,n-cock);
            count++;
        }
    if(count==0)
        printf("数据有错误");
    return 0;
}
```

程序的运行结果如图 5-21 所示。

```
80 200
鸡60只,兔20只
```

图 5-21 实战 5-10 的运行结果示例

实战 5-11 A、B、C、D 这 4 人参加程序设计竞赛，赛后他们分别预测了名次。

- A 说：“C 得第一，我第三”；

- B 说："我得第一，D 第四"；
- C 说："D 得第二，我第三"；
- D 没说话。

当公布结果时发现，A、B、C 这 3 人都只说对了一半，请编程给出四人名次。

【推理思路】

算法不止一种，此处给出一个容易理解的方案。

(1) 每人的名次有 4 种可能，所以用 4 个循环就可以进行穷举，但其实 3 个循环就足够，因为前 3 人的名次可以确定第 4 人的名次。把名次相加，1+2+3+4=10，用 10 减去另 3 人的名次，就是第四人的名次。当然这有个前提，就是名次要各不相同。

(2) A、B、C 这 3 人都只说对一半，以 A 为例，约束条件可表示为

```
c==1 && a!=3 || c!=1 && a==3
```

同理可写出其他 3 组约束条件，这 4 组条件之间是并且关系。

【程序设计】

(1) 需要 4 个 int 型变量 a、b、c 和 d，分别表示 4 人的名次。

(2) 3 个循环的次数均确定，初值是 1，标值是 4，步长是+1。

【程序实现】

```
int main()
{
    int a,b,c,d;
    for(a=1;a<=4;a++)
        for(b=1;b<=4;b++)
            for(c=1;c<=4;c++)
            {
                d=10-a-b-c;
                if(a!=b && a!=c && a!=d                      //4 个名次要各不相同
                        && b!=c && b!=d && c!=d
                        && (c==1 && a!=3 || c!=1 && a==3)     //A 的预测只对一半
                        && (b==1 && d!=4 || b!=1 && d==4)     //B 的预测只对一半
                        && (d==2 && c!=3 || d!=2 && c==3))    //C 的预测只对一半
                    printf("a=%d,b=%d,c=%d,d=%d",a,b,c,d);
            }
    return 0;
}
```

程序的运行结果如图 5-22 所示。

```
a=3,b=1,c=4,d=2
Process returned 0 (0x0)
```

图 5-22　实战 5-11 的运行结果示例

习题

一、单项选择题

1. 以下选项与 while (x);语句中的 x 等价的是(　　)。

A. x==0　　B. x==1　　C. x!=0　　D. x!=1

2. 用户输入"Hi! Happy New Year!"后回车,以下程序的输出结果是(　　)。

```
int main()
{
    char a;
    while((a=getchar())!='!')
        putchar(a);
    return 0;
}
```

A. Hi　　B. Hi!

C. Hi! Happy　　D. Hi! Happy New Year!

3. 以下程序的输出结果是(　　)。

```
int main()
{
    int i;
    for (i=1; i<=5; i++);
        printf("%d",i);
    return 0;
}
```

A. 12345　　B. 123456　　C. 6　　D. 1234

4. 以下选项描述正确的是(　　)。

A. do…while 循环与 while 循环的区别在于 do…while 循环至少执行一次循环体

B. for 循环与 while 循环的区别在于 for 循环只能用于定数循环

C. for 语句中的 3 个表达式至少要写一个,否则会让程序陷入无终止的循环

D. while 循环是直到型循环,for 循环是当型循环

5. 以下选项描述不正确的是(　　)。

A. break 语句可用于选择结构和循环结构

B. break 语句会让程序跳出所在循环

C. for 循环、while 循环和 do…while 循环都可以使用 break 语句

D. 使用 break 语句时可指定跳出哪层循环

6. 以下选项不是“死”循环的是(　　)。

A.

```
int x=5;
for ( ; ; )
{
    if(x++%2==0)
        break;
    x++;
}
```

B.

```
int x;
for (x=5; x; x++)
{
    x/=10;
}
```

C.

```
int x=5;
do
{
    printf ("%d", x);
}while (x);
```

D.

```
int x=5;
while (x)
{
    x++;
}
```

7. 以下程序的运行结果是(　　)。

```
int main()
{
    int i,s=0;
    for (i=1;i<=4;i++)
    {
        switch (i)
        {
            case 3: s+=2;
            case 6: s+=5;
            case 4: s+=3;
            default: s++;
        }
    }
    printf("%d",s);
    return 0;
}
```

A. 17　　　B. 15　　　C. 12　　　D. 7

8. 以下程序的运行结果是(　　)。

```
int main()
{
    int i, s;
    for (i=1; i<5; i++)
        s+=i;
    printf("%d",s);
    return 0;
}
```

A. 编译错误　　B. 随机值　　C. 10　　D. 15

9. 以下选项正确的是(　　)。

```
int main()
{
    int i,j;
    for (i=1,j=4; i<j; i++,--j)
        printf("%d,%d\n",i,j);
    return 0;
}
```

A. 循环体执行 1 次　　B. 循环体执行 2 次

C. 循环体执行 3 次　　D. 循环体执行 0 次

10. 以下程序的运行结果是(　　)。

```
int main()
{
    int i;
    for (i=1; i++<2; )
        printf("%d", i);
    return 0;
}
```

A. 1　　B. 2　　C. 12　　D. 没有输出结果

二、程序填空题

1. 本程序功能是计算 $\sum_{k=1}^{n}\frac{1}{k}$,输出结果保留小数点后 4 位。

```
int main()
{
    int k,n;
    float s;
    【1】;                                        //读取 n
    for (k=1,s=0;k<=n;k++)
        【2】;
    【3】;                                        //输出结果

    return 0;
}
```

2. 本程序功能是找出 100 以内与 7 有关的数的平方和。与 7 有关的数,是指要么是 7 的倍数,要么某位上是 7 的数,如 14、17 都是与 7 有关的数。

```
int main()
{
    int i, s, ones, tens;
    for (【4】; i<100; i++)
    {
        【5】;                              //得到个位数
        【6】;                              //得到十位数
        if (【7】)
            s+=i*i;
    }
    printf("%d", s);
    return 0;
}
```

3. 本程序功能是用户输入一篇英文文章(以#作为结束标志),统计其中的逗号和句号的个数。

```
int main()
{
    int commas=0, periods=0;            //commas 用于计数逗号,periods 用于计数句号
    char a;
    while (【8】)
    {
        【9】
        commas++;
        【10】
        periods++;
    }
    printf("%d,%d",commas, periods);
    return 0;
}
```

三、编程题

1. 用户输入 n 和 a,求 $s=a+aa+aaa+\cdots+\overbrace{aa\ldots a}^{n个a}$,其中 a 是一个小于 10 的正整数,n 表示 a 的位数($0\leqslant n\leqslant 8$)。例如当 n=4, a=3 时,s=3+33+333+3333=3702。提示:前一个数×10+a 可以得到后一个数。

2. 请用迭代法计算 a 的平方根,迭代公式是 $x_{n+1}=(x_n+a/x_n)/2$。当 $|x_{n+1}-x_n|<10^{-6}$时停止循环。

3. 请输出所有的水仙花数。关于水仙花数的定义,请参看 5.7.2 节。

4. 所谓合数,是指除 1 和它本身之外,还能被其他数整除(0 除外)的自然数,4 是最小的合数。用户输入一个不超过 1000 的正整数 n,请输出小于 n 的所有合数。要求每行输出 10 个合数。如果没有小于 n 的合数,请输出提示信息。

5. 用户输入一个不超过 8 位的正整数，请计算它各位上的数字之和，并判断该和的奇偶性。

6. 用户输入两个正整数 m 和 n，计算它们的最大公约数和最小公倍数。

7. 用户输入若干学生的成绩（以输入 −1 作为结束标志），请统计他们中的最高分和平均分（不包括 −1），平均分保留小数点后两位。

8. 用户输入一行字符（以回车符作为结束），请分别统计元音字母 a、e、i、o、u（含大小写）的出现次数。

9. 用户想把 1 元钱换成分币。分币的币值有 1 分、2 分和 5 分，用户希望每种币值至少有一枚，请输出所有可能的兑换方案。每行输出一个方案。

10. 某地发生命案，警察通过排查锁定 A、B、C、D 这 4 名嫌疑人，A 说："不是我"，B 说："是 C"，C 说："是 D"，D 说："C 在胡说"。已知凶手只有一人，其中 3 个人说了真话，一人说了假话，请编程查出凶手。

11. 用户输入一个不超过 20 的正整数 n 和一个字符 a，请输出具有如下规律的图形。

输入示例：

```
5 #
```

输出示例：

```
    #
   ##
  ###
 ####
#####
 ####
  ###
   ##
    #
```

第6章

数　组

很多实际应用中，往往需要批量读入一组或多组数据（如学生成绩、客户信息等），并对这些数据进行处理（如排序、统计、查找等）。到目前为止，我们所掌握的数据组织形式只有变量一种，如果要对4个数排序，尚且能通过精心设计避免算法出现疏漏。但当要对10个数、20个数甚至于更多的数排序时，要想不出错地写出第一条选择分支就已经是有难度的事了。因此，有必要引入新的数据组织形式，能够让程序方便快捷地对数据进行读写和处理。

这种新的数据组织形式就是数组，可以理解为把一组类型相同的数据顺序保存在内存中，然后根据这些数据在数组中所处的位置对它们进行读取和处理。

本章将对数组的定义与初始化、数组元素的引用、典型的数组处理算法等进行介绍。

6.1　预备知识

6.1.1　顺序存储与下标

想象自己是一家大宾馆的前台，专门负责团队的住宿安排与日常接待。为了能更快捷地为团队服务，同时方便团队成员之间相互走动，每当有团队登记住宿时，你会怎么给他们安排房间呢？想必读者会选择为团队安排连号的房间，这样只需要记住团队人数和1号成员所在的房号，就可以随时拜访团队中的任何一位成员了。

问题来了

假设团队有n人，并已知1号成员的房号，如何推算出i号成员的房号（$1\leqslant i\leqslant n$）？

只要把1号成员的房号加上i再减1，就能得到i号成员的房号。假设1号成员的房号是1208，则1号成员的房号＝1208＋1－1＝1208，2号成员的房号＝1208＋2－1＝1209，以此类推，i号成员的房号＝1208＋i－1。

想必读者已经发现，在推算房号时其实是做了两次运算，第一次是1号成员的房号＋i号成员的编号，第二次是减1。对于计算机而言，每一次运算都要耗费时间，而之所以要减1，是因为人们习惯从1开始编号。有没有办法不减1也能得到正确的房号呢？有的，只要改为从0开始编号，就不用再进行第二次计算（减0），此时，i号成员的房号＝1208＋i（$0\leqslant i\leqslant n-1$），直接节省一半的运算时间。

都是对同样的成员编号,为了加以区分,通常把从 1 开始编号的方式称为序号编号(简称序号),把从 0 开始编号的方式称为下标编号(简称下标),可以理解为序号是符合人类习惯的,而下标是有利于计算机处理的,今后如无特别说明,都是采用下标方式进行表述,即 $0 \leqslant i \leqslant n-1$,n 是团队人数。

6.1.2 团队名的作用

大宾馆有很多个房间,因此房号也会很长,而且宾馆每天都可能会接待多支团队,能用什么容易记忆的名字指代不同团队 0 号成员的房号吗? 很显然,不能使用 0 号成员的名字指代 0 号成员的房号,因为不同团队的 0 号成员存在同名同姓的可能。

可行的办法是为团队取个名字,用它指代该团队 0 号成员的房号,如此一来:

i 号成员的房号=团队名+i。

6.1.3 访问团队成员

问题来了

i 号成员的房号用"团队名+i"表示($0 \leqslant i \leqslant n-1$),那 i 号成员能用什么表示?

在 2.7.6 节介绍其他运算符时,曾说过"&"可以作为取址运算符,加在变量名前面可以取到该变量所在空间的起始地址(如 &a)。"*"是取值运算符(将在指针章节介绍),加在指针变量前面,可以从指针变量所指向的地址中取出数值。因此,在房号前面加"*"就可以实现取值,i 号成员=*(团队名+i)。

注意

通过指针运算直接对内存中的数据进行操作是 C 语言的特色之一,但在第 8 章之前,还是以通过变量名直接引用数据的方式为主。

当然还可以用其他方式表示 i 号成员。

在数学描述上,习惯用 a_i 表示数列 a 中的第 i 个数,我们也可以借鉴这个方法,用团队名[i]表示团队中的第 i 号成员($0 \leqslant i \leqslant n-1$,n 是团队人数)。

假设团队名是 a,那么 a[i]与 *(a+i)完全等价,都能访问到团队 a 中的 i 号成员。事实上,*(a+i)就是 a[i]的展开式。

(1) 用 a[i]表示 i 号成员时的重点在下标,可以理解为要访问的是团队里的 i 号成员。

(2) 用 *(a+i)表示 i 号成员时的重点在房号,可以理解为要访问的是住在团队 i 房号里的成员。

如果 i 号成员和 j 号成员想交换房间,可以用 t=a[i], a[i]=a[j], a[j]=t 实现,其中的 t 是为了便于交换而临时开辟的一个房间。当然,也可以用 t=*(a+i), *(a+i)=*(a+j), *(a+j)=t 实现交换。对于初学者来说,建议用 a[i]来表示 i 号成员。

以上是宾馆对有团队住宿时的一些安排与设计,计算机系统集人类智慧之大成,在处理批量数据时也采取了同样的方式。

6.2 数组的定义、存储与元素的引用

6.2.1 数组的定义

1. 固定数组的定义

数组是在学习 C 语言时遇到的第一个构造类型，就像团队是多人组成的队伍一样，数组也是很多数的集合。同一数组中存储的数据必须具备以下两个条件：

(1) 这些数据的类型必须相同。

(2) 这些数据在内存中必须是顺序存储的，中间不能出现空档。

数组定义的一般形式是：

```
类型数组名[整型常量或整型常量表达式 1][整型常量或整型常量表达式 2]…[整型常量或整型常量表达式 n];
```

其中，

(1) 类型用于声明数组中的元素(也称为成员)是什么类型。

(2) 方括号的对数是表示数组的维数，有几对方括号，数组就是几维的。最靠近数组名的一对方括号表示数组的第一维，然后是第二维，以此类推。

(3) 方括号里的数值表示相应维的长度。

关于数组的维数，可以借用方格本来帮助理解(图 6-1)。一维数组，相当于只有一行方格，一维数组的长度就是这一行中的方格个数(图 6-1(a)中的一维数组的长度是 5 列)；二维数组，相当于有多行方格(图 6-1(b)中的二维数组的长度是 4 行 5 列)；三维数组，相当于方格本有很多页(图 6-1(c)中的三维数组的长度是 3 页 3 行 5 列)。四维数组，相当于有很多个方格本，更多维的数组已不常见。

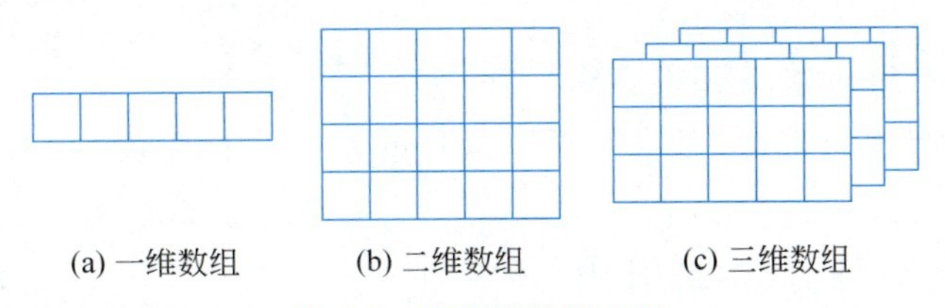

图 6-1　数组维数的示例

题 6-1　完成以下数组的定义，并说明每个数组有多少个元素：

(1) float 型的一维数组 a，长度是 100 列。

(2) int 型的二维数组 b，长度是 50 行 30 列。

(3) char 型的三维数组 c，长度是 3 页 200 行 300 列。

【题目解析】

(1) float a[100]，数组中有 100 个 float 型的元素。

(2) int b[50][30],数组中有 50×30 个 int 型的元素。

(3) char c[3][200][300],数组中有 3×200×300 个 char 型的元素。

只有在定义数组时,方括号中的数值才表示相应维的长度,除了定义之外的其他任何位置,方括号中的数值表示的是对数组元素的引用。

例如,对于 float a[100],100 表示数组 a 中有 100 个元素,但其他位置的 a[i]表示数组 a 中的第 i 个元素(0≤i≤99),a[100]已超过允许访问的下标。

注意

C 语言在编译时并不检查下标是否越界,所以在编程时要注意下标的有效范围,否则容易造成越界访问,进而导致程序的运行结果出错。

2. 变长数组的定义

C89 要求在定义数组时,方括号里只能使用整型常量或整型常量表达式,但 C99 做了改进,允许定义数组时,方括号里的值是整型变量或整型表达式,去除了"常量"二字。例如:

```
int n;
scanf("%d",&n);                    //动态获得 n 值
float a[n];                        //定义数组,此时的 n 值已确定
```

n 是程序在运行时动态确定的变量(本例中 n 由用户输入),这种数组被称为"变长数组"。但需要注意的是,变长数组是指用整型变量或整型表达式定义的数组,并不意味着数组的长度会随时变化,一旦定义完毕,它在生存期内的长度不再变化。

题 6-2 关于数组定义,以下选项错误的是(　　)。

A. int a[20];　　　　B. int n, a[n];

C. int a[5 * 4];　　　　D. int a['c'+6];

【题目解析】

答案:B。

选项 B 在定义数组 a 时,n 还没有确定值。

选项 A 的方括号里是常量,选项 C 和选项 D 的方括号里面是常量表达式,均正确。

6.2.2 数组的存储与元素的引用

1. 一维数组的存储与元素的引用

系统会依据定义数组时指定的类型为数组分配一段存储空间,这段存储空间的起始地址、存储空间长度和分配给每个元素的空间大小如图 6-2 所示。

假设数组名是 a,数组中的元素个数是 n:

(1) **数组名表示数组首元素的地址**,即 a=&a[0],可以参考团队名代表 0 号团员的房号。

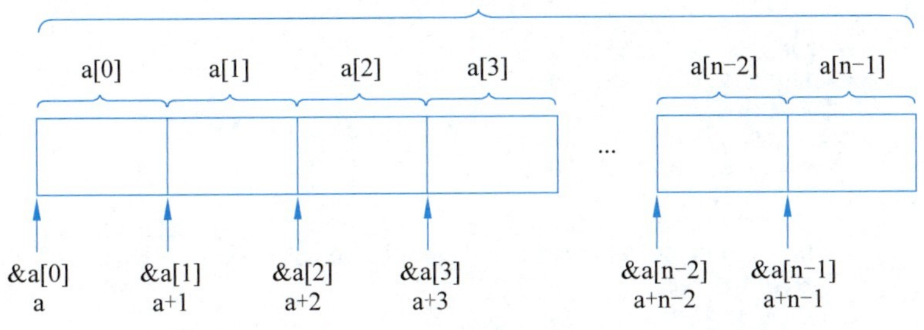

图 6-2　一维数组 a(含有 n 个元素)在内存中的存储方式

(2) 第 i 个元素所在的地址是 &a[i]，也可以用 a+i 表示，二者等价。

(3) 第 i 个元素是 a[i]，也可以用 *(a+i)表示，二者等价。其实，*(a+i)是 a[i]的展开式，a[i]更适合人们的表述方式，但 *(a+i)却是计算机的表述方式，它直接体现了从内存中取值的动作。

(4) 每个元素所占的空间大小由数据类型决定，总的存储空间长度=sizeof(数据类型)×n=sizeof(a)。

(5) 将两个元素的地址相减，得到的是它们的下标差，如 &a[2]−&a[0]=2。

例 6-1　定义两个不同类型的一维数组，用不同方式查看数组元素的值和地址。

```
int main()
{
    int a[4]= {4,6,8,7};                        //定义数组的同时进行初始化(参见 6.3 节)
    double b[5]= {10,20,30,40,50};
    printf("数组名与首元素地址等价:\n");
    printf("a=%d,&a[0]=%d\n",a,&a[0]);                   //a 与 &a[0]等价
    printf("b=%d,&b[0]=%d\n",b,&b[0]);                   //b 与 &b[0]等价
    printf("不同方法表示元素的地址:\n");
    printf("a+2=%d,&a[2]=%d\n",a+2,&a[2]);               //a+2 与 &a[2]等价
    printf("b+2=%d,&b[2]=%d\n",b+2,&b[2]);               //b+2 与 &b[2]等价
    printf("类型所占的存储空间:\n");
    //&a[1]与 &a[0]之间间隔一个 int 类型所占的空间,它们的差是下标差,不同于数学常识
    printf("&a[1]=%d,&a[0]=%d,sizeof(int)=%d,&a[1]-&a[0]=%d\n",
            &a[1],&a[0],sizeof(int),&a[1]-&a[0]);
    //&b[1]与 &b[0]之间间隔一个 double 类型所占的空间,它们的差是下标差
    printf("&b[1]=%d,&b[0]=%d,sizeof(double)=%d,&b[1]-&b[0]=%d\n",
            &b[1],&b[0],sizeof(double),&b[1]-&b[0]);
    printf("不同方法读取数据:\n");
    printf("a[1]=%d,*(a+1)=%d\n",a[1],*(a+1));           //a[1]与*(a+1)等价
    printf("b[1]=%f,*(b+1)=%f\n",b[1],*(b+1));           //b[1]与*(b+1)等价
    return 0;
}
```

程序的运行结果如图 6-3 所示。注意，数组采用的是下标，而下标从 0 开始编号，因此

a[1]是 6,b[1]是 20.0。

```
数组名与首元素地址等价:
a=6422032,&a[0]=6422032
b=6421984,&b[0]=6421984
不同方法表示元素的地址:
a+2=6422040,&a[2]=6422040
b+2=6422000,&b[2]=6422000
类型所占的存储空间:
&a[1]=6422036,&a[0]=6422032,sizeof(int)=4,&a[1]-&a[0]=1
&b[1]=6421992,&b[0]=6421984,sizeof(double)=8,&b[1]-&b[0]=1
不同方法读取数据:
a[1]=6,*(a+1)=6
b[1]=20.000000,*(b+1)=20.000000
```

图 6-3　例 6-1 的运行结果

长知识

问：数组名和变量名有什么相同之处和不同之处？

相同之处：

数组和变量都要先定义后使用,给数组和变量取名字都要遵守标识符的命名规则。

不同之处：

变量是一个存储空间,变量名是这个空间的名字。假设变量名是 a,&a 表示这个空间的起始地址,a 表示存储在空间里的值,可以通过赋值的方式如 a=9 改变 a 的值。

数组是一组同类型变量的集合。以一维数组为例,假设数组名是 a,a 表示数组中第一个变量的地址。a 是地址常量,程序运行期间不可被改变,因为对数组中所有元素的引用都要基于这个地址进行,如果要读取数组中的第 i 个元素,可以用 a[i]或 *(a+i)。一旦数组被定义完成,就可以像操作变量一样操作数组中的每一个元素。

注意

已知 int a[10], b[10],不能通过 a=6 或 b=a 的方式为数组元素赋值,因为 a 和 b 都是数组名,数组名是地址常量,是定位数组中其他元素的基线,程序运行期间不能被改变。

如果想让数组 a 中的所有元素值都是 6,或者把数组 a 中的数据一一赋值给数组 b,只能通过循环的方式为数组中的每个元素进行赋值。

```
for(i=0;i<10;i++)
{
    a[i]=6;
    b[i]=a[i];
}
```

2. 二维数组的存储与元素的引用

因为多维数组和二维数组之间的差异仅在于维数的不同,此处以二维数组为例进行相关介绍。

（1）二维数组的存储。

不论是二维数组，还是三维数组等多维数组，在存储数据时，它们与一维数组的存储方式是一样的，都是**按顺序**把数据存储在内存中。只不过对于二维数组来说，采用的是先存第 0 行再存第 1 行的"**按行存储**"方式（图 6-4）；对于三维数组来说，采用的是先存第 0 页再存第 1 页的"按页存储"方式。

反过来，同样是内存中的一段数据，如果把它当作一行数据读取，那它就是一维数组的数据；如果把它当作多行多列读取，那它就是二维数组的数据；如果把它当作多维数组读取，那它就是多维数组的数据。以什么方式展现和处理数据，要在定义数组时明确，并且在程序运行期间不能再改变。

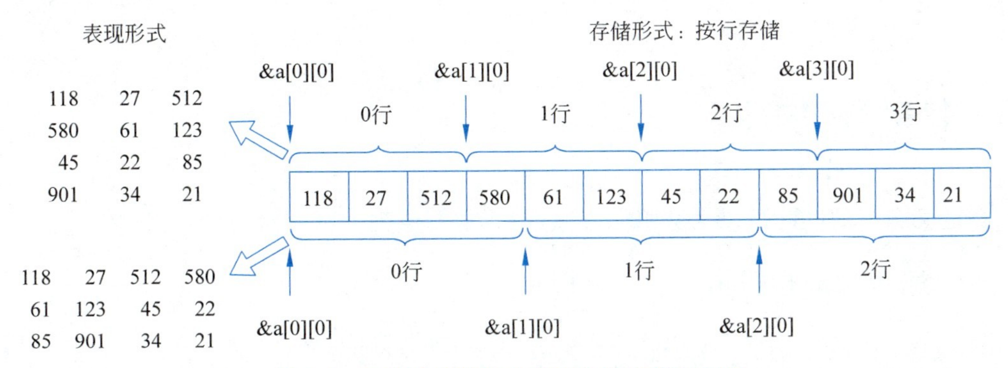

图 6-4　二维数组的外在表现与内在存储形式

（2）二维数组元素的引用。

与一维数组元素的引用方式一样，既可以通过数组下标引用二维数组的元素，也可以通过地址索引引用二维数组的元素（把二维数组当作一维数组看待）。

假设 a 是 n 行 m 列的二维数组，要引用数组 a 的第 i 行第 j 列元素（$0\leqslant i\leqslant n-1, 0\leqslant j\leqslant m-1$）：

- 通过下标方式：a[i][j]。
- 通过索引方式：*(&a[0][0]+i*m+j)，其中的 i*m+j 就是第 i 行第 j 列元素相距 0 行 0 列元素的位置偏移量（也称索引）。

想象一下你给朋友展示一张你们班级同学的合照（假设合照里的人整齐地排列成若干行若干列），然后请朋友指出照片中的哪个是你。此时，你朋友可以这么描述你所在的位置：

- 你是第几行第几列的那个人（下标方式）。
- 你是从最上面第一个同学开始依次数，第几个的那个人（索引方式）。

例 6-2　定义一个二维数组，用不同方式查看数组元素的值和地址。

```
int main()
{
    int a[2][3]={10,20,30,40,50,60};                //定义数组并初始化
    printf("用不同方法读取数组元素值\n");              //查看 a[1][2]的值,应为 60
    printf("*(&a[0][0]+1*3+2)=%d,a[1][2]=%d\n",*(&a[0][0]+1*3+2),a[1]
[2]);
```

```
    printf("用不同方法查看数组元素地址\n");
    printf("&a[0][0]+1 * 3+2=%d,&a[1][2]=%d\n",&a[0][0]+1 * 3+2,&a[1][2]);
    return 0;
}
```

程序的运行结果如图 6-5 所示。

```
用不同方法读取数组元素值
*(&a[0][0]+1*3+2)=60,a[1][2]=60
用不同方法查看数组元素地址
&a[0][0]+1*3+2=6422036,&a[1][2]=6422036
```

图 6-5　例 6-2 的运行结果

6.3　数组的初始化

在定义数组的同时可以为数组元素赋给初值,初值列表由一对花括号括起来。

1. 一维数组的初始化

```
(1)int a[5]={3,6,2,1,4};        //为数组中的所有元素赋初值
(2)int a[10]={5,7,2};           //为数组中的部分元素赋初值,未被赋初值的元素初值为 0
(3)int a[10]={0};               //数组中所有元素的初值被赋值为 0
(4)int a[ ]={5,8,10,6,11};      //初值列表包含所有元素初值,方括号里的数组长度可以省略
```

以上是对一维数组进行初始化的几种常见方式,既可以对所有数组元素赋给初值,也可以只对部分数组元素赋给初值。当数组所有元素的初值都在初值列表中时,可省略数组长度的声明,系统会自动按照初值列表中的初值个数对数组的长度进行定义。

第一种方式是全部元素都有对应的初值,与 int a[ ]={3,6,2,1,4}等价。

第二种方式是只有部分元素有对应的初值,其余元素的初值会被赋值为 0。

第三种方式是第二种方式的特例,可以让所有元素的初值都为 0。

第四种方式是全部元素都有对应的初值,与 int a[5]={5,8,10,6,11}等价。

注意

数组初始化会让数组中的所有元素都有明确的初值。

变长数组在定义时不可以赋初值。

题 6-3　关于 int a[5]={1},描述正确的选项是(　　)。

A. 数组中的所有元素初值为 1

B. 数组中的第一个元素初值为 1,其余元素的初值依次加 1

C. 数组中的第一个元素初值为 1,其余元素的初值为 0

D. 数组中的第一个元素初值为 1,其余元素的初值不确定

【题目解析】

答案:C。

选项 C 属于第二种初始化方式，只对部分元素赋给了初值，其余未被赋给初值的元素，其初值被赋值为 0。

2. 二维数组的初始化

```
(1) int a[2][3]={3,6,2,1,4,7};        //按元素进行初始化，为数组中的所有元素赋给初值
(2) int a[2][3]={{3,6,2},{1,4,7}}; //按行进行初始化，为数组中的所有元素赋给初值
(3) int a[4][10]={5,7,2};             //按元素进行初始化，为数组中的部分元素赋给初值
(4) int a[3][5]={{5,7},{2},{1,2,5,3,7}};   //按行进行初始化，为数组中的部分元素赋初值
(5) int a[5][6]={0};                  //按元素进行初始化，数组中所有元素的初值被赋值为 0
(6) int a[ ][3]={{5,8,10},{6,11,2}};//初值列表包含所有元素初值，第一维的长度可以省略
```

以上是对二维数组进行初始化的几种常见方式，需要注意的是第(2)、(4)、(6)3 种方法都是按行进行初始化的，可以理解为每一组花括号里面是对应行的元素初值。当数组所有元素的初值都在初值列表中时，可省略数组的第一维长度的声明，系统会自动按照初值列表中的初值个数进行换算，然后对数组的第一维长度进行定义。有且只有第一维的长度可以省略。

第一种方式按元素赋给初值，全部元素都有对应的初值，与 int a[][3]={3,6,2,1,4,7}等价。

第二种方式按行赋给初值，全部元素都有对应的初值，与 int a[][3]={{3,6,2},{1,4,7}}等价。

第三种方式按元素赋给初值，只有部分元素有对应的初值，其余元素的初值会被赋值为 0。

第四种方式按行赋给初值，只有部分元素有对应的初值，其余元素的初值会被赋值为 0。

第五种方式按元素赋给初值，所有元素的初值都被赋值为 0，若写成 int a[5][6]={{0}}，则属于按行赋给初值，要多写一组花括号，但效果是一样的。

第六种方式，当初值列表中包含所有元素的初值时，可省略第一维的长度，它与 int a[2][3]={{5,8,10},{6,11,2}}等价。

题 6-4 关于二维数组的初始化，正确的选项是(　　)。

A. float a[3][5]={6,8,2,5};　　　　B. int a[2][ ]={{1,6,2},{7,7,3}};

C. int a[2][4]=0;　　　　D. float a[ ][ ]={{1,2,3},{4,5,6}};

【题目解析】

答案：A。

选项 A 属于第三种初始化方式，只对部分元素赋给了初值，其余未被赋初值的元素，其初值被赋为 0。

选项 B 和选项 D 的第二维长度被省略，这是不正确的，直接排除。

选项 C 的初值列表没有用花括号括起来。

题 6-5 以下程序的运行结果是(　　)。

```
int main()
```

```
{
    int a[10]={6,5,1,3,9};
    printf("%d\n",a[1]+a[5]);
    return 0;
}
```

A. 15　　　　B. 6　　　　C. 5　　　　D. 随机值

【题目解析】

答案：C。

（1）数组使用下标，而下标从 0 开始编号。

（2）数组在初始化时，如果只有部分元素被赋给初值，则未被赋初值的元素，其初值默认为 0。

因此，a[1]=5，a[5]=0。

6.4 输入和输出数组元素

1. 输入和输出数组元素

输入和输出语句配合循环就可以实现数组元素的输入与输出，只是在输出时要使用分隔符或指定输出格式，以便让数据在屏幕上的显示更明确。此外，在输出二维数组时，每输出一行就要使用 printf("\n");语句换行，这样才能在视觉上有二维数组的感觉。其实，可以把输出二维数组当作打印图形，只是不用考虑前导空格而已。

例 6-3 分别定义一个一维 int 型数组和一个二维 int 型数组，输入数据后输出。第一个数组在输出时使用空格进行间隔，第二个数组在输出时使用%4d 格式。

```
int main()
{
    int a[5];
    int b[2][4];
    int i,j;                        //循环变量
    printf("现在输入一维数组的数据:\n");
    for(i=0; i<5; i++)              //下标从 0 开始
        scanf("%d",&a[i]);          //第 i 次循环读取第 i 个数据存放到 a[i]所在的地址
    printf("输出一维数组的数据:\n");
    for(i=0; i<5; i++)
        printf("%d ",a[i]);         //第 i 次循环输出第 i 个数,用空格间隔输出数据
    printf("\n");                   //换行
    printf("现在输入二维数组的数据:\n");
    for(i=0; i<2; i++)              //行循环,二维数组有 2 行
        for(j=0; j<4; j++)          //列循环,二维数组有 4 列
            scanf("%d",&b[i][j]);   //读取第 i 行第 j 列的数据,注意地址符
```

```
    printf("输出二维数组的数据:\n");
    for(i=0; i<2; i++)
    {
        for(j=0; j<4; j++)
            printf("%4d",b[i][j]);
        printf("\n");                  //每输出完一行都要换行
    }
    return 0;
}
```

程序的运行结果如图 6-6 所示。

```
现在输入一维数组的数据:
89 90 76 100 92
输出一维数组的数据:
89 90 76 100 92
现在输入二维数组的数据:
10 20 30 40 50 60 70 80
输出二维数组的数据:
  10  20  30  40
  50  60  70  80
```

图 6-6　例 6-3 的运行结果示例

2. 输入和输出数组元素时的常见错误

初学者在输入和输出数组元素时常犯一些错误，现以输入为例进行分析。

假设已定义数组 int a[10]，现在要对数组元素进行输入处理，以下是 A～E 同学分别写的输入语句，但这些语句或者编译不通过，或者运行结果不正确。

A 同学：

```
for(i=1;i<=10;i++)
    scanf("%d",&a[i]);
```

错误原因分析：习惯对数组元素使用序号进行编号。

错误会导致的后果：数组使用的是下标编号，所以 a 中 10 个元素的表示应该是从 a[0]到 a[9]。A 同学通过循环把输入数据依次存放到了 a[1]～a[10]，但 a[10]已越界。**C 语言不对数组越界进行检查**，所以一定要避免出现这个问题。

B 同学：

```
for(i=0;i<10;i++)
    scanf("%d",&a[10]);
```

错误原因分析：把输入变量的方式照搬到了输入数组的方式，以前是 int a，所以 scanf 语句是 scanf("%d",&a)，现在是 int a[10]，想当然认为输入是 scanf("%d",&a[10])。

错误会导致的后果：该循环每次都是把输入的数据放到 a[10]所在的地址。并且，不仅 a[10]已越界，而且每次输入都会覆盖之前的值。

C 同学：

```
scanf("%d",&a[i]);
```

错误原因分析：误以为这种方式能输入多个数据，但一条 scanf 语句只会执行一次。

错误会导致的后果：没有循环的配合，无法多次执行同一条输入语句。

D 同学：

```
for(i=0;i<10;i++)
    scanf("%d",a[i]);
```

错误原因分析：忘记输入时，应该在变量前面加地址符。

错误会导致的后果：a[i]代表的是数值不是地址，系统会因为无法将读取的数据存放到内存中而非正常退出。

E 同学：

```
scanf("%d",a);
```

错误原因分析：误以为这种方式能为数组 a 输入多个数据。

错误会导致的后果：一是缺少循环的配合，二是这条输入语句只能读取一个数并放到 a[0]所在的地址，因为数组名表示数组首元素 a[0]的地址，即 &a[0]。

6.5 编程实战

典型的数组处理算法有数据统计、排序、有序插入、查找、删除、逆序存储等，而且这些算法都离不开循环，因此建议在开始编程前先用流程图规划好大致思路，再逐步加以完善。

此外，利用数组还能实现对字符串的处理(排序、查找、统计等)。

注意

变量的空间复杂度是 O(1)，一维数组的空间复杂度是 O(n)，二维数组的空间复杂度是 $O(n^2)$，在设计算法时，建议定义的数组维数及长度满足题目需求即可。例如，如果只要求存储 10 个整数，使用 int a[10]就可以满足需求，没必要将数组开得很大，占用更多的内存空间。

6.5.1 数据统计类

数据统计类的问题主要涉及求和、求平均值、求最值等。如果是二维数组，还可以按行和按列进行统计。

在第 5 章已介绍过“变量+循环”求和、求平均值和求最值的方法，如果题目只是要求多个数求和、求平均值和求最值，是没有必要使用数组的。但当一组数据还要进行诸如排序、查找等其他操作时，就必须先用数组形式把数据读取进来，然后再对数组元素进行数据统计。

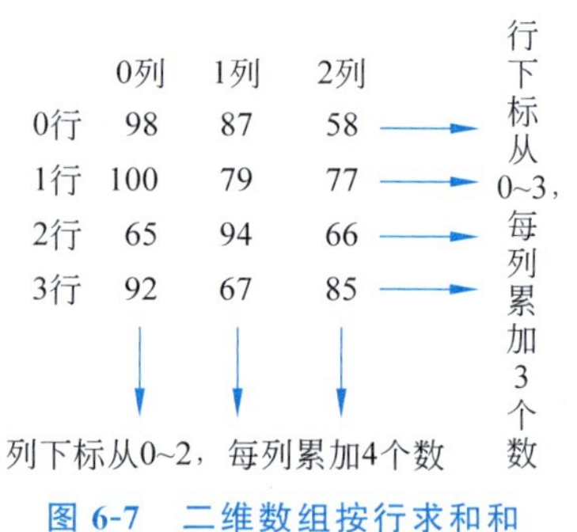

图 6-7 二维数组按行求和和按列求和的方法

以求和为例，数组用的仍然是累加求和的方法。

(1) 对于一维数组，第 i 次循环时，累加第 i 个数组元素 a[i]即可。要注意循环开始前累加器要初始化为 0。

(2) 对于二维数组(图 6-7)，既可以通过“行循环在外，列循环在内"的方式**按行**求和，也可以通过"**列循环**在外，行循环在内"的方式**按列**求和。

注意

求和时，**累加器 s 应在内层循环开始前初始化为 0**，以下均是正确方式：

```
for(i=0; i<N; i++)
{
    s=0;
    for(j=0; j<M; j++)
        ...
}
```

或

```
for(i=0; i<N; i++)
{
    for(j=0,s=0; j<M; j++)
        ...
}
```

再以对数组 a 求最大值为例，只需要先把数组中的第一个元素（对于一维数组来说是 a[0]，对于二维数组来说是 a[0][0]）赋给 max，然后**遍历**数组，依次让数组元素 a[i]或 a[i][j]与 max 比较即可。

图 6-8 是数组统计类的 4 个经典算法模块。

假设数组 a 是 n 行 m 列的二维数组，图 6-8(a)是按行求和/均值模块。一维数组的求和/均值只需要内层的列循环即可，可以发现外循环（行循环）就是对每一行都做了求和/均值的事而已。注意：每行求和/均值前，累加器都要清零。

图 6-8(b)是按列求和/均值模块，此处不再赘述。

图 6-8(c)是对一维数组求最值（以最大值为例），注意最值下标 pos 要初始化。

图 6-8(d)是对二维数组求最值（以最大值为例），注意最值下标 row 和 col 都要初始化。

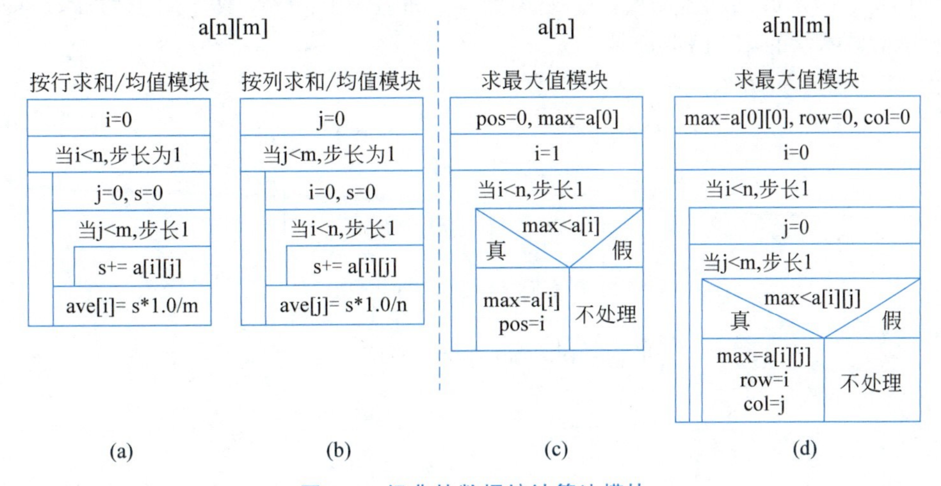

图 6-8　经典的数据统计算法模块

实战 6-1 现有 4 名同学的 3 门课成绩(int 型),请计算第几号同学考得最好(输出同学的序号,序号从 1 开始编号),并输出每门课的平均分(保留小数点后两位)。

输入示例:

```
98 87 58
100 79 77
65 94 66
92 67 85
```

输出示例:

```
第 2 位同学是最高分
第 1 门课: 88.75
第 2 门课: 81.75
第 3 门课: 71.50
```

【问题分析】

(1) 程序需要几个数据?它们应该是什么类型(数据描述)?

(2) 是按行处理,还是按列处理?

【程序设计】

本例是对二维数组进行统计的典型示例。

要计算哪名同学考得最好,就要先计算每位同学的总分(按行求和),并保存到一个临时数组中,再对这个临时数组求最大值所对应的下标。

要计算每门课的平均分,需要先对每门课求和。输入示例中,每门课的分数是按列表示的,因此要按列求和。

【数据描述】

数组方面:需要一个 4 行 3 列的 int 型数组 score 来保存原始数据,一个长度为 4 的一维 int 型数组 stu 来保存每名同学的总分。

变量方面:需要 3 个 int 型变量 max、pos 和 s,max 用于保存最高分,pos 用于保存最高分的下标,s 用作累加器。还需要两个循环变量 i 和 j,i 用于行计数,j 用于列计数,score[i][j]表示第 i 名同学的第 j 门课成绩。

(2) 算法流程如图 6-9 所示。

读取score
用"按行求和"模块计算stu
用"求最大值"模块计算stu的最值位置
用"按列求均值"模块计算每门课均值

图 6-9 实战 6-1 的流程图

【程序实现】

```
#define N 4
#define M 3
int main()
{
    int score[N][M],stu[N],max,pos,s,i,j;
    //输入数据
    for(i=0; i<N; i++)
        for(j=0; j<M; j++)
            scanf("%d",&score[i][j]);
    //按行求每名同学的总分
    for(i=0; i<N; i++)
    {
        for(j=0,s=0; j<M; j++)              //每位同学在计算总分前,累加器 s 都要清零
            s+=score[i][j];
        stu[i]=s;
    }
    //求总分最高的同学下标
    max=stu[0],pos=0;                       //最大值下标也需要初始化
    for(i=1;i<N;i++)
        if(max<stu[i])
        {
            max=stu[i];
            pos=i;
        }
    printf("第%d位同学是最高分\n",pos+1);//输出环节再把下标+1后按序号输出
    //按列求每门课的平均分
    for(j=0; j<M; j++)
    {
        for(i=0,s=0; i<N; i++)              //计算每门课的总分前,累加器 s 要清零
            s+=score[i][j];
        printf("第%d门课: %.2f\n",j+1,s*1.0/N);  //输出时再把下标+1后按序号输出
    }
    return 0;
}
```

程序的运行结果如图 6-10 所示。

```
100 96 90
80 88 83
89 78 63
76 47 88
第1位同学是最高分
第1门课: 86.25
第2门课: 77.25
第3门课: 81.00
```

图 6-10　实战 6-1 的运行结果示例

注意

(1) 实战 6-1 使用符号常量 N 和 M 分别代表数组的行和列，这样能让程序更灵活，可扩展性更强，适用于不同长度的二维数组统计。

(2) 建议不论是按行处理，还是按列处理，都让循环变量 i 用于行循环，j 用于列循环，这样数组元素可以一直用 a[i][j]来表示，能增加程序的可读性。

(3) 从计算机视角看，数组使用下标能提高效率(从 0 开始编号)，但人类更习惯序号方式(从 1 开始编号)，因此建议在处理数据的过程中统一使用下标，在输出结果时再根据题目的要求按下标或按序号输出。

(4) 建议输入数据、处理数据和输出数据的过程分开进行，这样方便调试程序，以及后期进行模块化。

6.5.2 数组的排序

排序是指将数组中的数据按从小到大或从大到小的顺序进行排列。排序算法不止一种，这里给出两种容易理解的设计方案，一个是选择排序法，一个是冒泡排序法。

1. 选择排序法

想象自己是队长，眼前已经站好一排队员，等待你从矮到高让他们重新排队。

有可能你会先找到最矮的队员，让他与目前站在第一个位置的队员交换位置。这样一来，第一个队员就排好了。

接下来，再从剩下的队员中找到最矮的让他与目前站在第二个位置的队员交换位置。

接下来，再从剩下的队员中找到最矮的让他与目前站在第三个位置的队员交换位置。

如此循环重复，直到倒数第二个队员站好，排队就完成了。

这种排序方法就是选择排序，总是从尚未排好队的队员当中挑选最矮的，把他排到前面去，每一轮都能排好一个队员。N 个人排队，只需排 N－1 轮，就能确定所有队员的位置，这样可以提高效率。

如图 6-11 所示，假设有 7 个人要排序，下标为 0～6。为方便描述，循环轮次也采用从 0 开始编号。i 代表循环的轮次，k 代表本轮循环中最矮队员的下标。

第 0 轮排序时(i=0)，所有队员均未排好队，所以要从下标 0(也就是 i)到下标 6 的队员中找最矮队员的下标 k(相当于求最小值模块中的最小值位置)。找到 k 后，如果 i 与 k 指向不同下标，就交换它们所指的队员。身高 171cm 的队员与身高 154cm 的队员交换后，身高为 154cm 的队员就排在了下标 0 的位置。

第 1 轮排序时(i=1)，下标 0 的队员已排好队，所以要从下标 1(也就是 i)到下标 6 的队员中找最矮队员的下标 k。找到 k 后，发现 i 与 k 指向同一个下标，说明最矮的队员恰好就站在他应该在的位置，不用交换。

第 2 轮排序时(i=2)，下标 0 和下标 1 的队员已排好队，所以要从下标 2(也就是 i)到下标 6 的队员中找最矮队员的下标 k。找到 k 后，发现 i 与 k 指向同一个下标，说明最矮的队员恰好就站在他应该在的位置，不用交换。

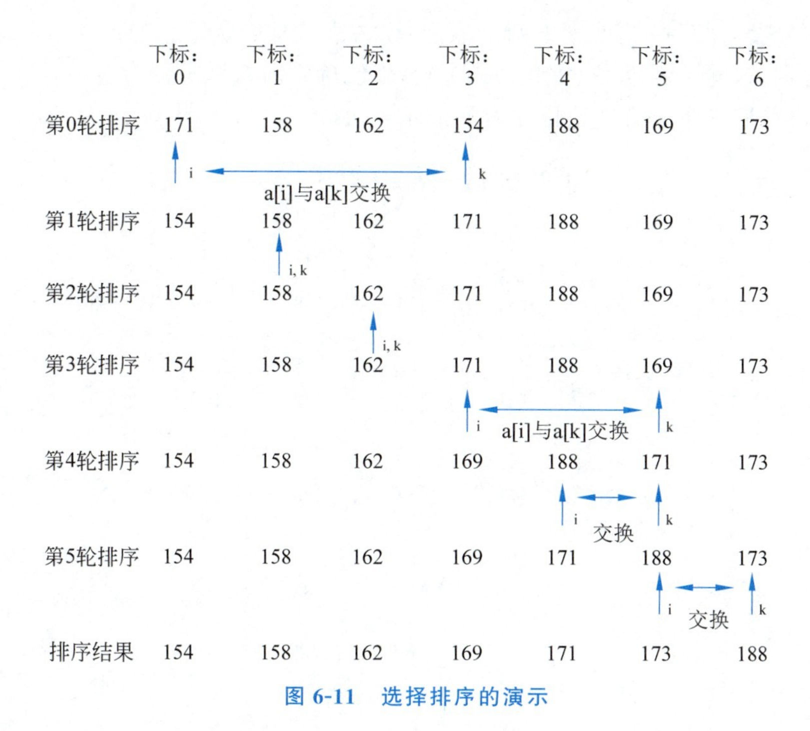

图 6-11　选择排序的演示

如此循环，直到 6 轮结束，排序完成。

综上所述，

(1) 第 i 轮排序时，i 前面的数据已排好序。

(2) 第 i 轮排序时，要从 a[i]到 a[n−1]寻找最小值的下标 k，这就是选择排序的核心。

```
k=i;
for(j=i+1;j<n;j++)
    if(a[j]<a[k])
        k=j;
```

(3) 如果 i 与 k 不相等，就交换 a[i]与 a[k]。可以发现，每一轮排序顶多交换一次数据。

这种排序要进行 n−1 轮。

2. 冒泡排序法

现在设计第二种排序方法。

有可能你会先让第一个队员跟第二个队员比身高，让高的站后面。然后让第二个队员与第三个队员比身高，高的站后面。如此重复，等最后两个队员比完身高后，最高的队员就站在了最后的位置。像不像一个大泡泡从一群小泡泡中逐渐冒出了头？这就是冒泡排序的由来。

接下来再从头开始冒泡泡，第一个队员与第二个队员比身高，然后第二个队员与第三个队员比身高……。每一轮，都能从尚未排好队的泡泡中把最大的一个泡泡冒到后面去。

如此循环重复，最后一轮就剩下两个泡泡，比一次就排好队了。

冒泡排序时，N 个人排队，只需排 N－1 轮，就能确定所有队员的位置。

图 6-12 是冒泡排序中第 0 轮排序时的演示效果。

冒泡排序法，第0轮排序示意

下标：0	下标：1	下标：2	下标：3	下标：4	下标：5	下标：6
171	158	162	154	188	169	173

第0组：交换

158	171	162	154	188	169	173

第1组：交换

158	162	171	154	188	169	173

第2组：交换

158	162	154	171	188	169	173

第3组：不交换

158	162	154	171	188	169	173

第4组：交换

158	162	154	171	169	188	173

第5组：交换

158	162	154	171	169	173	188

第0轮排序需要比较6组队员(第0组到第5组)
以后每一轮都会少比一组队员，第5轮只需比1组队员

图 6-12　冒泡排序的演示

第 0 组是第 0 名队员和他后面的队员比身高，171cm 比它后面的 158cm 高，所以二者交换，大泡泡往后冒了一个位置。

第 1 组是第 1 名队员和他后面的队员比身高，此时的第 1 名队员已是身高 171cm 的队员，171cm 比它后面的 162cm 高，所以二者交换，大泡泡又往后冒了一个位置。

可以发现，到第 3 组队员进行比较时，171cm 比它后面的 188cm 矮，所以不交换位置。

如此循环往复，最后一组队员比完身高后，188cm 的队员站到了最后的位置，最大的泡泡冒泡成功。

实战 6-2　用户输入 8 个整数，按从小到大的顺序进行排序。

输入示例：

```
78 98 67 123 -9 6753 82 23
```

输出示例：

```
-9 23 67 78 82 98 123 6753
```

【程序设计】

数据描述：

- 数组方面，需要一个长度为 8 的 int 型数组 a，用于存储用户的输入数据。
- 变量方面：需要一个 int 型变量 t，用于交换数据时的临时变量，如果是选择排序，还需要一个 int 型变量 k，用于存储最小值下标。需要两个循环变量 i 和 j，分别用于计数当前排序的轮次和内层循环计数。

【程序实现】

表 6-1 是分别用选择排序法和冒泡排序法实现的两个方案，运行结果如图 6-13 所示。

表 6-1　实战 6-2 的两种实现方案

<table>
<tr><th>方案一（选择排序法）</th><th>方案二（冒泡排序法）</th></tr>
<tr><td><pre>
#define N 8
int main()
{
    int a[N],k,t,i,j;
    //输入数据
    for(i=0; i<N; i++)
        scanf("%d",&a[i]);
    //选择排序
    for(i=0; i<N-1; i++)
                        //需要 N-1 轮排序
    {
        k=i;   //最小值下标初值为 i
        for(j=i+1; j<N; j++)
            if(a[k]>a[j])
                k=j;   //k 是最小值下标
        if(i!=k)   //交换 a[i]与 a[k]
        {
            t=a[i];
            a[i]=a[k];
            a[k]=t;
        }
    }
    //输出数据
    for(i=0; i<N; i++)
        printf("%d ",a[i]);
    return 0;
}
</pre></td><td><pre>
#define N 8
int main()
{
    int a[N],t,i,j;
    //输入数据
    for(i=0; i<N; i++)
        scanf("%d",&a[i]);
    //冒泡排序
    for(i=0; i<N-1; i++) //需要 N-1 轮排序
    {
        for(j=0; j<N-1-i; j++)
            if(a[j]>a[j+1])
                        //把大泡泡向后移
            {
                t=a[j];
                a[j]=a[j+1];
                a[j+1]=t;
            }
    }
    //输出数据
    for(i=0; i<N; i++)
        printf("%d ",a[i]);
    return 0;
}
</pre></td></tr>
</table>

```
20 40 60 80 70 50 10 30
10 20 30 40 50 60 70 80
Process returned 0 (0x0)
```

图 6-13　实战 6-2 的运行结果示例

有读者在编写选择排序算法时，更习惯再定义一个 min 变量，然后用 min 与 a[j]比较。

这样做当然没问题，只不过因为 k 本身就表示最小值的下标，所以 a[k]就是 min，用 a[k]与 a[j]比较，跟用 min 与 a[j]比较的效果是一样的，但节省了一个 int 型存储空间。

排序算法非常之多，以下也是一个排序算法：

```
for(i=0; i<N-1; i++)
{
    for(j=i+1; j<N; j++)
        if(a[i]>a[j])
        {
            t=a[i];
            a[i]=a[j];
            a[j]=t;
        }
}
```

以第 0 轮为例(i=0)，a[0]与它后面的数依次相比，如果有比 a[0]小的就交换，让 a[0]始终是已比较过的数里面的最小值。第 0 轮结束，a[0]也就排好。

它不是选择排序也不是冒泡排序。所以，如果没有明确要求用什么方法排序，用自己习惯的方法就好。

长知识

问：排序算法除了时间复杂度和空间复杂度外，还有稳定性的评价，选择排序和冒泡排序在这 3 方面的性能如何？

基础排序算法有选择排序、冒泡排序、插入排序和快速排序，当然还有其他的如希尔排序、堆排序、归并排序、基数排序等。表 6-2 是 4 种基础排序算法在 3 个方面的性能对比。

表 6-2　四种排序法的性能对比

算法名称	平均时间复杂度	稳定性	辅助空间	适合范围
选择排序	O(n2)	不稳定	O(1)	n 较小时(如 20)
冒泡排序	O(n2)	稳定	O(1)	n 较小时(如 20)
插入排序	O(n2)	稳定	O(1)	n 较小时(如 20)
快速排序	O(nlogn)	不稳定	O(nlogn)	n 较大时

快速排序是目前主流的当 N 较大时的排序算法，常用于程序设计竞赛。

所谓稳定性，是指在要排序的数中出现相同值时，排序后相同的值是否还按它们原始顺序依次排列。如采用选择排序对 6、6、3、9、8 排序时，会把最小值 3 与第一个位置上的 6 交换，造成原始数据中第一个出现的 6 被排到第二个出现的 6 后面，这就是不稳定。

但稳定与不稳定跟算法实现有关，虽然冒泡排序被认为是稳定的，但如果把冒泡排序中的 if(a[j]>a[j+1])写为 if(a[j]>=a[j+1])，也会让第一个出现的 6 与第二个出现的 6 交换位置，造成不稳定。

单就一组数排序而言，相同的数谁先谁后并无区别，但如果它是一条记录的组成部分呢？例如班级成绩排名，每条记录都会有学号、姓名、各科成绩等。假设以总成绩进行排名，可能会出现总分相同的情况。假设原本的班级列表中，A 同学在 B 同学前面。现在他们的总成绩相同，如果排序后，A 同学仍排在 B 同学前面，我们称这种排序是稳定的，如果 A 同学排在 B 同学后面了，这种排序就是不稳定的。

最后，虽然选择排序和冒泡排序的时间复杂度都是 $O(n^2)$，但在 n 是有限数的情况下，选择排序每一轮顶多交换一次（i 与 k 相同时不交换），冒泡排序则有可能在一轮排序中进行多次交换。

6.5.3　有序插入

有序插入是插入排序法的核心。所谓插入排序，就是把数据分为已排好序的部分和未排好序的部分，然后依次从未排好序的部分取出一个数，将它插入到已排好序的部分中，并保持插入后的数据仍然有序。插入排序法中，会把第一个数作为已排好序的部分，然后从第二个数开始执行有序插入算法。

有序插入算法也不止一种，这里介绍在有序数组中从后往前查找插入下标的方法。

图 6-14 是从后往前有序插入数据的流程图，图 6-15 是有序插入的演示，分别讨论要插入的数 x 比现有数组中的数据都大/都小，或只比部分数据大的情况。

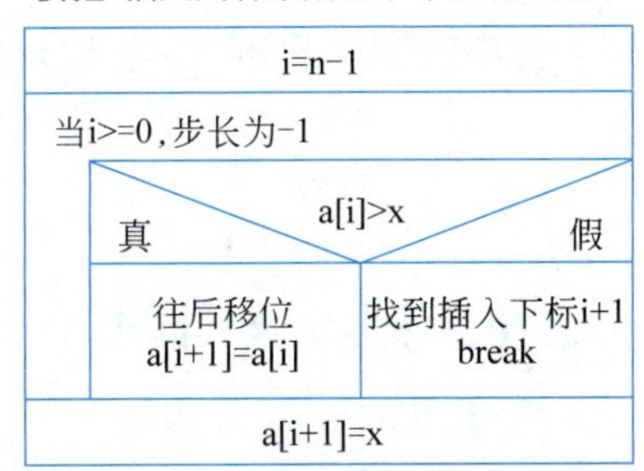

图 6-14　有序插入的流程图

以 x=15 为例进行介绍。

首先 i=n−1=6，即从现有数组中的最后一个数开始跟 x 进行比较，因为 a[i]>x，说明 x 肯定要插入到 a[i]前面的位置，所以 a[i]后移（a[i+1]=a[i]），好给 x 腾位置。

然后 i 移到 a[5]的位置，因为 a[i]>x，所以 a[i]继续后移，给 x 腾位置。

然后 i 移到 a[4]的位置，因为 a[i]<x，说明 x 一定在 a[i]的后面，所以用 break 退出循环，执行循环结束后的 a[i+1]=x。

若 x 小于现有数组中的所有数，当 i=-1 时退出循环。由于此时所有数都往后移了一个位置，所以 a[i+1]=x 就相当于把 x 插入到原有数组的最前面位置，也就是 a[0]的位置。

有序插入完毕，数组个数从 n 变成了 n+1。

从后往前找插入下标的原理，比x大的数依次后移，给x腾位置
假设有序数组a中已有7个数，且数据为升序

下标：0	下标：1	下标：2	下标：3	下标：4	下标：5	下标：6	下标：7	x大于现有数据 例如x=30
2	6	9	12	13	17	20		
						↑ i		a[i]<x break a[i+1]=x
2	6	9	12	13	17	20	30	

下标：0	下标：1	下标：2	下标：3	下标：4	下标：5	下标：6	下标：7	x部分大于现有数据 例如x=15
2	6	9	12	13	17	20		a[i]>x a[i+1]=a[i]
						↑ i		
2	6	9	12	13	17	20	20	a[i]>x a[i+1]=a[i]
					↑ i			
2	6	9	12	13	17	17	20	a[i]<x break a[i+1]=x
				↑ i				
2	6	9	12	13	17	17	20	

下标：0	下标：1	下标：2	下标：3	下标：4	下标：5	下标：6	下标：7	x小于现有数据 例如x=-5
2	6	9	12	13	17	20		
							20	i为-1退出循环 a[i+1]=x
-5	2	6	9	12	13	17		

图 6-15　有序插入的演示

实战 6-3　用户输入含有 8 个有序整数的数组，再输入 x，将其插入后原数组仍有序。

【程序设计】

数据描述：

- 数组方面：需要一个长度为 9 的 int 型数组 a。
- 变量方面：需要一个整型变量 x，表示要插入的数值。需要一个 int 型循环变量 i，用于循环计数。

【程序实现】

```c
#define N 8
int main()
{
    int a[N+1],x,i;
    //输入数据
    for(i=0; i<N; i++)
        scanf("%d",&a[i]);
    scanf("%d",&x);
    //有序插入
    for(i=N-1; i>=0; i--)
        if(a[i]>x)                          //a[i]比 x 大,后移给 x 腾位置
            a[i+1]=a[i];
```

```
        else
            break;
    a[i+1]=x;
    //输出数据
    for(i=0; i<9; i++)
        printf("%d ",a[i]);
    return 0;
}
```

程序运行结果如图 6-16 所示。

```
10 20 30 40 50 60 70 80 18
10 18 20 30 40 50 60 70 80
Process returned 0 (0x0)
```

图 6-16　实战 6-3 的运行效果示例

有的编程者在读取数据时,会直接将 x 当作数组的最后一个元素进行读取,然后通过排序的方式达到插入 x 后数组仍然有序的效果。仅从题目要求来说,这并没有什么问题,但会无谓地增加程序运行时间,明明只需要循环一轮就能解决问题,却偏偏要进行多轮循环。当 n 的规模较大时,很有可能会超时。

6.5.4　查找数据

查找数据是指判断数组中是否存在要查找的数据 x,如果存在 x,就做相应处理;否则给出提示信息。

如果数组是无序的,需要以遍历的方式查找;如果数组是有序的,既可以使用遍历查找的方式,也可以用折半查找法。

如果数组中可能包含不止一个 x,使用遍历查找的方式时,一个循环就可以解决;使用折半查找法时,在找到其中一个 x 的下标后还需要分别向左和向右查找是否还有相同数据。

1. 遍历查找

图 6-17 是遍历查找算法的流程图。如果数组中最多只有一个要查找的数据 x,响应完毕后就可以利用 break 退出循环。这里要注意的是,find 用于标志 x 在数组中的下标,初值应为−1 或其他负数,不能是 0,因为 0 也是合法下标之一。

2. 折半查找

折半查找的前提是数组 a 是有序的,它的思路是在要查找的数组下标区间[left, right]内,先确定处于中间位置的下标 mid=(left+right)/2 的数据 a[mid]与 x 的关系:

(1) a[mid]==x,说明 x 的下标就是 mid。

(2) a[mid]<x,说明 x 位于 a[mid]的右边,修改下次要查找的数组下标区间 left=mid+1。

(3) a[mid]>x,说明 x 位于 a[mid]的左边,修改下次查找的数组下标区间 right=mid−1。

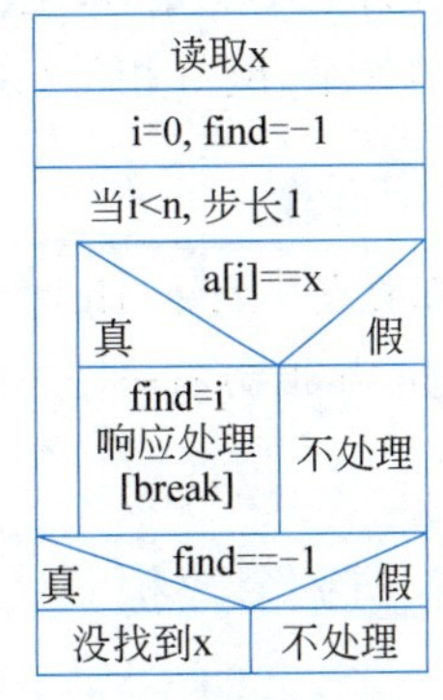

图 6-17　查找数据的流程图

每查找一次,都会缩减一半的查找范围,这就是折半查找的由来。

每次要查找的下标区间是[left, right](left 的初值是 0,right 的初值是 n−1,表示要查找的是整个数组区间)。显然,随着 left 右移或 right 左移,要查找的数据区间会不断缩减,当 left>right 时,表示已没有要查找的区间,说明没找到 x,可以退出循环。

图 6-18 是折半查找的演示图(假设数组中最多只有一个 x)。

折半查找的原理
有序数组a中有n=7个数

下标：0	下标：1	下标：2	下标：3	下标：4	下标：5	下标：6	例如x=6
2	6	9	12	13	17	20	
↑left			↑mid=(left+right)/2			↑right	a[mid]>x right=mid−1
2	6	9	12	13	17	20	
↑left	↑mid	↑right					a[mid]==x

下标：0	下标：1	下标：2	下标：3	下标：4	下标：5	下标：6	例如x=15
2	6	9	12	13	17	20	
↑left			↑mid=(left+right)/2			↑right	a[mid]>x left=mid+1
2	6	9	12	13	17	20	
				↑left	↑mid	↑right	a[mid]>x right=mid−1
2	6	9	12	13	17	20	
				↑left,mid,right			a[mid]<x left=mid+1
2	6	9	12	13	17	20	
				↑right	↑left		无查找区间

图 6-18　折半查找的演示

以 x=6 为例,最开始时,left=0,right=6,表示查找范围是整个数组。mid=(left+right)/2=3。查看 a[mid]与 x 的关系,发现 a[mid]>x,说明 x 应在 a[mid]的左半部分,所以修改查找范围的右边界 right=mid−1=2,查找范围直接缩减一半。

因为 left≤right,说明仍有查找范围,继续计算 mid=(left+right)/2=1。查看 a[mid]与 x 的关系,刚好相等,说明已找到 x。

在更新 left 和 right 时,不能是 left=mid 或 right=mid,这是因为有可能出现 left、mid 和 right 都指向同一个下标的情况(图 6-18 中的倒数第二行数据),这会造成"死"循环。

6.5.5　删除数据

删除数据的前提是能找到数据,所以在查找到要删除的数据 x 后,只需要把 x 后面的数据依次前移，就能覆盖掉 x，即删除掉 x 了。

图 6-19 是删除数据的流程图。

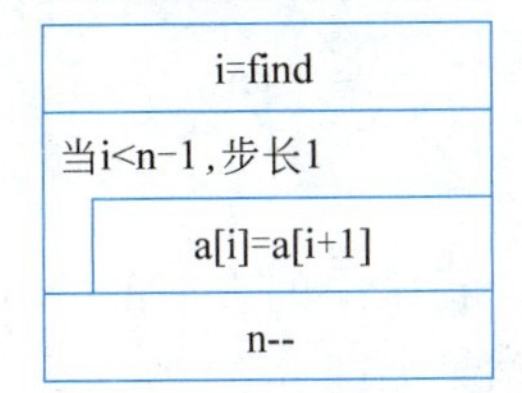

图 6-19 删除数据的流程图

注意

在 a[i]=a[i+1]循环中，i 的目标值是 n−2，即 i<n−1 或 i≤n−2，这是因为当 i=n−2 时，i+1=n−1，刚好是数组中的最后一个数。如果还是习惯性地把循环条件写成 i<n，就会出现越界的情况，把不属于数组的数据赋值过来。

其实，只要算法设计过程中有 a[i]与 a[i+1]的相关运算，就要以 i+1 能达到的下标上限为循环条件，例如在编写冒泡排序算法时也要注意类似情况。

实战 6-4 用户输入 10 个整数，再输入 x，删除数组中所有的 x。如果找不到 x，输出提示信息。

【程序设计】

数据描述：

- 数组方面：需要一个长度为 10 的 int 型数组 a。
- 变量方面：需要 3 个整型变量 n、x 和 find，n 表示数组中的元素个数，x 表示要删除的数值，find 用于记录 x 在数组中的下标。需要两个 int 型循环变量 i 和 j，i 用于查找 x 时的计数，j 用于删除 x 时的计数。

【程序实现】

```
int main()
{
    int a[10],n=10,x,find,i,j;
    //输入数据
    for(i=0; i<10; i++)
        scanf("%d",&a[i]);
    scanf("%d",&x);
    //查找 x
    for(i=0,find=-1; i<n; i++)
        if(a[i]==x)          //找到 x
        {
            find=i;          //更新 find 的目的主要是在输出时判断有没有找到 x
            //删除 x
            for(j=find; j<n-1; j++)
                a[j]=a[j+1];
            n--;             //删除后 n 的个数减 1
            i--;             //可能出现连续的 x，而表达式 3 是 i++，所以需要 i 先自减 1
        }
    //输出数据
    if(find==-1)             //find 没被更新过
```

```
        printf("没找到%d",x);
    else
        for(i=0; i<n; i++)
            printf("%d ",a[i]);
    return 0;
}
```

程序中的虚框部分其实就是图 6-17 中找到 x 后的响应处理，在本例中是删除。程序运行结果如图 6-20 所示。

```
1 2 3 3 4 3 6 7 3 3 3
1 2 4 6 7
Process returned 0 (0x0)
```

图 6-20 实战 6-4 的运行效果示例

6.5.6 逆序存储

所谓逆序存储，就是把第一个数与最后一个数交换，第二个数与倒数第二个数交换，最后实现整个数组的数据顺序反转（图 6-21），交换过程只需要进行 n/2 次（n 是数据个数）：

```
for(i=0;i<n/2;i++)
    //交换 a[i]与 a[n-1-i]，代码略
```

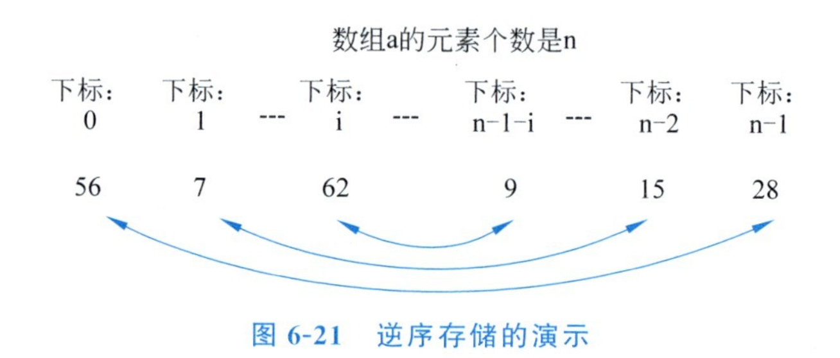

图 6-21 逆序存储的演示

6.5.7 字符串处理

1. 字符串的定义与存储

已经初步掌握几种针对数组进行处理的算法，以排序算法为例，无论是数值排序，还是字符排序，只要在定义数组时明确数据类型即可。

问题来了

如果想对单词如 goodbye、face、telephone 等排序，应该使用什么数据类型？

goodbye 和 face 等单词都是由若干字符组成的串（简称字符串），C 语言用"goodbye"和"face"表示字符串，那把数据类型定义为字符串型就可以吗？

假设 C 语言定义了字符串类型（如 string），那么如果想定义一个字符串型变量，只需要写成 string a，如果想定义一个具有 4 个字符串类型元素的数组，只需要写成 string a[4]即可。

但是 C 语言中并没有专门的字符串类型,而是借用了 char 型。并且就像 int 型提供了 short、int、long、long long 等不同尺寸的存储空间给用户使用一样,C 语言也使用了“char [存储空间大小]”的定义方式来满足用户存储不同长度字符串的需求。假设用户要处理的字符串的长度最长不超过 n,可将该字符串变量定义为 char a[n+1];语句,其中“char [n+1]”就是 a 的类型,char 是 a 的基类型。之所以要多定义一个字节的长度,是系统预留了一个字符串结束标识符'\0',后面将会详细讲解。

但问题仍然存在,例如:

```
char a[10];
```

如何知道 a 是字符数组还是字符串呢? 先看一个示例。

例 6-4　分别采用字符处理方式和字符串处理方式输入和输出若干字符。

```
int main()
{
    char a[10];                              //a 和 b 的定义形式完全相同
    char b[10];
    int i;
    printf("单个字符的处理方式:\n");
    //以字符处理方式用%c 逐个读取字符,从循环条件可以看出要读取 10 个字符
    for(i=0;i<10;i++)
        scanf("%c",&a[i]);                   //读取第 i 个字符
    //以字符处理方式逐个输出字符
    for(i=0;i<10;i++)
        printf("%c",a[i]);                   //输出第 i 个字符
    printf("\n");
    printf("字符串整体的处理方式:\n");
    //以整体形式用%s 读取一个字符串,用户实际输入字符的个数不确定,但一定少于 10 个
    scanf("%s",b);                           //b 就是 &b[0],字符串首地址
    //以整体形式输出一个字符串
        printf("%s",b);
    return 0;
}
```

图 6-22 是运行效果示例。

```
单个字符的处理方式:
abcdefhgij
abcdefhgij
字符串整体的处理方式:
good
good
```

图 6-22　字符处理与字符串处理的演示

可以发现,程序是把数组 a 作为字符数组来处理的,它要求用户输入 10 个字符,用循环的方式,以%c 格式读取每一个字符。

程序把数组 b 当成一个整体处理,用一条 scanf 语句以%s 格式读取一个字符串,用一条 printf 语句以%s 格式输出一个字符串。此时,char b[10]中的 10 表示的是**可输入的字符串长度不超过 9**。

scanf("%s",b);语句要求用户进行输入,用户输入"good"后回车,系统就会从输入缓冲区中依次读取'g'、'o'、'o'和'd'并存储到从 b(&b[0])开始的存储空间(如图 6-23 所示)。当

遇到分隔符(隐含是空格、Tab 键和回车符)时停止读取数据,并在'd'后面的一个字节**自动存入结束标识符'\0'**,表示字符串 b 的内容到此结束,后面的存储空间暂时闲置。

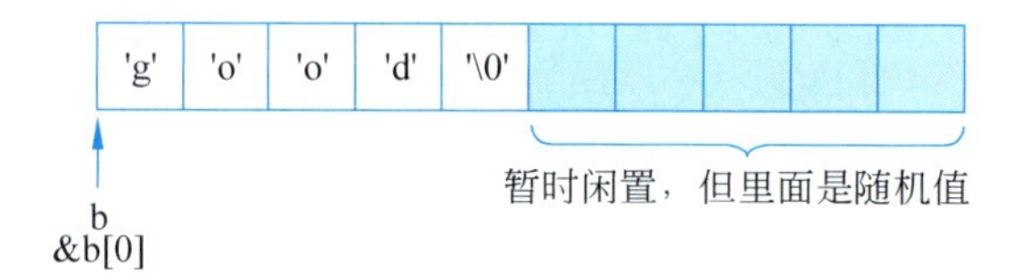

图 6-23 字符串在内存中的存储方式

执行 printf("%s",b);语句时,系统会从 b 所指的地址开始,读取一个字符并判断它是否是结束标识符'\0',如果不是,就把字符输出到屏幕上,如果是就停止输出。以此方式,用一条输出语句就能输出多个字符。

在用户输入字符串和给字符串赋值时,系统都会在字符串的最后一个字符后面自动添加结束标识符'\0',作为字符串的结束标志。此后,所有的字符串处理函数都会以它作为判断处理过程是否结束的标志。

问题来了

如果把例 6-4 中的 a[6]赋值成'\0',输出时用 printf("%s",a);语句,是不是就能输出"abcdef"呢?

是的。因为在使用 printf("%s",a);语句输出时,就已经把 a 当作字符串在处理,而处理过程是否结束就以'\0'为依据。

例 6-5 先以字符数组形式读取字符,然后以字符串形式输出。再将数组中的某个字符赋值为'\0'后再次以字符串形式输出,分析输出结果。

```
int main()
{
    char a[10];
    int i;
    //以字符处理方式逐个读取字符
    for(i=0; i<10; i++)
        scanf("%c",&a[i]);              //读取第 i 个字符
    printf("以字符串形式输出:\n");
    printf("%s\n",a);                   //每台计算机的运行结果可能不一样
    a[6]=0;                             //0 和'\0'完全等价,都是整数 0
    printf("修改后以字符串形式输出:\n");
    printf("%s",a);
    return 0;
}
```

图 6-24 是运行效果示例。

```
abcdefghij
以字符串形式输出:
abcdefghijt
修改后以字符串形式输出:
abcdef
```

图 6-24 例 6-5 的运行效果示例

printf("%s\n",a);语句的输出结果取决于每台计算机a[9]后面存储的是什么数据,当以%s 格式输出字符串时,系统会从 &a[0]开始逐个判断每个字符是否是结束标

识符'\0',以此方式实现输出多个字符的目的。

最后的 printf("%s",a)语句的输出结果就很明确,a[6]是结束标识符'\0',因此只会输出它之前的 6 个字符。

综上所述,字符数组与字符串在定义形式上是完全相同的,不同之处有两点：一是系统在处理字符数组时,是逐个字符进行处理的,而在处理字符串时,是以一个整体进行处理的;二是字符数组中的'\0'只是一个普通字符,但字符串中的'\0'却是字符串的结束标志,也正因为有这个结束标志,系统才能以整体形式对字符串进行处理。

2. 字符串的初始化

常见的字符串初始化方式有以下 3 种：

```
(1) char a[20]={ 'g', 'o', 'o', 'd'};
(2) char a[20]= "good";
(3) char a[ ]= "good";
```

这 3 种方法都能把字符串 a 初始化为"good"。

第一种方法利用了只给部分元素初始化时,未被初始化的元素赋值为 0,而 0 正好就是结束标识符'\0'的整数编码形式。

第二种和第三种方法都是把字符串"good"赋值给字符串 a,系统会自动添加结束标识符'\0'。第二种方法中,字符串 a 所占的内存空间是 20 字节,前 5 个字节被使用,后面的暂时闲置;第三种方法则是认为对字符串 a 中的所有字符进行了初始化,因此隐含字符串 a 所占的空间是 4 个字母加 1 个结束标识符共 5 个字节,相当于 char a[5]= "good";。

题 6-6　已知 char a[20]= "goodbye",则字符串 a 所占的内存空间是多少字节？字符串的长度是多少？

已知 char b[ ]= "goodbye",则 b 所占的内存空间是多少字节？字符串的长度是多少？

已知 char c[4]= { 'g', 'o', 'o', 'd'},c 所占的内存空间是多少字节？c 是字符数组还是字符串？

【题目解析】

(1) 字符串 a 所占的内存空间是 20 字节,即 sizeof(a)是 20。字符串的长度是 7,结束标识符'\0'不包含在字符串的长度内,它只起到字符串到此结束的作用。

(2) 字符串 b 所占的内存空间是 8 字节,即 sizeof(b)是 8。字符串的长度是 7,多出的一个字节用于存放结束标识符'\0'。

(3) c 所占的内存空间是 4 字节。c 是字符数组,因为它没有预留结束标识符'\0'的位置。

问题来了

如果有 char a[ ]= { 'g', 'o', '\0', 'd'};语句,请问中括号中省略的数值是多少？

中括号中省略的数值是 4,即 char a[4]= { 'g', 'o', '\0', 'd'}。在以字符方式为数组进行初始化时,'\0'就是一个普通字符。只有在把字符串当成整体进行处理时,'\0'才是结束标志。

注意

字符串必须有一个结束标识符'\0',而字符数组可有可没有,在字符数组中,'\0'就是一个普通字符。字符串有专门的字符串处理函数,它们在处理字符串时都把结束标识符'\0'作为处理是否结束的标志。

3. 字符串数组的定义与存储

字符串数组的定义形式为:

```
char a[字符串个数][允许的最长字符串长度+1];
```

其中,“char [允许的最大字符串长度+1]”表示是字符串类型,“a[字符串个数]”表示字符串数组 a 中有多少个字符串。

如 char a[4][20]表示字符串数组 a 中有 4 个元素,每个元素都是一个最大长度不超过 19 的字符串。

图 6-25 是字符串数组的外在表现和内存存储形式,它是二维数组,依然采用“按行存储”的方式。

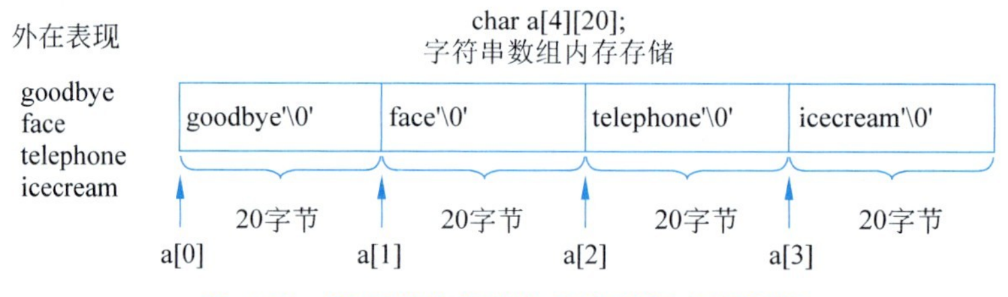

图 6-25 字符串数组的外在表现和内存存储

a[0]是第 0 个字符串的首元素地址,a[1]是第 1 个字符串的首元素地址,以此类推。

a[i][j]是第 i 个字符串中的第 j 个字符,如果把字符串当成一个整体,只需要对 a[i]即第 i 个字符串进行处理。当且仅当需要以字符形式进行处理时,才会用到 a[i][j]。

实战 6-5 用户输入 5 个小写字母组成的单词(单词均不超过 20 个字符),将每个单词的首字母大写后输出。

【程序设计】

数据描述如下。

- 数组方面:需要一个长度为 5 的 char [21]类型的字符串数组 a。
- 变量方面:需要一个 int 型循环变量 i,用于对字符串计数。

【程序实现】

```
#define N 5
int main()
{
    char a[N][21];
```

```
    int i;
    //输入数据
    for(i=0;i<N;i++)
        scanf("%s",a[i]);   //以整体形式读取第 i 个字符串,a[i]是首元素 a[i][0]的地址
    //处理首字母时是以字符形式进行处理
    for(i=0;i<N;i++)
        a[i][0]-=32;
    //输出数据
    for(i=0;i<N;i++)
    printf("%s\n",a[i]);                  //以整体形式输出第 i 个字符串
    return 0;
}
```

程序运行结果如图 6-26 所示。

```
people
telephone
ice
tea
face
People
Telephone
Ice
Tea
Face
```

图 6-26　实战 6-5 的运行效果示例

4. 字符串数组的初始化

常见的字符串数组初始化方式有以下 3 种：

```
(1)char a[4][20]={ "good","pen","bookstore","text"};
(2)char a[ ][20]= { "good","pen","bookstore","text"};
(3)char a[6][30]={{ 'g', 'o', 'o', 'd'},{ 'p', 'e', 'n'}};
```

第一种方法用字符串方式为所有字符串初始化。

第二种方法与第一种方法一样，只是当为所有字符串初始化时，可省略第一维的长度。

第三种方法以字符方式为部分字符串初始化，未被初始化的字符串被赋值为空字符串""。

5. 用 gets()函数和 puts()函数输入和输出字符串

与字符有专用的 getchar()和 putchar()函数一样，标准输入输出库也提供了字符串专用的 gets()和 puts()函数。

字符串输入函数 gets()的一般形式是：

```
gets(字符串的起始地址);
```

gets()函数只使用回车符作为字符串的分隔符。

字符串输出函数 puts()的一般形式是：

```
puts(字符串的起始地址);
```

puts()函数输出完毕后会自动回车。

凡是与**字符串处理相关的函数的参数都是字符串的起始地址**，只要给出起始地址，这些函数就会从该地址开始依次对每个字符进行处理，直到遇到结束标识符'\0'，以这种方式实现对字符串整体的处理。

注意

scanf()与 gets()函数有区别，scanf()函数隐含空格、Tab 键和回车符作为字符串的分隔符，但 gets()函数只以回车符作为分隔符。

printf()和 puts()函数有区别，printf()函数只是输出字符串，而 puts()函数在输出字符串后会自动回车，相当于 printf("%s\n",a);语句。

例 6-6 分别用 gets()函数和 scanf()函数读取相同的输入，并分别用 puts()函数和 printf()函数输出字符串。

```
int main()
{
    char a[30];
    printf("用 gets 和 puts 读取和输出字符串\n");
    gets(a);                              //a 是字符串首元素地址
    puts(a);
    printf("用 scanf 和 printf 读取和输出字符串\n");
    scanf("%s",a);                        //a 是字符串首元素地址
    printf("%s",a);
    printf("printf 在输出字符串时不会主动换行");
    return 0;
}
```

程序运行结果如图 6-27 所示。可以发现，用 gets()函数可以读取一行字符串，但用 scanf()函数只能读取一个单词“Hello”，这是因为%s 格式隐含空格是分隔符。

```
用gets和puts读取和输出字符串
Hello my friend!
Hello my friend!
用scanf和printf读取和输出字符串
Hello my friend!
Helloprintf在输出字符串时不会主动换行
```

图 6-27　例 6-6 的运行效果示例

6. 常用的字符串处理函数

使用字符串处理函数需要在#include 预处理命令中包含 string.h 头文件，表 6-3 列举了常用的字符串处理函数。

表 6-3　常用的字符串处理函数

函数名称	使用形式	功能说明
strcat()	strcat(a, b);	将字符串 b 连接到字符串 a 的后面
strcmp()	strcmp(a, b);	按 ASCII 码顺序比较字符串 a 和字符串 b 的大小: 若 a<b,则返回负数; 若 a 与 b 相同,则返回 0; 若 a>b,则返回正数
strcpy()	strcpy(a, b);	把字符串 b 赋值给字符串 a
strlen()	strlen(a);	返回字符串 a 中的字符个数,不包含结束标识符'\0'

例 6-7　测试常见的字符串处理函数的功能。

```
int main()
{
    char a[100],b[20];
    gets(a);
    gets(b);
    //测试 strlen 函数
    printf("strlen(a)=%d,strlen(b)=%d\n",strlen(a),strlen(b));
    //测试 strcmp 函数
    printf("strcmp(a,b)的结果是%d\n",strcmp(a,b));
    //测试 strcat 函数
    strcat(a,b);
    printf("strcat(a,b)后,字符串 a 是%s\n",a);
    //测试 strcpy 函数
    strcpy(a,b);
    printf("strcpy(a,b)后,字符串 a 是%s\n",a);
    printf("strcmp(a,b)的结果是%d",strcmp(a,b));
    return 0;
}
```

程序运行结果如图 6-28 所示。当运行到 strcmp(a,b);语句时,字符串 a 中的'g'的 ASCII 码比字符串 b 中的'G'大,所以字符串 a 大于字符串 b,返回 1。如果按字典顺序给字符串排序,字符串 a 会排在字符串 b 后面。

```
goodbye
Good
strlen(a)=7,strlen(b)=4
strcmp(a,b)的结果是1
strcat(a,b)后, 字符串a是goodbyeGood
strcpy(a,b)后, 字符串a是Good
strcmp(a,b)的结果是0
```

图 6-28　例 6-7 的运行效果示例

注意

不能通过 a=b 的方式把字符串 b 赋值给字符串 a，也不能通过 if(a==b)的方式判断字符串 a 和 b 是否相等，这是因为 a 和 b 分别是它们所代表的字符串的首元素地址，是地址常量，改变和比较地址常量没有意义。就像无法把宾馆的一个房号赋值给另一个房号，或者比较两个房号是否相等一样。

只有在定义字符串的同时初始化，才可以用“=”赋值符给字符串赋初值，如 char a[100]="good"。其余时候，如果要对字符串赋值，只能使用 ctrcpy(a,"good");语句的方式。这还是因为 a 是地址常量，不可以用 a="good";语句来改变 a 的值，能改变的只能是 a 所指内存空间中的数据。

实战 6-6 用户输入 6 个字符串(每个字符串的长度均不超过 30)，按字典顺序对它们排序。

【程序设计】

字符串的排序算法与数值排序和字符排序算法没有区别，只是在赋值和比较时要使用字符串处理函数。

数据描述如下。

- 数组方面：需要一个长度为 6 的“char [31]”类型的字符串数组 a。需要一个“char [31]”类型的字符串 t，这是交换字符串时要临时用到的空间。
- 变量方面：需要两个 int 型循环变量 i 和 j，用于排序算法的计算。

【程序实现】

```
#define N 6
int main()
{
    char a[N][31],t[31];
    int i,j;
    //输入数据
    for(i=0;i<N;i++)
        scanf("%s",a[i]);       //以整体形式读取第 i 个字符串
    //排序
    for(i=0;i<N-1;i++)          //N 个字符串排序，只需要 N-1 轮
        for(j=0;j<N-1-i;j++) //使用冒泡排序，每轮都减少 i 组要比较的字符串
if(strcmp(a[j],a[j+1])>0)       //字符串比较不能用 if(a[j]>a[j+1])，必须使用专用函数
{
    strcpy(t,a[j]);             //不能用 a=b 给字符串赋值，必须使用专用函数
    strcpy(a[j],a[j+1]);
    strcpy(a[j+1],t);
    }
    //输出数据
    for(i=0;i<N;i++)
        puts(a[i]);
    return 0;
}
```

程序运行结果如图 6-29 所示。

```
blue
telephone
arm
tea
zoo
pensil
arm
blue
pensil
tea
telephone
zoo
```

图 6-29 实战 6-6 的运行效果示例

实战 6-7 用户在一行上输入若干个单词(该行不超过 100 个字符),请统计单词个数。单词之间用一个或多空格进行间隔,第一个单词前和最后一个单词后可能有空格。

【程序设计】

一般有两种统计单词个数的方法。一种是先把每个单词分割出来并储存在字符串数组中,每分割出一个单词就累加一次单词个数;另一种是直接根据题目给的条件,通过判断单词头尾是不是空格来计数单词个数。

第一种方法适用于需要后续处理的题目,如分割单词后再排序,或者找出最长单词等。

第二种方法就是单纯地统计单词个数,本身并不关心单词的具体内容。

本例使用第二种方法。

由题目可知,单词之间至少有一个空格,因此有如下 3 种方法可以实现单词计数。

(1) 当前字符是空格,但它后面字符不是空格时,就是单词头,单词计数器加 1。这种方法有 Bug,当第一个单词前面没有空格时,第一个单词会漏计,因此需要为此单独增加判断环节。

(2) 当前字符不是空格,但它后面字符是空格时,就是单词尾,单词计数器加 1。这种方法同样有 Bug,当最后一个单词后面没有空格时,最后一个单词会漏计,因此需要为此单独增加判断环节。

(3) 设计一个单词开始的标志(如 begin),begin 为 0 表示目前没找到单词开始的位置,begin 为 1 表示已找到。为避免重复计数,只在找到单词头的时候进行单词计数。

- 如果当前字符不是空格,就检查 begin,如果 begin 为 1,说明已找到单词头,现在的字符是单词的一部分,不用处理;如果 begin 为 0,说明当前字符就是单词头,begin=1,单词数 num++。
- 如果当前字符是空格,就检查 begin,如果 begin 为 1,说明当前字符是单词结尾后的第一个空格,让 begin=0,以便继续找下一个单词头;如果 begin 为 0,说明当前字符是单词结束后的空格,不用处理。归纳后,发现只要当前字符是空格,直接让 begin=0 即可。

数据描述如下。

- 数组方面:需要一个“char [101]”类型的字符串 a,用于读取用户输入并保存。
- 变量方面:需要两个 int 型变量 begin 和 num,分别用于标记单词头和累加单词个数。需要一个 int 型循环变量 i,用于表示当前字符的下标。

【程序实现】

本例其实可以不使用数组,直接用“变量+循环”的方式,读取一个字符判断一次,循环条件是读取的字符不是回车符。表 6-4 分别用两种方案实现题目要求。

表 6-4　实战 6-7 的两种实现方案

<table>
<tr><th>方案一(变量+循环)</th><th>方案二(数组)</th></tr>
<tr><td><pre>
int main()
{
    char a;
    int begin,num,i;
    begin=num=0;   //初始化
    while((a=getchar())!='\n')
    {
        if(a!=' ')   //a不是空格
        {
            if(begin==0)
            {
                begin=1;
                num++;
            }
        }
        else
            begin=0;
    }
    printf("单词个数为%d",num);
    return 0;
}
</pre></td><td><pre>
int main()
{
    char a[101];
    int begin,num,i;
    gets(a);   //以整体形式读取字符串
    for(i=0,begin=num=0; i<strlen(a); i++)
    {
        if(a[i]!=' ')   //a[i]不是空格
        {
            if(begin==0)
            {
                begin=1;
                num++;
            }
        }
        else
        begin=0;
    }
    printf("单词个数为%d",num);
    return 0;
}
</pre></td></tr>
</table>

程序运行结果如图 6-30 所示。可以发现,两个方案的区别在于:方案一是读取一个字符处理一次,程序结束时,原始的输入数据已丢失;方案二是先把数据保存到数组中,再逐个字符进行处理,程序结束时,原始数据仍存在,还可以用于其他后续处理。

```
  It's    a  good  idea
单词个数为4
Process returned 0 (0x0)
```

图 6-30　实战 6-7 的运行效果示例

注 意

方案二的循环条件是,如果 a[i]是有效字符就进入循环。for 循环的表达式 2 使用 i<strlen(a)、a[i]!= '\0'、a[i]!=0 或 a[i]等都是确认 a[i]是有效字符的方法。

实战 6-8　用户输入一行字符串(长度不超过 30),请统计每个字符的出现次数。

【程序设计】

本例是查找和统计重复数据个数的综合示例。如果题目改成“用户先输入一个字符串,再输入一个字符,请统计该字符在字符串中的出现次数”,想必读者能很快给出设计思路。但当用户不再提供要查找的具体字符,又该怎么进行查找呢?最简单的方法是,依次把字符串中的每个字符当作要查找的字符,统计该字符在字符串中的出现次数。但是,当字符串中存在重复字符时,上述方法会导致重复统计和重复输出。

本例提供如下一个解决思路。

(1) 假设原数组是a,新建一个数组b(长度与a一致),b用于存放a中互不相同的字符。假设a是"goodmorning",则互不相同的字符为'g'、'o'、'd'、'm'、'r'、'n'和'i'。

(2) b[0]=a[0],从a[1]开始到最后一个字符结束,查找它是否已存在于数组b中,如果不存在,则把该字符加入到数组b。显然,数组b中会不断地加入字符。其实,这也是去除数组中重复数据的过程。假设题目为"用户输入一行字符串,请去除多余的重复字符后输出",就可以直接输出b。

(3) 从b[0]开始,到最后一个字符结束,统计它在数组a中的出现次数并输出。

数据描述如下。

数组方面:需要两个"char [31]"类型的字符串a和b。

变量方面:需要两个int型变量num和count,其中num用于计数数组b中的元素个数,count用于计数字符出现次数。还需要两个int型循环变量i和j,用于循环计数。

【程序实现】

```
#include <string.h>
int main()
{
    char a[31],b[31]= {0};          //b赋初值为0,相当于提前设置好了结束标识符'\0'
    int num,count,i,j;
    gets(a);
    //b中最开始只有一个字符a[0],元素个数num为1
    for(i=1,b[0]=a[0],num=1; i<strlen(a); i++)
    {
        for(j=0; j<num; j++)
            if(b[j]==a[i])          //b中已有a[i]
                break;
        if(j==num)                  //正常退出循环,说明b中没有a[i],将其加入b
        {
            b[num]=a[i];
            num++;
        }
    }
    //到此,b中存放的是a中互不相同的字符,依次统计b中每个字符在a中的出现次数
    for(i=0; b[i]!=0; i++)
    {
        for(j=0,count=0; a[j]!='\0'; j++)
            if(b[i]==a[j])
                count++;
        printf("%c出现了%d次\n",b[i],count);
    }
    return 0;
}
```

程序运行结果如图6-31所示。

```
goodbye  !zoo,,111
g出现了1次
o出现了4次
d出现了1次
b出现了1次
y出现了1次
e出现了1次
 出现了2次
!出现了1次
z出现了1次
,出现了2次
1出现了3次
```

图 6-31 实战 6-8 的运行效果示例

习题

一、单项选择题

1. 若有 char a[ ]= "beijing";语句,则 printf("%d,%d",sizeof(a),strlen(a));语句的运行结果是( )。

A. 8,8　　B. 8,7　　C. 7,7　　D. 随机值,7

2. 若有 char a[30]= "beijing";语句,则 printf("%d,%d",sizeof(a),strlen(a));语句的运行结果是( )。

A. 30,30　　B. 30,8　　C. 30,7　　D. 8,7

3. 若有 char a[30];语句,当表达式结果为真时,以下选项不能表示 a[i]是结束标识符的是( )。

A. a[i]== '0'　　B. a[i]== '\0'　　C. a[i]== 0　　D. ! a[i]

4. 以下选项描述正确的是( )。

A. 数组下标从 1 开始编号

B. 数组定义完毕后,每个数组元素都可以当作变量一样进行操作

C. 数组每维的长度要用圆括号括起来

D. 数组中元素的类型可以不一样

5. 以下选项描述正确的是( )。

A. 数组名是数组每个元素的地址

B. 数组名是数组每个元素的值

C. 数组名是首元素的值

D. 数组名是数组首元素的地址

6. 以下选项能对数组正确初始化的是( )。

A. int a[3][ ]={{1,2},{5,3},{7,1}};

B. char a[ ][10]={ "fine", "ten"};

C. char a[10]= "C Language";

D. float a[3][3]={{1,2,3,9},{0},{5},{6,7,1}};

7. 以下程序的运行结果是(　　)。

```
int main()
{
    int a[6]={1,2,3},i,s=0;
    for(i=1;i<=3;i++)
        s+=a[i];
    printf("%d",s);
    return 0;
}
```

A. 3　　B. 5　　C. 6　　D. 9

8. 以下程序的运行结果是(　　)。

```
int main()
{
    char a[3][6]={"AAAAA","BBBB","CCC"};
    printf("%s",&a[1][1]);
    return 0;
}
```

A. BBB　　B. 随机值　　C. B　　D. AAAA

9. 若有 float a[4][5];语句,则数组 a 占用的内存字节数是(　　)。

A. 20　　B. 40　　C. 80　　D. 160

10. 若有 int a[2][3];语句,则数组 a 的维数是(　　)。

A. 1　　B. 2　　C. 3　　D. 6

二、读程序写结果。

1. 以下程序的运行结果是(　　)。

```
int main()
{
    int i,j;
    int a[8]= {21,4,18,16,4,19,1,64},b[4]= {14,4,28,16};
    for(i=0; i<8; i++)
    {
        for(j=0; j<4; j++)
            if(a[i]==b[j])break;
        if(j<4)
            printf("%d\n",a[i]);
    }
    return 0;
}
```

2. 以下程序的运行结果是(　　)。

```
int main()
{
    char a[20]="Hello kitty\056\0t";
    printf("%d,%d",sizeof(a),strlen(a));
    return 0;
}
```

3. 以下程序的运行结果是(　　)。

```
int main()
{
    char a[4][10]= {"AAA","BBB","CCC","DDD"};
    strcpy(a[2],a[3]);
    strcat(a[1],a[2]);
    printf("%s",a[1]);
    return 0;
}
```

三、程序填空题

1. 以下程序的功能是用冒泡排序法从大到小对 10 个字符排序。

```
int main()
{
    char a[10],t;
    int i,j;
    for(i=0;i<10;i++)
        【1】;
    for(i=0;i<9;i++)
        for(j=0;j<9-i;j++)
            if(【2】)
                【3】;                    //用逗号表达式完成数据的交换
        for(i=0;i<10;i++)
            printf("%c",a[i]);
    return 0;
}
```

2. 以下程序的功能是用选择排序法按字典顺序完成 10 个字符串的排序。

```
int main()
{
    char a[10][30],t[30];
    int i,j,k;
    for(i=0; i<10; i++)
```

```
    【4】;
    for(i=0; i<9; i++)
    {
        k=i;
        for(j=i+1; j<10; j++)
            if(【5】)
                k=j;
        if(i!=k)
            【6】;                        //用逗号表达式完成数据的交换
    }
    for(i=0; i<10; i++)
        puts(a[i]);
    return 0;
}
```

3. 以下本程序的功能是用折半查找法在有序数据中查找 x,如果找到输出 x 所在的下标,否则输出“没找到”。

```
int main()
{
    int a[8]={1,5,9,12,19,30,234,500},x,left,right,mid,i;
    scanf("%d",&x);
    【7】;                               //要查找的数据下标区间初始化
    while(【8】)
    {
        mid=(left+right)/2;
        if(【9】)
        {
            printf("%d",mid);
            break;
        }
        else if(a[mid]>x)
            【10】;
        else
            【11】;
    }
    if(【12】)
        printf("没找到%d",x);
    return 0;
}
```

四、编程题

1. 用户输入一个 4 行 4 列的数组,请转置后输出。
2. 用户输入不超过 20 的正整数 n,请输出 n 行的杨辉三角形。杨辉三角形的数字规律如下：

```
1
1  1
1  2  1
1  3  3   1
1  4  6   4   1
1  5  10  10  5  1
……
```

(1) 第1列和对角线都是1。

(2) 从第3行开始，除了第1列和对角线上的1，其余的数都是它左上角两数之和。

3. 用户输入数组a(含6个各不相同的整数)和数组b(含6个各不相同的整数)，请输出它们的交集(以数组a的元素顺序进行输出)。

输入示例：

```
1 2 5 4 16 7
16 2 8 9 4 3
```

输出示例：

```
2 4 16
```

4. 用户先输入6名职工的工号和姓名，然后再输入要查询的姓名，请输出该职工对应的工号。如果该职工不存在，输出提示信息。用户输入数据的格式如下：

输入示例：

```
2001 王军
2301 李逍
1394 赵永俊
3010 钱多多
2041 孙小小
2211 周一一
李逍
```

输出示例：

```
2301
```

5. 用户输入10名同学的4门课成绩，请完成以下任务：

(1) 每门课的不及格人数。

(2) 每名同学的平均分(保留小数点后一位)。

(3) 哪名同学在哪门课考出了全场最高分(数组中的最大值)。注意，输出时采用序号编号，即同学和课程都从1开始编号。

6. 用户输入10个整数，请输出相邻两数的差(前者减后者)。

输入示例：

```
1 8 -2 8 78 120 -4 3 10 20
```

输出示例：

```
-7 10 -10 -70 -42 124 -7 -7 -10
```

7. 用户输入8个整数，请统计每个数的出现次数。

输入示例：

```
1 2 2 15 2 7 15 1
```

输出示例：

```
1:2
2:3
15:2
7:1
```

8. 所谓回文串，就是正着读反着读都一样的字符串，如“abbcbba”就是回文串，但“abbbc”不是回文串。现在用户输入一个不超过30的字符串，请判断它是否是回文串。

9. 用户输入两个字符串a和b，在不使用字符串连接函数strcat()的情况下，以字符处理方式，将字符串b的内容连接到字符串a的后面，然后输出a。

第7章

函　　数

想必读者在编写过几次判断素数、数据统计、排序算法等常用算法后，会逐渐觉得如果能把这些常用功能提前写好，到需要时只要像调用 sin()函数、sqrt()函数一样调用这些常用功能，就能让编程变得更加省时省力。

本章就讲解如何把常用功能编写成函数的方法，具体内容有函数的定义、声明与调用、参数传递、变量的作用域与存储类别、函数的嵌套调用与递归调用等。

7.1 结构化程序设计与函数

7.1.1 结构化程序设计

前几章一直只闻其名不见其人的"结构化程序设计"终于摘下了它神秘的面纱。

其实，对于究竟什么才是结构化程序设计，至今还没有一个严格的、为人普遍接受的定义。现在一个比较流行的定义是：结构化程序设计是一种进行程序设计的原则和方法，按照这种原则和方法设计的程序具有结构清晰、容易阅读、容易修改和容易验证等特点。

结构化程序设计的基本思想主要有以下3个方面。

1. 采用顺序、选择和循环3种基本结构

用上述3种结构组成的程序就是结构化程序，它具有以下4个特点：

(1) 只有一个入口。

(2) 只有一个出口。

(3) 无"死"语句，即不存在永远都执行不到的语句。

(4) 无"死"循环，即不存在永远都执行不完的循环。

2. 限制 goto 语句的使用

goto 语句和 break 语句、continue 语句一样是控制程序流向的语句。continue 语句只是跳出本轮循环、break 语句是跳出所在循环或 switch 结构，而 goto 语句能直接跳转到同一函数内的任意位置，这就破坏了结构化程序"单进单出"的要求，容易造成程序混乱，但合理地使用 goto 语句确实又能提高程序的运行效率。因此，结构化程序设计规定，一个程序中尽量不要使用多于一条 goto 语句，同时不允许 goto 语句往回跳转。

3. 采用“自顶向下、逐步求精”和模块化方法进行结构化程序设计

(1) 自顶向下：程序设计时，先写出结构简单清晰的主程序来表达整个问题，再把复杂的子问题用子程序来实现。若子问题还包含复杂的子问题，就再用另一个子程序来实现，直到每个细节都能够清楚表达为止。在这里，子程序以函数的方式体现。

(2) 逐步求精：针对复杂问题，先设计一些初步目标作为过渡，然后再精益求精。

(3) 模块化设计：每个子问题被设计成一个程序段，这个程序段就称为模块。主模块调用其下层的模块以实现程序的完整功能；每个下层模块又可以再调用更下层的模块，以实现子程序的功能。以此类推，最下层的模块完成最基本的功能。在这里，模块以函数的方式体现。

7.1.2　函数

函数就是能实现某种功能的子程序或模块，建议函数的功能越单一越好，这样可以具有更好的普适性和灵活性。就像是积木，不论具有多么复杂架构的积木建筑，都是由最基本的几种形状构建而成。

从用户使用的角度来看，函数可以分为库函数和用户自定义函数两大类，若要使用库函数，需要在#include 预处理命令中包含相应库的头文件。用户自定义函数就是需要用户自己编写的函数。

函数还可以分为有参数和无参数，或者有返回值和无返回值的函数。如 y=sin(x)中的 sin()函数就是既有参数又有返回值的函数，而熟悉的 main()函数既有无参数的函数形式，又有有参数的函数形式(有参数的 main()函数将在第 8 章介绍)。

长知识

两个有趣的库函数，system()和 sleep()函数。

(1) system("pause")可以冻结屏幕，便于观察程序的执行结果，按任意键可解冻屏幕。

(2) system("CLS")可以清除屏幕上的内容。

(3) system("color 0A")可以改变屏幕的前景和背景颜色，color 后面的第一个数(本例中是 0)表示背景色，第二个数(本例中是 A)表示前景色。表 7-1 是屏幕的前景和背景颜色代码。

表 7-1　屏幕的前景和背景颜色代码

代码	颜色	代码	颜色	代码	颜色
0	黑色	6	黄色	C	亮红色
1	蓝色	7	灰白色	D	亮紫色
2	绿色	8	暗灰色	E	亮黄色
3	湖蓝色	9	亮蓝色	F	亮白色
4	红色	A	亮绿色		
5	紫色	B	亮湖蓝色		

(4) system()函数的参数还可以是其他一些字符串,能实现不同的系统功能,用system("help")可以获得相关帮助。

(5) sleep(n)可以让程序被挂起n个时间单位(有些编译器的时间单位是毫秒,有些则是秒)。

可以在#include预处理命令中包含stdlib.h头文件以便调用system()函数,或者包含windows.h头文件以便调用sleep()函数。

例7-1 采用结构化程序设计方法,对"判断一个不超过8位的正整数是否是对称素数"的需求进行模块化设计。

【设计分析】

(1) 总体问题是判断一个不知具体位数的正整数是否是对称素数,因此可以先大致拆分为以下5个子问题:

① 以何种方式读取该整数的子问题。

② 判断该整数位数的子问题,要求能返回整数的位数。

③ 判断该整数是否是对称数的子问题,若是对称数返回1,否则返回0。

④ 判断该整数是否是素数的子问题,若是素数返回1,否则返回0。

⑤ 以何种方式输出结论的子问题。

对于①子问题,既可以以字符串形式读取数据,也可以以整数形式读取数据。

ⅰ. 如果以字符串形式读取数据,需要定义一个字符串。

ⅱ. 如果以整数形式读取数据,需要定义一个int型变量。

对于②子问题,

ⅰ. 如果采用的是字符串存储,则位数可由strlen()函数得到。

ⅱ. 如果采用的是整数存储,需要用循环整除法或其他方法得到位数。

对于③子问题,

ⅰ. 如果采用的是字符串存储,可以通过a[i]与a[n-1-i]对比得到判断,其中$0 \leq i < n/2$。

ⅱ. 如果采用的是整数存储,需要先将其拆分成各个位数,并保存到数组中再进行判断。

对于④子问题,

ⅰ. 如果采用的是字符串存储,需要先将其转换成整数形式再进行判断。

ⅱ. 如果采用的是整数存储,可直接判断。

对于⑤子问题,直接输出结果"Yes"或"No",或者更为细致地进行分类输出,如"对称但不是素数"或"对称且是素数"等。

不管是采用字符串形式读取数据,还是以整数形式读取数据,都需要对应的数组形式-整数形式转换模块(C语言中,字符串是以数组形式进行存储的)。

综上所述,可以得到两种解决问题的流程图,分别如图7-1(a)和图7-1(b)所示。

其中,数据描述:

```
char a[9]; int n, num, i;
```

a 以字符串形式保存用户输入，a[0]是最高位上的数字，a[1]是次高位上的数字，以此类推。之所以使用 char a[9]，是因为题目要求输入的整数位数不超过 8 位。

num 以整数形式保存用户输入，n 表示输入数据的位数，i 是循环变量。

issym()函数是判断对称性模块，返回 1 代表真，0 代表假，待编写。

isprime()函数是判断素数模块，返回 1 代表真，0 代表假，待编写。

array2int()函数是数组形式转整数形式模块，返回整数形式，待编写。

int2array()函数是整数形式转数组形式模块，返回整数位数，待编写。

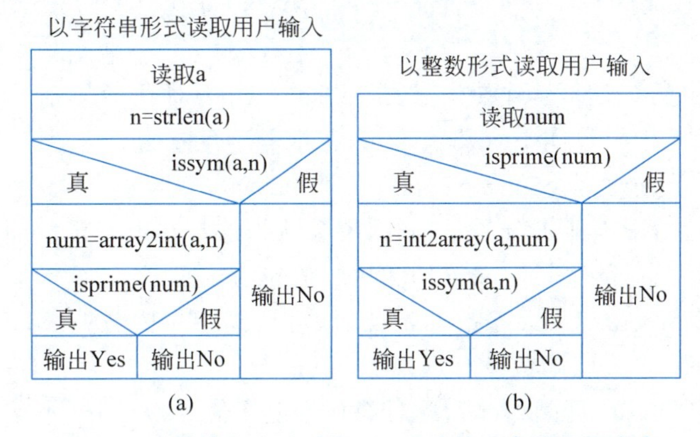

图 7-1　用模块化方法对例 7-1 设计的两个流程图方案

在初步设计中，issym()函数的参数有两个，一个是字符串，一个是 int 型变量，返回值是 int 型；isprime()函数的参数是一个 int 型变量，返回值是 int 型；array2int()函数和 int2array()函数的参数个数与类型、返回值类型均与 issym()函数相同。在完成版中(参见 7.8 节)，这些函数的名字、参数类型与个数会有所变化，而这就是逐步求精的过程。

7.2　函数的定义、声明与调用

7.2.1　函数的定义

函数既可以有参数，也可以没有参数，既可以有返回值，也可以没有返回值。当没有参数或没有返回值时，要使用 void 进行声明。

函数跟变量一样，也是要先定义后调用。函数定义的一般形式是：

```
(1)返回值类型 函数名(类型参数 1, 类型参数 2,…)                //有参数有返回值的函数定义行
{
    函数体语句;
    return 返回值/表达式;
}
(2)void 函数名(类型参数 1, 类型参数 2,…)                    //有参数无返回值的函数定义行
{
    函数体语句;
```

```
}
(3)返回值类型 函数名() 或返回值类型 函数名(void)          //无参数有返回值的函数定义行
{
    函数体语句;
    return 返回值/表达式;
}
(4)void 函数名() 或 void 函数名(void)                  //无参数无返回值的函数定义行
{
    函数体语句;
}
```

函数由函数定义行(又称为函数首部、函数头)和由一对花括号括起来的函数体语句、return 语句组成,且无论函数体中有几条语句,**花括号不可缺省**。

定义函数时,需要注意以下方面。

(1) 函数定义行后面不能加分号,否则系统会认为这是在声明函数而不是在定义函数。

(2) 函数体通常由局部变量定义语句和执行语句组成。

(3) void 是关键字,在定义无参数的函数时,可在圆括号内省略 void,但圆括号不可省略。用在函数名前面,表示该函数没有返回值。

(4) C89 中,返回值类型可以省略,此时隐含的返回值类型是 int 型。但在 C99 中,要求不能隐含而是要明确写出返回值类型。

(5) return 语句的首要作用是**立刻退出函数**(同时可以顺带**返回结果**),回到调用它的函数继续往下执行。函数可以有多条 return 语句,但每次调用函数,只会执行其中的一条 return 语句。即使没有返回值的函数,也可以在函数体中使用 return 语句退出函数。

其实,我们已经拥有定义和编写函数的经验了。这个函数就是 main()函数,只不过 IDE 在新建程序项目时,已经搭建好基本框架,提前写好了 main()函数的函数定义行和返回值而已。

例 7-2 定义和编写返回两个 int 型整数中较大者的函数。

现在以定义和编写返回两个 int 型整数中较大者的函数为例,介绍定义函数时会涉及的相关术语和编写过程中应注意的事项。

(1) 函数名应遵循标识符的命名规则,并且能“见名知意”。

本例中,可以将函数取名为 bigger。

(2) 函数是否需要参数,如果需要,要在圆括号里声明参数的顺序、类型和个数。

参数是指为了实现函数功能,要求调用者必须提供的数据。只是在定义和编写函数时,尚不知道这些数据的值,因此只能用假名字代替。为了与调用该函数时提供的实际数据相区别,把定义和编写函数时用到的假名字称为形式参数(简称形参),把调用该函数时提供的实际数据称为实际参数(简称实参)。

本例中,为了实现找出两个 int 型整数中较大者的功能,要求调用者必须提供用于比较的两个整数,但又因为不知道它们的具体数值,故用 a 和 b 代替,此时的 a 和 b 就是形参,且 a 和 b 都是 int 型。

(3) 函数是否需要返回计算结果,如果需要,要声明返回结果的类型。

本例中,要返回两个 int 型整数中的较大者,所以需要返回值,且返回值类型为 int 型。

综上所述，bigger()函数的函数定义行如下：

```
int bigger(int a, int b)
```

表 7-2 列举了两个 bigger()函数的实现方案。

表 7-2　实现例 7-2 的两个方案

方　案　一	方　案　二

int bigger(int a, int b)　　//函数定义行
{
　　if(a>b)
　　　　return a;
　　else
　　　　return b;
}
	int bigger(int a, int b)　　//函数定义行
	{
	　　int c;
	　　if(a>b)
	　　　　c=a;
	　　else
	　　　　c=b;
	　　return c;
	}

(1) 方案一中有两条 return 语句，但每次调用函数，只会执行其中一条。

(2) 方案二中定义了一个变量 c，用于保存 a 和 b 的较大者，再通过 return 语句返回 c 值。

问题来了

能把方案二中的变量 c 定义到函数定义行的圆括号中吗？即：

```
int bigger(int a, int b, int c)
```

函数定义行中的参数类型及个数由为了实现函数功能，要求调用者必须提供的数据类型和个数决定。也就是说，需要调用者提供几个数据，被调用函数就要有几个形参，并且在调用函数时，调用者会为形参一一匹配相应的实参。

本例中，只需要调用者提供两个要比较的整数，因此只需要两个形参就可以实现函数功能，而变量 c 只是在实现函数功能的过程中临时用到的变量而已，所以不需要放到函数定义行。

如果一定要把变量 c 放到函数定义行呢？那就意味着在调用 bigger()函数时，调用者必须对应提供 3 个实参，这显然会造成调用者的迷惑(第 3 个实参的作用何在？数值应该是多少？)，也不利于函数的使用。

7.2.2　函数的声明与调用

1. 声明函数

声明函数的作用是把函数的相关信息，例如函数名、函数返回值类型以及形参类型、个数和顺序等通知系统，以便系统在调用该函数时能够进行对照检查(例如，函数名是否正确、实参与形参的类型、个数和顺序是否一致等)，因此也把声明函数的内容称为**函数原型**。

声明函数的方法很简单，可以直接复制函数定义行，并在后面添加分号。如

```
int bigger(int a, int b);
```

或

```
int bigger(int, int);
```

int bigger(int a, int b);语句或 int bigger(int, int);语句就是 bigger()函数的函数原型。

声明函数时，可以省略形参中的假名字，但不可省略形参的类型和个数，如 int bigger (int a,b)就是错误的声明。错误的原因在于：int a,b;语句是在定义变量，并非定义形参，C 语言要求对每一个参数分别定义类型。

用户可以在以下几个位置声明函数。

(1) 在源文件的开头声明该源文件会调用的各个函数。声明后，该源文件中的所有函数都可以调用已声明过的函数。

(2) 专门用一个头文件来声明可能会用到的函数，然后在源文件的 #include 预处理命令中包含这个头文件。事实上，函数库头文件中就声明了它所包含的所有库函数。声明后，该源文件中的所有函数都可以调用已声明过的函数。

(3) 在需要调用该函数的函数中进行声明。

推荐使用前两种方法声明函数，并建议用户养成声明函数的好习惯。

注意

如果不声明函数，那么只有在程序中位于该函数之后的函数能够正常调用该函数。可以理解为，系统按照程序中各个函数的先后位置把各个函数放到程序代码区。如果位于前面的函数想调用位于它后面的函数，系统会因为不知道被调用函数的原型而无法进行对照检查。根据被调用函数的形参类型和返回值类型，编译器会相应地给出 warning(警告)或 error(错误)，导致编译不通过(参见例 7-3、图 7-2 和图 7-3)。

2. 调用函数

除了 main()函数可以直接运行外，其余函数都必须通过调用才可以运行，或者说，它们都是通过 main()函数被直接或间接调用的。那么怎样才能调用函数呢？

如果要计算 x 的正弦函数值并赋值给 y，想必读者会毫不犹豫地写出 y=sin(x)。

没错，这就是在调用 sin()函数，其中的 x 是实际数据(实参)，y 接收并保存 sin()函数的返回值。

如果被调用的函数有形参，调用它时需要在圆括号的形参对应位置给出实参或实参表达式；如果被调用的函数有返回值，既可以在调用函数中指定某个变量接收并保存返回值，也可以直接让返回值参与运算或输出，如 printf("%.2f",sin(x)+3);语句。

需要注意的是，调用函数时，原形参的位置将用实际数据代替，圆括号中不会再出现数据类型。如 y=sin(double x);语句就是错误的调用方式。

例 7-3　用户输入 3 个整数，调用 bigger()函数并输出它们中的最大者。

表 7-3 分别列举了声明 bigger()函数和不声明 bigger()函数的 4 个实现方案。方案一在源文件开头声明 bigger()函数；方案二在 main()函数中声明 bigger()函数；方案三不声明 bigger()函数，但把 bigger()函数放于 main()函数前面；方案四不声明 bigger()函数，并把 bigger()函数放于 main()函数后面。

表 7-3　实现例 7-3 的 4 个方案

方　案　一

```
int bigger(int a,int b);
                                  //在源文件开头声明
int main()
{
    int a,b,c,m;
    scanf("%d%d%d",&a,&b,&c);
    m=bigger(a,b);          //a 和 b 是实参
    m=bigger(m,c);          //m 和 c 是实参
    printf("%d",m);
    return 0;
}
int bigger(int a, int b) //a 和 b 是形参
{
    if(a>b)
        return a;
    else
        return b;
}
```

方　案　二

```
int main()
{
    int bigger(int a,int b);
                                  //在调用函数中声明
    int a,b,c,m;
    scanf("%d%d%d",&a,&b,&c);
    m=bigger(a,b);          //a 和 b 是实参
    m=bigger(m,c);          //m 和 c 是实参
    printf("%d",m);
    return 0;
}
int bigger(int a, int b) //a 和 b 是形参
{
    if(a>b)
        return a;
    else
        return b;
}
```

方　案　三

```
int bigger(int a, int b)
                          //bigger()位于 main()之前
{
    if(a>b)
        return a;
    else
        return b;
}
int main()
{
    int a,b,c,m;
    scanf("%d%d%d",&a,&b,&c);
    m=bigger(a,b);        //a 和 b 是实参
    m=bigger(m,c);        //m 和 c 是实参
    printf("%d",m);
    return 0;
}
```

方　案　四

```
int main()
{
    int a,b,c,m;
    scanf("%d%d%d",&a,&b,&c);
    m=bigger(a,b);        //a 和 b 是实参
    m=bigger(m,c);        //m 和 c 是实参
    printf("%d",m);
    return 0;
}
int bigger(int a, int b)
                          //bigger()位于 main()之后
{
    if(a>b)
        return a;
    else
        return b;
}
```

方案一～方案三都能编译通过并给出正确输出。方案四虽也能正确输出，但在编译时

给出了 waring(警告)(图 7-2)。

```
int main()
{
    int a,b,c,m;
    scanf("%d%d%d",&a,&b,&c);
    m=bigger(a,b);     // a和b是实参
    m=bigger(m,c);     // m和c是实参
    printf("%d",m);
    return 0;
}
int bigger(int a, int b)     //bigger()位于main()之后
{
    if(a>b)
        return a;
    else
        return b;
}
```

```
hers
ode::Blocks ×   Search results ×   Cccc ×   Build log ×
              Line   Message
                     === Build: Debug in li-3-4 (compiler: GNU GCC Comp
ch7\li...            In function 'main':
ch7\li...     7      warning: implicit declaration of function 'bigger'
                     === Build finished: 0 error(s), 1 warning(s) (0 mi
```

图 7-2　例 7-3 的方案四会被给出警告

图 7-3 显示了把 bigger()函数的形参类型和返回值类型改为 float 后,编译器给出错误,编译不通过。

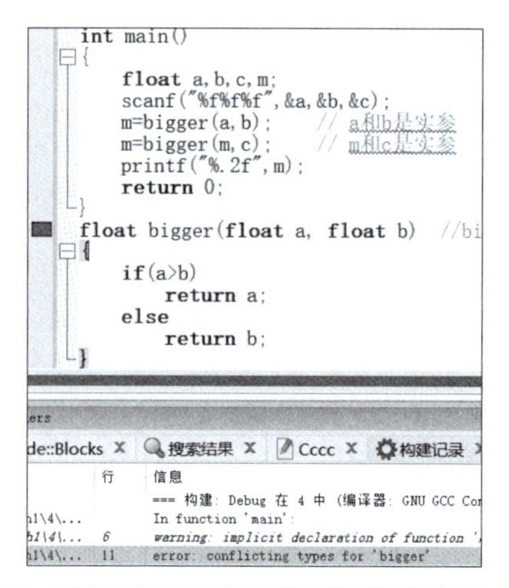

图 7-3　因不声明函数而导致的编译不通过示例

7.3　参数传递和返回值

7.3.1　参数传递

例 7-3 中,main()函数在调用 bigger()函数时,把用户输入的两个整数通过变量 a 和变量 b 传递给了 bigger()函数中的形参 a 和形参 b,使得 bigger()函数中的形参具有了真实的数据。这种通过实参把数据传递给形参的方式称为参数传递。实参和形参的类型与个数必

须要一一匹配。

参数传递有两种方式，一种是数值传递，一种是地址传递。

1. 数值传递

数值传递，顾名思义，实参向形参传递的是数值。仍以例 7-3 为例，main()函数向 bigger()函数传递的就是两个 int 型数值。

main()函数中有 int 型变量 a 和 b，它们有自己的存储空间；bigger()函数中也有 int 型形参 a 和 b，它们也有自己的存储空间。可以理解为两个公司虽然有同名同姓的员工，但他们的住址并不一样，因此他们不共享空间。不共享空间的结果就是，如果形参的数值在运行过程中发生了改变，不会影响到实参数值的变化。可以理解为“我和你有不同的家，你如何打理或改变你的家，不会影响到我自己家的变化”。

为了验证这一点，现在把例 7-3 中的程序略作改变，增加了一些提示信息，图 7-4 是程序的运行结果。

```
int bigger(int a,int b);
int main()
{
    int a,b;
    printf("main()中的 a 地址是%d,b 地址是%d\n",&a,&b);
    printf("读取用户输入\n");
    scanf("%d%d",&a,&b);
    printf("main()中的 a=%d,b=%d\n",a,b);
    printf("调用 bigger()函数\n");
    printf("the bigger one is %d\n",bigger(a,b));
    printf("main()中的 a=%d,b=%d\n",a,b);
    return 0;
}
int bigger(int a, int b)                //a 和 b 是形参
{
    printf("bigger()中的 a 地址是%d,b 地址是%d\n",&a,&b);
    printf("bigger()中的 a=%d,b=%d\n",&a,&b);
    int c;
    if(a>b)
        c=a;
    else
        c=b;
    a=100,b=800;
    printf("bigger()中的 a 和 b 分别赋值为%d 和%d\n",a,b);
    return c;
}
```

从图 7-4 中可以看出：

(1) main()函数中变量 a 的地址尾数是 2044(不同计算机的实际地址可能不一样)，

```
main()中的a地址是6422044, b地址是6422040
读取用户输入
16 9
main()中的a=16,b=9
调用bigger()函数
bigger()中的a地址是6422000, b地址是6422008
bigger()中的a=16, b=9
bigger()中的a和b分别赋值为100和800
the bigger one is 16
main()中的a=16,b=9
```

图 7-4　数值传递时，形参数值的改变不会影响实参

bigger()函数中形参 a 的地址尾数是 2000，相当于为不同的存储空间取了相同的名字 a。

(2) 用户输入 16 和 9 后，分别存储在了尾数是 2044(main()函数中的 &a)和 2040(main()函数中的 &b)的存储空间中。

(3) main()函数在调用 bigger()函数的同时，通过实参把 16 和 9 分别传递给了 bigger()函数中的形参 a 和 b，输出结果也显示了这一点。

(4) 让变量 c 保存 a 和 b 中的较大者后，bigger()函数对 a 和 b 重新赋值，分别是 100 和 800。这两个值其实是存储在尾数是 2000(bigger()函数中的 &a)和 2008(bigger()函数中的 &b)的存储空间中。

(5) 调用结束，继续回到 main()函数执行后续语句。输出 main()函数中的 a 和 b 值，发现仍是 16 和 9。这是因为 bigger()函数中的 a 和 main()函数中的 a 的地址不同，或者说它们是不同的内存空间，因此，无法通过改变 bigger()函数中的 a 值达到改变 main()函数中的 a 值的目的。

验证完毕。

结论： 数值传递时，数据会通过实参单向传递给形参，而形参的变化不会影响到实参。可以记忆为“数值传递，子变主不变”，“子”指的是被调用者，“主”指的是调用者。

2. 地址传递

地址传递，顾名思义，实参向形参传递的是地址。实参把地址传递给形参，就意味着和形参**共享同一段存储空间**。共享同一段存储空间的结果就是，形参的数据发生任何改变，实参数据也会跟着改变。可以理解为“我和你共享一个家，你改变了家中的布局，我家中的布局也会随之改变”。

例 7-4　定义和编写逆序存储函数，main()函数通过调用该函数实现对 8 个整数的逆序存储。同时，验证地址传递时，实参和形参是否共享同一段存储空间。

逆序存储函数的设计思路如下。

(1) 函数名可取为 inverse，有反转、反向的意思。

(2) 为了实现整数逆序存储的功能，要求调用者必须提供存储这些整数的数组名(首元素地址)。题目要求是对 8 个整数逆序存储，为了让逆序存储函数更有普适性和灵活性，可以设计为能对 n 个整数进行逆序存储。相应地，要求调用者不仅提供数组名，还要提供数组的元素个数。

(3) 函数不需要返回值。

综上所述，逆序存储函数的定义如下：

```
void inverse(int a[],int n);            //声明函数
//数组 a 的第一维长度省略,表示不限制数组元素个数,形参 n 为元素个数
void inverse(int a[],int n)
{
    int i,t;
    printf("inverse()中的数组 a=%d\n",a);
    for(i=0; i<n/2; i++)                //循环 n/2 次,交换 a[i]与 a[n-1-i]
    {
        t=a[i];
        a[i]=a[n-1-i];
        a[n-1-i]=t;
    }
}
int main()
{
    int a[8],i;
    printf("main()中的数组 a=%d\n",a);
    printf("读取用户输入\n");
    for(i=0; i<8; i++)
        scanf("%d",&a[i]);
    printf("输入后,数组 a 中的数据顺序是\n");
    for(i=0; i<8; i++)
        printf("%d ",a[i]);
    printf("调用 inverse()函数\n");
    inverse(a,8);                       //第一个实参是地址,第二个实参是数值
    printf("在 main()中输出逆序结果\n");
    for(i=0; i<8; i++)
        printf("%d ",a[i]);
    return 0;
}
```

程序的运行结果如图 7-5 所示。

```
main()中的数组a=6422000
读取用户输入
10 20 30 40 50 60 70 80
输入后，数组a中的数据顺序是
10 20 30 40 50 60 70 80
调用inverse()函数
inverse()中的数组a=6422000
在main()中输出逆序结果
80 70 60 50 40 30 20 10
```

图 7-5　地址传递时，形参的改变会影响实参

从图 7-5 中可以看出：

(1) main()函数中，数组名 a 代表首元素地址 &a[0]，其值为 6422000(不同计算机的实际地址可能不一样)。

(2) 用户输入的 8 个整数顺序存储在从 6422000 开始的存储空间中。

(3) main()函数在调用 inverse()函数的同时，通过第一个实参把地址传递给了 inverse()函数中的第一个形参 a，输出结果也显示了这一点。同时，通过第二个实参把数值 8 传递给了 inverse()函数中的第二个形参 n。

(4) inverse()函数对数组 a 中的数据进行了逆序存储。

(5) 调用结束，继续回到 main()函数执行后续语句。顺序输出 main()函数中的数组 a

的元素值，发现已是逆序状态。

验证完毕。

结论：地址传递时，实参和形参共享同一段存储空间，形参的数据变化相当于实参的数据变化，可以记忆为“地址传递，子变主也变”。

题 7-1　以下程序的运行结果是________。

```
void swap(int a,int b)
{
    int t;
    t=a,a=b,b=t;
    printf("%d,%d,",a,b);
}
```

```
int main()
{
    int a=6,b=20;
    printf("%d,%d,",a,b);
    swap(a,b);
    printf("%d,%d",a,b);
    return 0;
}
```

【题目解析】

运行结果是：

```
6,20,20,6,6,20
```

(1) 程序从 main()函数开始运行，第一条 printf 语句输出 main()函数中的 a 和 b 值为 6 和 20。

(2) 调用 swap()函数，把数值传递给 swap()函数中的形参 a 和 b。swap()函数中的 a 和 b 值经过交换后变为 20 和 6。

(3) 调用结束，回到 main()函数继续执行后续语句，输出 main()函数中的 a 和 b 值。因为是数值传递，所以形参的变化不会影响到实参，main()函数中的 a 和 b 值仍是 6 和 20。

注意

不要因为调用函数的变量名与被调用函数的形参名相同，就以为它们是一回事。现实生活中，不同公司或不同部门出现同名的员工，就是一种巧合；程序设计中，不同函数出现同名变量，基本是编程者的取名习惯使然。调用函数时，只要是数值传递，就是“子变主不变”；只要是地址传递，就是“子变主也变”。

7.3.2　返回值

返回值的类型在定义函数时就已经决定，通过关键字 return 就能返回结果并立刻退出该函数，回到调用它的函数继续往下执行后续语句。

return 语句的一般形式是：

```
return 数值/表达式;
```

或

```
return (数值/表达式);
```

或

```
return ;
```

使用 return 语句时要注意以下几点。

(1) 如果要返回的数值或表达式的值与返回值类型不一致,系统会将其自动转换为返回值类型。

(2) return 语句只能返回一个值,例如 return a,b;语句就是错误的表达方式。

(3) 函数可以有多个 return 语句,但每次调用函数时只会执行其中的一条 return 语句。

(4) 函数返回的值可以不被接收和使用,如 printf()函数就有返回值,它表示输出的字符个数,但编程时通常不使用 printf()函数的返回值。

(5) return 可用于退出无返回值的函数。

题 7-2 以下程序的运行结果是(   )。

```
int fun(int a)
{
    if(a<0)
        return (-1.0) * a/2;
    else if(a>0)
        return 1.0 * a/3;
    else
        return 0;
}
int main()
{
    printf("%d",fun(-5));
    return 0;
}
```

A. 2　　　　B. 3　　　　C. 2.5　　　　D. 2.0

【题目解析】

答案:A。

main()函数调用 fun()函数时把−5 传递给 fun()中的形参 a。因为 a<0,所以执行第一条 if 分支,表达式(−1.0) * a/2 的结果是 2.5,是 double 型,但因为返回值类型是 int 型,所以系统进行了自动转换,取整数部分 2 作为返回值,因此输出结果是 2。注意:浮点型转整型时,只取整数部分,不做四舍五入。

7.4 作用域与存储类别

C 程序由一个或多个文件组成,而每个文件又可以由一个或多个函数组成。变量和数组既可以定义在函数之内,也可以定义在函数之外。显然,定义的位置不同,这些变量和数组的作用范围也会不同。此外,变量和数组既可以存放在栈区,也可以存放在全局区(静态区),或者存放在堆区(参见 2.1.2 节)。显然,不同的存储类别也会影响变量和数组在程序中的作用范围。因此,在定义变量和数组时要注意它们的作用域和存储类别。

数组是一组同类型变量的集合,为方便描述,如果不作特别说明,本节均以变量为例进行作用域和存储类别的介绍。

7.4.1 作用域

按作用域划分,C 语言的变量可分为局部变量和全局变量。因为变量要先定义后使用,所以变量作用域的起点是变量的定义语句。

1. 局部变量

局部变量被定义在函数或复合语句之内,系统会将其存放在栈区。局部变量在栈区被定义完成后,其值是随机值,必须要在使用前赋初值。局部变量有以下 3 种。

(1) 在函数体语句中定义的变量,其作用域是它所在的函数,具体范围是指从它的定义语句开始,到该函数结束,即只能在这个范围内对它进行赋值和引用。

(2) 形参属于局部变量,作用域为它所在函数的整个函数体,所以形参和函数体内部的变量不能同名。

(3) 在复合语句(语句块)内部也可以定义变量,这些变量的作用域只在本复合语句及它包含的子复合语句中。

题 7-3 以下程序的运行结果是(　　)。

```
int main()
{
    int n=7;
    n++;
    printf("%d",n);
    {
        int n=1;
        n++;
        printf("%d",n);
    }
    printf("%d",n);
    return 0;
}
```

A. 899　　B. 828　　C. 788　　D. 818

【题目解析】

答案：B。

第一个变量 n 在 main()函数内被定义，作用域在 main()函数内；第二个变量 n 在复合语句中被定义，作用域在复合语句。所以虽然两个变量同名，但它们不会相互影响。

第一个和第三个 printf 语句隶属于 main()函数，因此它们要输出的 n 是在 main()函数内定义的 n，第二个 printf 语句隶属于复合语句，因此它要输出的 n 是在复合语句内定义的 n。

2. 全局变量

全局变量定义在函数和复合语句之外，可以理解为全局变量不隶属于任何一个函数或复合语句。全局变量的作用域从它的定义语句开始，到本源文件结束，这之间的函数都可以对它赋值和引用。如果 C 程序还有其他源文件，则其他源文件也可以使用该全局变量，只是要在使用前用关键字 extern 进行声明(参见 7.5.2 节)。此外，由于变量的作用域从变量的定义语句开始，因此，如果需要在全局变量的定义语句之前引用它，也需要在引用前使用 extern 进行声明。

使用全局变量时要注意以下几点。

(1) 全局变量被保存在全局区(静态区)，而该区中的变量在程序开始时就占用内存，直到程序结束时才会被释放，这会使得内存的利用率不高。

(2) 如果定义时没有对全局变量赋值，系统会自动把它赋初值为 0。

(3) 因为存放在不同的内存区，所以全局变量可以和局部变量同名。不过，此时的全局变量被“屏蔽”，只有局部变量起作用。可以理解为“自家有人时，当然要用自家人做事，不使用外人”。

(4) 全局变量使得函数间多了一种传递数据的方式。如果在一个程序中有多个函数都需要对同一个数据进行处理，就可以将这个数据定义为全局变量。

(5) 建议尽量不用或少用全局变量。结构化程序设计要求模块之间的耦合度越小越好，即各模块之间传递的信息要尽量少，各模块之间的独立性要尽量高。其实设计函数的目的就是让它能够独立地完成一个功能，将来在必要的时候可以不加修改地放到其他程序中使用。如果这个函数使用了全局变量，那么在移植函数时会连带着全局变量一起移植，还要保证全局变量移植过去后不会对新程序中的其他函数产生不良影响。事实上，对全局变量的使用全部可以通过参数传递来完成。

题 7-4　以下程序的运行结果是(　　)。

```
int n;
int fun1(int n)
{
    n++;
    printf("%d",n);
    return n;
}
```

```
int fun2()
{
    n++;
    printf("%d",n);
    return n;
}
int main()
{
    int n=7;
    n++;
    printf("%d",n);
    fun1(n);
    fun2();
    printf("%d",n);
    return 0;
}
```

A. 89108　　B. 891010　　C. 随机值　　D. 8918

【题目解析】

答案：D。

可以发现本题的变量名或形参名都是 n，不过有的 n 定义在函数体之外，是全局变量，有的定义在函数体内或形参中，是局部变量。全局变量被定义在全局区，局部变量被定义在栈区，系统对全局区和栈区的处理方式不同，主要区别有以下 3 点。

(1) 如果定义变量时未赋初值，则全局变量的初值为 0，局部变量的初值为随机值。

(2) 全局变量的作用域是所在源文件，局部变量的作用域是所在函数或复合语句。

(3) 全局变量和局部变量同名时，全局变量被"屏蔽"，只有局部变量起作用。

本题目中，首先执行 main()函数，main()函数中有局部变量 n，所以局部变量起作用，n 自增 1 后输出 8，在调用 fun1()函数时将 8 传递给 fun1()函数中的形参 n。

fun1()函数中的形参 n 是局部变量，它在 fun1()函数中起作用，从调用者 main()函数中接收到了数值 8，自增 1 后输出 9，并将 n 值返回到 main()函数，只是 main()函数并没有接收和使用该返回值。

main()函数接着调用 fun2()函数。fun2()函数无参数也没定义变量，所以使用的是全局变量 n。全局变量 n 的初值为 0，所以自增 1 后输出 1，并将 n 值返回到 main()函数，只是 main()函数并没有接收和使用该返回值。

main()函数中的 n 仍是 8，因为数值传递时，形参的变化不会影响到实参。

综上所述，程序输出 8918。

7.4.2 存储类别与生存期

C 语言中，每个变量都有两个属性，一是它的数据类型，二是它的存储类别。所谓存储类别，就是变量会存储在内存的什么区。在系统为程序分配的内存空间中，变量可以存储在栈区或全局区(静态区),其中全局区和静态区在同一个分区,只不过变量在“入住”时的身份不同而已。

根据存储区的存储方式,变量的存储类别有以下 3 种。

(1) auto:自动变量。

(2) static:静态变量。

(3) register:寄存器变量。

因此在定义变量时,完整的形式应该是:

```
存储类别 数据类型 变量名列表;
```

1. 自动变量和它的生存期

在省略存储类别的情况下,隐含所有的局部变量(包括形参)都是 auto 变量,即 int a;语句等同于 auto int a;语句。

auto 变量存储在栈区,栈区中的变量的初始值都是随机值。当函数被调用时,系统会为该函数的形参和局部变量分配内存。当函数调用结束时,系统就会释放该函数的所有形参和局部变量以腾出内存空间,从而提高内存的利用率。因此,自动变量的生存期就是它所在函数被调用的期间。复合语句中的局部变量也是如此。

2. 静态局部变量和它的生存期

用关键字 static 修饰的局部变量被称为静态局部变量(简称静态变量),如 static int a;语句就让 a 变成了静态变量。

静态变量存储在静态区,系统对静态区的变量自动赋初值为 0。静态区会在程序运行期间一直存在,即静态变量的生存期是整个程序的运行期间。

如果函数的局部变量是静态变量,会在第一次调用该函数时为其在静态区申请存储空间,此后,该变量的存储空间不会随着所在函数的结束而释放。之后再调用该函数时,**静态变量仍保持着上一次调用后的数据**,这是静态变量与自动变量完全不同的地方。

如果把函数看作是一个公司的部门,自动变量就是临时工,部门建立时给他工作岗位,部门解散之时,就是他下岗之日。而静态变量则是长期工,只要被招聘进来,他就一直存在,部门解散也不会影响到他的岗位。下次部门再建时,他还保持着上次部门解散时的样子。只有当整个公司都结束时,静态变量才会被释放。

注意

全局变量的生存期不是一定会比局部变量的生存期长。例如,main()函数中的局部变量,其生存期也是整个程序运行期间。

3. 寄存器变量和它的生存期

存储器分为内存和外存,要运行的程序和数据会被加载到内存。为了提高运算效率,CPU 内部也会有部分存储单元,被称为寄存器,CPU 对寄存器的存取速度要远快于内存。为了提高效率,C 语言允许将局部变量的值存放在 CPU 的寄存器中,这种变量就称为寄存器变量,用关键字 register 修饰,如 register int a;语句。

不过,CPU 中的寄存器数量十分有限,加之现在的编译器已能进行优化处理,能够自动识别使用频繁的变量,并将这些变量放到寄存器中,这就造成在程序中指定的 register 变量可能是无效的。也就是说,即使在程序中有 register int a;定义语句,编译器也不一定把变量 a 放到寄存器中。究竟放哪些变量到寄存器中,完全由编译器自动分析和判断,因此现在几乎不使用 register 来修饰变量,register 也成为最没有存在感的关键字。

题 7-5 以下程序的运行结果是(　　)。

```
int fun(int a)
{
    static int s;
    int b=1;
    s+=a+b;
    return s;
}
int main()
{
    int i;
    for(i=1;i<=3;i++)
        printf("%d",fun(i));
    return 0;
}
```

A. 345　　　　B. 234　　　　C. 259　　　　D. 随机值

【题目解析】

答案:C。

静态变量和自动变量的区别在于它们存储在不同的内存区,这就造成它们的初值和生存期都不一样。

对于 fun()函数:

(1) 静态变量 s 的初值自动设置为 0,在整个程序运行期间都占用存储空间,不会因为所在函数结束而释放。下次调用函数时,它的值仍保持上一次调用后的结果。

(2) 自动变量 b 的初值随机,在使用前要赋值,所占空间会随着所在函数或复合语句的结束而释放,下次调用函数时,又会为自动变量重新开辟内存空间。

本题目调用了 3 次 fun()函数。

第一次调用 fun()函数时,系统为变量 s 在静态区开辟存储空间,为形参 a 和变量 b 在栈区开辟存储空间。静态变量初值自动为 0,所以 s=0,a=1(通过传参),b=1(通过赋值)。s+=a+b 后,s 变为 2。fun()函数结束后,形参 a 和变量 b 的存储空间被释放。

第二次调用 fun()函数时,系统再次为形参 a 和变量 b 开辟存储空间,a=2,b=1,s 保留了上一次调用后的值 2。所以 s+=a+b 的结果是 s 变为 5。fun()函数结束后,形参 a 和变量 b 的存储空间被释放。

第三次调用 fun()函数的过程与第二次相同,只不过 s 保留了上一次调用后的值 5。最后程序输出9。

7.5　static与extern关键字

C程序由一个或多个文件组成，每个文件又可以由一个或多个函数组成，每个函数又有自己的形参和变量，这就出现几个必须要解决的问题。

(1) 某个函数，是只能被它所在的源文件中的函数调用，还是也能被其他源文件中的函数调用？

(2) 某个全局变量，是只能被它所在的源文件中的函数引用，还是也能被其他源文件中的函数引用？

其实，这就是私有函数和共有函数、私有变量和共有变量的问题，或者说访问权限的问题。C语言使用关键字static和extern对访问权限进行设置。

7.5.1　static关键字

static关键字的用法有如下3个。

1. 用在定义局部变量时

在定义局部变量时，在前面加上static，如static int a;语句，能把自动局部变量变为静态局部变量，该变量将存储在静态区，在整个程序运行期间都占用存储空间，如果定义时没有初始化，会被自动赋值为0。

2. 用在定义全局变量时

在定义全局变量时，在前面加上static，访问权限被设置为仅本源文件中的函数可引用。

3. 用在定义函数时

在定义函数时，在前面加上static，如static int bigger(int a, int b);语句，访问权限被设置为仅本源文件中的函数可调用。

7.5.2　extern关键字

extern关键字的单词含义是“外部的”，可以用在全局变量和函数之前。

对于全局变量和函数，系统是允许项目中其他源文件中的函数加以引用或调用的，但要求在引用或调用之前使用extern进行“外部链接”声明，其作用就是告诉系统“此变量或函数是在别处定义的，要在此处引用或调用”。

注意

extern int a;语句并不是定义了一个变量a，它只是声明要“引用”全局变量a，而这个a

是在其他地方定义好的。

例 7-5 编程测试引用其他源文件中的全局变量和函数的方法。

设计思路：在 func.c 文件中存放全局变量 NUM 和 bigger()函数，在 main.c 文件中的 main()函数中引用 NUM 和调用 bigger()函数。

图 7-6 是对全局变量的引用测试。

图 7-6(a)是 func.c 文件中的内容，定义 NUM 时没有添加 static 进行修饰，表示其他文件中的函数可以引用。

图 7-6(b)是在 main()函数中直接引用 NUM，系统提示“NUM 未定义”。

图 7-6(c)是在 main()函数中用 extern 声明要引用外部变量 NUM，程序能正确运行。

图 7-6(d)在 func.c 中的 NUM 前面加上 static，把对 NUM 的访问权限设置为仅 func.c 文件中的函数可用。编译程序时，编译器提示“NUM 未定义”，即 extern 无法引用设置了访问权限的全局变量。

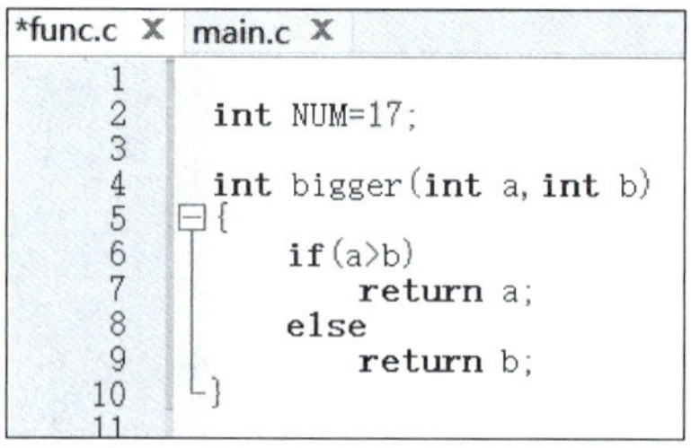

```
*func.c  main.c
1
2  int NUM=17;
3
4  int bigger(int a, int b)
5  {
6      if(a>b)
7          return a;
8      else
9          return b;
10 }
11
```

(a) func.c 的部分代码

```
func.c  *main.c
1  #include <stdio.h>
2  #include <stdlib.h>
3  int main()
4  {
5      NUM++;
6      printf("the bigger one is %d",bigger(NUM,10));
7      return 0;
8  }

Logs & others
Code::Blocks  Search results  Cccc  Build log
File             Line  Message
                       === Build: Debug in li-5 (compiler: GNU GCC Compiler)
C:\ccc\ch7\li...       In function 'main':
C:\ccc\ch7\li...  6    error: 'NUM' undeclared (first use in this function)
```

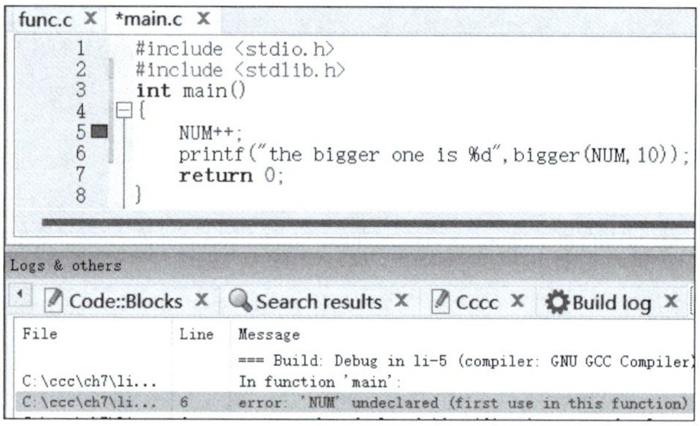

(b) main()函数不能直接引用其他文件中的全局变量

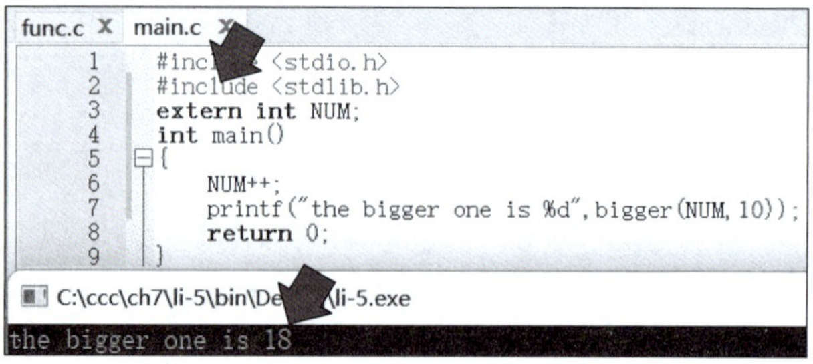

```
func.c  main.c
1  #include <stdio.h>
2  #include <stdlib.h>
3  extern int NUM;
4  int main()
5  {
6      NUM++;
7      printf("the bigger one is %d",bigger(NUM,10));
8      return 0;
9  }

C:\ccc\ch7\li-5\bin\De...\li-5.exe
the bigger one is 18
```

(c) 用extern表示NUM定义于其他文件，本处要进行引用，程序能正确运行

图 7-6 引用其他文件中定义的全局变量的方法测试

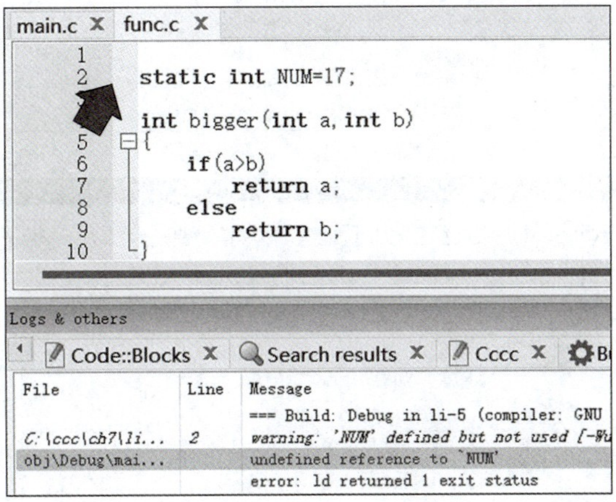

```
main.c X  func.c X
1
2    static int NUM=17;

     int bigger(int a, int b)
5    {
6        if(a>b)
7            return a;
8        else
9            return b;
10   }

Logs & others
Code::Blocks X  Search results X  Cccc X
File                 Line  Message
                           === Build: Debug in li-5 (compiler: GNU
C:\ccc\ch7\li...     2     warning: 'NUM' defined but not used [-Wu
obj\Debug\mai...           undefined reference to `NUM'
                           error: ld returned 1 exit status
```

(d) 用static限制func.c的NUM的访问权限为仅本源文件可用，main()函数无法引用NUM

图　7-6（续）

图 7-7(a)～图 7-7(d)是对调用 bigger()函数的测试。static 和 extern 的用法与引用全局变量时相同。

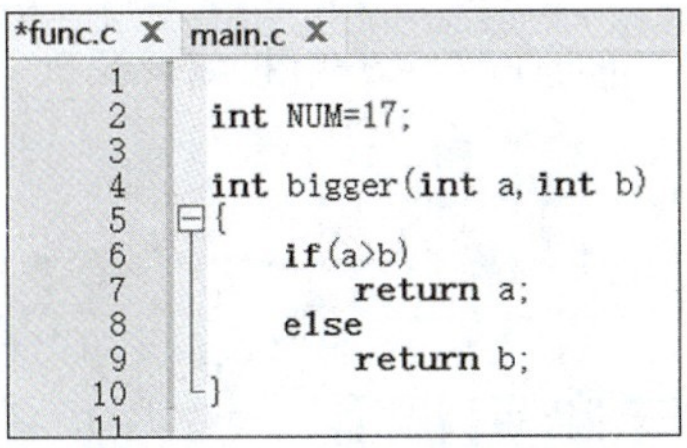

```
*func.c X  main.c X
1
2    int NUM=17;
3
4    int bigger(int a, int b)
5    {
6        if(a>b)
7            return a;
8        else
9            return b;
10   }
11
```

(a) func.c中的代码

```
main.c X  func.c X
2    #include <stdlib.h>
3    extern int NUM;
4    int main()
5    {
6        NUM++;
7        printf("the bigger one is %d",bigger(NUM,10));
8        return 0;
9    }

Logs & others
Code::Blocks X  Search results X  Cccc X  Build log X
File                 Line  Message
                           === Build: Debug in li-5 (compiler: GNU GCC Compiler)
C:\ccc\ch7\li...           In function 'main':
C:\ccc\ch7\li...     7     warning: implicit declaration of function 'bigger' [
                           === Build finished: 0 error(s), 1 warning(s) (0 minu
```

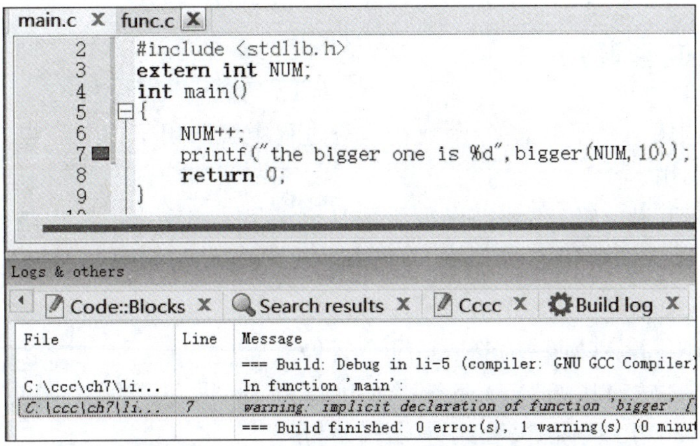

(b) main()函数虽然可以运行，但会警告bigger()函数未进行声明

图 7-7　引用其他文件中定义的函数的方法测试

```
main.c  func.c
2   #incl... <stdlib.h>
3   exte... int NUM;
4   extern int bigger(int a, int b);
5   int main()
6   {
7       NUM++;
8       printf("the bigger one is %d", bigger(NUM, 10));
9       return 0;

C:\ccc\ch7\li-5\bin\Debug\li-5.exe
the bigger one is 18
```

(c) 用extern表示bigger()函数已定义于其他文件，本处要进行引用，程序能正确运行

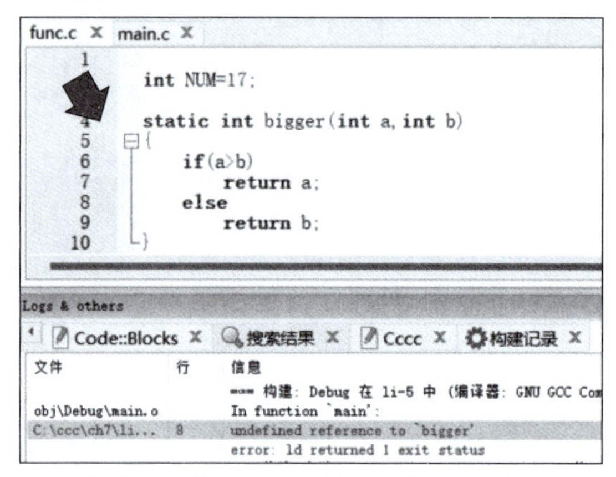

(d) 用static限制func.c的bigger()函数的访问权限为仅本源文件可用，
main()函数无法引用bigger()函数

图 7-7（续）

7.6 函数的嵌套调用与递归调用

7.6.1 函数的嵌套调用

main()函数调用 A()函数，A()函数在执行过程中又调用了 B()函数，这种调用方式被称为函数的嵌套调用。

函数之间是相互独立的，不能在函数之内又定义另一个函数。所以**函数不能嵌套定义，但可以嵌套调用**。

图 7-8 是函数的嵌套调用过程示意图。

main()函数调用了 A()函数，于是系统会暂停 main()函数的执行，转而执行 A()函数。在执行 A()函数的过程中又调用了 B()函数，于是系统会暂停 A()函数的执行，转而执行 B()函数。B()函数执行完毕后会回到 A()函数继续往下执行 A()函数中的剩余部分。A()函数执行完毕后会回到 main()函数，继续执行 main()函数中的剩余部分。

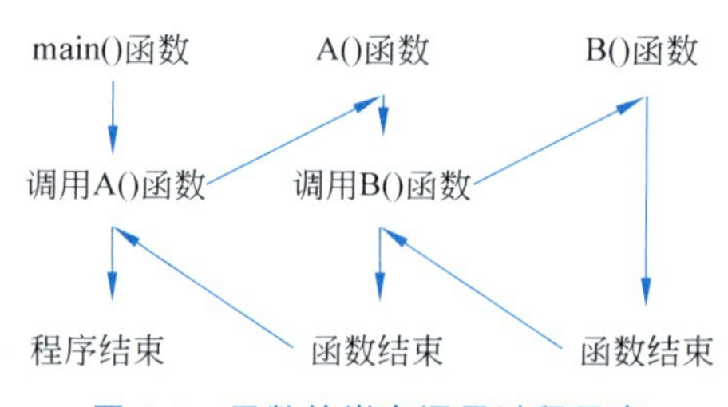

图 7-8 函数的嵌套调用过程示意

7.6.2　函数的递归调用

当函数自己调用自己时，就是函数的递归调用。递归的目的是把规模较大的问题先变成规模较小的子问题，当找到解决子问题的方法时，就可以回归到原问题。

递归求解问题可分为递推和回归两个部分。

以计算阶乘为例，假设函数 fac(n)可以得到 n!，递推公式就是 fac(n)＝f(n－1)×n。

如果要计算 5!，递推过程是 fac(5)＝fac(4)×5，fac(4)＝fac(3)×4，fac(3)＝fac(2)×3，fac(2)＝fac(1)×2，fac(1)＝1。

递推过程总有一个终点，当达到终止条件后（在阶乘的递归中就是 1!＝1 或 0!＝1）就会进入回归过程，即 fac(1)＝1，fac(2)＝1×2＝2，fac(3)＝2×3＝6，fac(4)＝6×4＝24，fac(5)＝24×5＝120。

综上，函数的递归调用示意如图 7-9 所示，每次调用同一个函数时的参数会不一样（通常是递减），等达到了终止条件就开始回归。

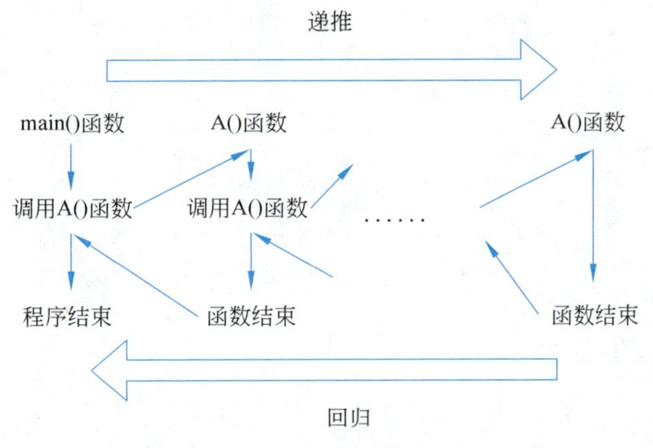

图 7-9　函数的递归调用过程示意

问题来了

系统如何区分每个被递归调用的 A()函数？

其实可以把递归调用当成嵌套调用的一个特例。递归调用时，别看好像调用的都是同一个函数，其实系统在每次调用函数时都会开辟新的存储空间，用于存放本次调用的形参和局部变量值等。当调用结束时，系统会回收本次调用开辟的空间，并将本次调用的计算结果返回到前一个调用点。

例 7-6　编程测试递归调用中每一次调用函数时的形参和局部变量地址。

以递归计算阶乘为例进行介绍。

先编写阶乘函数。

可以为函数取名为 fac，需要调用者提供一个 int 型变量 n，用于计算 n!，函数会返回一个 long long 型的阶乘值（当 n 为 13 时，int 型数据已不能满足存储需求了）。

```
long long fac(int n)
{
    //当 n 为 1 或 0 时,达到终止条件,因为 1!和 0!已是阶乘问题的最小规模
    if(n==1 || n==0)
        return 1;
    else
        return fac(n-1) * n;
}
```

可以发现,在调用 fac(5)的过程中会调用 fac(4),此时的 fac(5)会暂停执行,转而执行 fac(4),然后在调用 fac(4)的过程中又会调用 fac(3),此时的 fac(4)也会暂停执行,转而执行 fac(3)。以此类推,直到 fac()函数中的参数值为 1 或 0 时就停止递推,开始回归。

本例中,进入回归过程后,fac(1)在 return 1 的同时结束本次调用和释放空间。fac(2)在接收到 fac(1)的返回值后继续执行,计算 fac(1)×2 后返回结果并结束本次调用和释放空间。如此继续,直到回到 fac(5),向调用它的函数返回结果并结束调用和释放空间。

现在在 fac()函数中增加一些输出信息,并用 main()函数进行调用。

```
long long fac(int n);                    //声明函数
int NUM;                                 //用于计数调用 fac()函数的次数,NUM 是全局变量
long long fac(int n)
{
    printf("开始调用 fac(%d),形参 n 的地址是%d,n=%d\n",NUM--,&n,n);
    if(n==1 || n==0)
        return 1;
    else
        return fac(n-1) * n;
}
int main()
{
    NUM=5;                               //初始化
    printf("%lld",fac(5));
    return 0;
}
```

运行结果如图 7-10 所示。可以发现每次调用 fac()函数时,都为形参 n 开辟了新的空间,所以每个 fac()函数之间的数据不会相互冲突。

```
开始调用fac(5), 形参n的地址是6422016, n=5
开始调用fac(4), 形参n的地址是6421968, n=4
开始调用fac(3), 形参n的地址是6421920, n=3
开始调用fac(2), 形参n的地址是6421872, n=2
开始调用fac(1), 形参n的地址是6421824, n=1
120
```

图 7-10 递归调用时,会为每一次调用开辟新的存储空间

题 7-6　以下程序的运行结果是________。

```
int fun(int n);
int fun(int n)
{
    if(n==0 || n==1)
        return n;
    else if (n==2)
        return 1;
    else
        return fun(n-1)+fun(n-2);
}
int main()
{
    printf("%d",fun(5));
    return 0;
}
```

【题目解析】

答案：5。

读者可模仿例 7-6 的分析步骤，这里不再赘述。

7.7　带参数的宏定义

C 语言用#define 预处理命令来定义宏(也称为符号常量)，类似#define PI 3.1415 的预处理命令被称为不带参数的宏定义，其实宏定义是可以带参数的，一般形式如下：

```
#define 宏名(参数表) 字符串
```

其中，字符串中应包含参数表中的参数。例如：

```
#define Fun(x) 3*x+1
```

如果程序中是 Fun(5)，编译前，系统会用 5 替换掉字符串中的 x，变成 3×5+1，以此完成替换。

带参数的宏定义可以实现一些简单的函数功能，但一定要注意参数的边际效应。如果程序中是 Fun(5+1)，由于系统只是完成替换而不会进行计算，所以系统会用 5+1 替换字符串中的 x，变成 3×5+1+1，并不是预期中的先计算 5+1 的结果再替换。这一点跟使用函数是完全不同的，因此在使用带参数的宏定义时一定要注意这个问题，建议为参数加上圆括号，如：

```
#define Fun(x)   3*(x)+1
```

题 7-7 以下程序的运行结果是________。

```
#define N 5
#define M N+2
#define S(x) M*x+N
int main()
{
    printf("%d",S(2+3));
    return 0;
}
```

【题目解析】

答案：17。

编译前，系统会进行替换，M 被替换成 N+2，N 被替换成 5，S(x)中的 x 被替换成 2+3，即 5+2×2+3+5，结果是 17。

7.8 编程实战

在编程实战中，先逐个完成例 7-1 中所列举的函数，再介绍典型的二维数组处理函数的编写。

7.8.1 判断特质数的函数

实战 7-1 用户输入两个整数 m 和 n，请计算[m，n]之间的素数之和。要求编写判断素数函数，main()函数负责输入、调用函数和输出。

输入示例：

```
0 11
```

输出示例：

```
28
```

【函数设计】

本例是编写判断类函数的典型例题。所谓判断类，就是要判断某个数是不是具有特定性质。对于判断类的函数，通常会用返回 1 表示“是”，用返回 0 表示“不是”。

可以给判断素数函数取名为 isprime，“is*”是判断具有特定性质的函数的推荐取名方法，如是否是素数、是否是合数、是否对称等。

为了实现功能，要求调用者提供一个要判断的 int 型数据，函数经过计算后，是素数就返回 1，否则返回 0。

综上所述，判断素数的函数可以定义为：

```
int isprime(int n)                          //v1.0 版
{
    int i,num;                              //num 用于判断是否已找到能整除 n 的因子
    for(i=2,num=0; i<=sqrt(n); i++)         //num 要初始化为 0
        if(n%i==0)
        {
            num++;                          //已找到因子,不必再继续循环
            break;
        }
    if(num==0 && n>=2)
        return 1;
    else
        return 0;
}
```

可以发现,函数体跟之前在 main()函数中编写判断素数算法时的代码完全一样,不同的是 isprime()函数通过形参来得到 n,main()函数通过 scanf 语句来得到 n。

其实,isprime()函数还可以如下减少代码量:

```
int isprime(int n)                          //v2.0 版
{
    int i;
    for(i=2; i<=sqrt(n); i++)
        if(n%i==0)                          //一个反例即可判定不是素数
            return 0;
    if(n>=2)
        return 1;
    else
        return 0;
}
```

V2.0 版的判断素数函数没有使用 num 作为是否找到整除因子的判断依据,这是因为它利用了素数的“反例一票否决”特点和函数中的 return 语句。

只要找到一个能整除 n 的因子,就说明 n 不是素数,直接返回 0 并立刻退出函数。既然已经退出函数,自然就不会再执行函数中后面的代码。

因此,如果程序能执行到循环结束,就说明没有找到能整除 n 的因子,如果此时的 n≥2,n 就是素数,返回 1,否则返回 0。

注意

上述这种简单干脆的手法仅适用于具有“反例一票否决”性质的判断,而且必须要有 return 语句的配合。

【程序实现】

可以发现 main()函数变得干净整洁,典型的输入、处理和输出 3 部分,具有良好的模块

化特点。

```
int isprime(int n);
int main()
{
    int m,n,i,s;                    //m,n代表用户输入的区间,s是素数累加和
    //输入数据
    scanf("%d%d",&m,&n);
    //处理数据
    for(i=m,s=0; i<=n; i++)         //累加器要注意初始化
        if(isprime(i))              //调用 isprime()函数
            s+=i;
    //输出数据
    printf("%d",s);
    return 0;
}
```

程序的运行结果如图 7-11 所示。

```
-5 20
77
Process returned 0 (0x0)
```

图 7-11 实战 7-1 的运行结果示例

实战 7-2 用户输入一个不超过 30 位的非负大整数,请判断这个数是否是对称数(是对称数输出 Yes,否则输出 No)。要求编写判断对称的函数,main()函数负责输入、调用函数和输出。

输入示例:

```
1234567899987654321
```

输出示例:

```
Yes
```

【处理大整数的技巧】

本例是处理大整数的一个典型示例。

所谓大整数,是指整数已超过 int 型或 long long 型的存储范围,无法再以整数形式进行读取。

解决方案就是使用字符串,先以字符串形式读取数据,然后对其进行数值化(数字字符-'0')。此时,字符串中的元素保存的就是大整数中的某一位,假设字符串的名字是 a,则 a[0]存放的是大整数的最高位,a[1]存放的是大整数的次高位,以此类推。字符串 a 的长度就是大整数的位数。当然也可以反过来,让 a[0]存放大整数的个位数,a[1]存放大整数的十位数,以此类推。

以此为基础,就可以进行大整数的处理,如大整数的加、减、乘、除等。

【函数设计】

要判断对称性,只需要 a[i]与 a[n−1−i]一一对比(n 是大整数的位数),只要找到一组不相等,就可以"一票否决"对称性。

为了让判断对称性的函数有更好的普适性,不硬性设置字符串的长度,只要求调用者提

供字符串的名字（即首元素地址）。函数需要返回值，如果对称，返回 1，否则返回 0。

需要说明的是，本例由于只是判断对称性，所以没有将数字字符数值化。

以下是判断对称性函数的定义。

```
int issym(char a[])          //数组名 a 是首元素地址,可由 strlen(a)得到大整数的位数
{
    int i,n;
    n=strlen(a);
    for(i=0; i<n/2; i++)
        if(a[i]!=a[n-1-i])  //有"一票否决"权,利用 return 语句返回结果并退出函数
            return 0;
    return 1;
}
```

【程序实现】

```
int issym(char a[]);
int main()
{
    char a[31];        //题目要求不超过 30 位,定义成 31 的长度是给结束标志'\0'预留位置
    gets(a);
    if(issym(a))       //调用 issym()函数,采用的是地址传递
        printf("Yes");
    else
        printf("No");
    return 0;
}
```

程序的运行结果如图 7-12 所示。建议不要直接在 issym() 函数中输出 Yes 或 No，这样会影响该函数的可移植性。事实上，函数的功能应该是越单一越好。

```
1334535354331
Yes
Process returned 0 (0x0)
```

图 7-12　实战 7-2 的运行结果示例

7.8.2　数据类型或数据进制的转换

本节主要涉及整数的字符串形式与整数形式之间的相互转换，以及数据进制的转换。

实战 7-3　用户输入一个不超过 8 位的整数，请用字符串形式读取数据，再转换成整数输出。要求编写字符串转整数函数，main()函数负责输入、调用函数和输出。

输入示例：

```
12345
```

输出示例：

```
12345
```

【函数设计】

因为用字符串形式读取数据，所以 a[0]中存放的是整数的最高位，a[1]中存放的是整数的次高位，以此类推。

假设字符串中存的依次是数值化后的 9、2、5，对应的整数应该是 900＋20＋5＝(90＋2)×10＋5＝(9×10＋2)×10＋5。

由此总结出的规律是：

s＝0

s＝s×10＋最高位

s＝s×10＋次高位

…

s＝s×10＋个位

可以采取累加和的方式把整数的字符串形式转换成整数形式。

可以给字符串转整数取名为 array2int 或 str2int，需要调用者提供字符串的名字(首元素地址)，返回值是字符串数据的整数形式。

以下是 str2int()函数的定义。

```
int str2int(char a[])              //字符串 a 是首元素地址,可由 strlen(a)得到字符串位数
{
    int i,s,t;                               //s 是累加和
    for(i=0,s=0; i<strlen(a); i++)    //s 要初始化为 0
    {
        t=a[i]-'0';                          //数字字符的数值化
        s=s*10+t;
    }
    return s;
}
```

【程序实现】

```
int str2int(char a[]);
int main()
{
    char a[9];                          //题目要求不超过 8 位,预留一位给结束标志'\0'
    gets(a);                            //以字符串形式读取数据
    printf("%d",str2int(a));           //以整数形式输出数据
    return 0;
}
```

程序的运行结果如图 7-13 所示。

```
123456
123456
Process returned 0 (0x0)
```

图 7-13 实战 7-3 的运行结果示例

实战 7-4　用户输入一个不超过 8 位的整数，请用整数形式读取数据，再转换成字符串形式输出。要求编写整数转字符串函数，main()函数负责输入、调用函数和输出。

输入示例：

```
12345
```

输出示例：

```
12345
```

【函数设计】

对 int 型变量 n 可以用%10 的方式得到个位，然后 n/=10 就可以把原来的十位变成个位。如此循环，直到 n 为 0 为止，就可以把 n 的每一位拆分出来。拆分后，字符串 a[0]存的是 n 的个位，a[1]存的是十位，以此类推。为了跟实战 7-3 的字符串形式统一，要对字符串 a 进行逆序存储，使得 a[0]存的是最高位。

逆序存储函数已在例 7-4 中编写完成，不过已编写好的逆序存储函数是针对 int 型数组的，这里要改成 char 型字符串即可，模块化的好处再一次体现。

可以给整数转字符串取名为 int2str，需要调用者提供要拆分的整数和用于保存拆分后各个位数的字符串名字(元素首地址)。因为字符串是地址传递，可以在 int2str()函数中直接对存储空间中的字符串数据进行处理，所以函数不需要返回值。

以下是 int2str()函数的定义。

```
void inverse_char(char a[]);          //声明字符串逆序存储函数
void inverse_char(char a[])
{
    int i,n;
    char t;
    n=strlen(a);
    for(i=0; i<n/2; i++)
    {
        t=a[i];
        a[i]=a[n-1-i];
        a[n-1-i]=t;
    }
}
void int2str(char a[],int n)          //字符串 a 存放拆分后的位数,n 是要拆分的整数
{
    int i=0;                          //i 是当前要处理的位数
    while(n!=0)
    {
        a[i]=n%10+'0';                //将数值字符化,即 1 要变成'1',a[0]存储的是个位
        n/=10;                        //n 整除 10 后,原来的十位数变成个位数
        i++;                          //要处理的位数加 1
    }
```

```
    a[i]='\0';                          //给字符串加上结束标志'\0',这一点很重要
    inverse_char(a);                    //逆序存储字符串,让 a[0]存整数的最高位
}
```

【程序实现】

```
void int2str(char a[],int n);
int main()
{
    int n;
    char a[9];
    scanf("%d",&n);                         //以整数形式读取数据
    int2str(a,n);
    printf("%s",a);                         //以字符串形式输出数据
    return 0;
}
```

程序的运行结果如图 7-14 所示。main()函数调用了 int2str()函数,而 int2str()函数又调用了 inverse_char()函数,这其实也是函数的嵌套调用示例。

```
456789
456789
Process returned 0 (0x0)
```

图 7-14　实战 7-4 的运行结果示例

实战 7-5　用户输入一个非负数 n,再输入正整数 K(2≤K≤9),请把十进制整数 n 转换为 K 进制数。请用字符串形式保存 K 进制数并输出。要求编写十进制数转 K 进制数的函数,main()函数负责输入、调用函数和输出。

输入示例:

```
115 3
```

输出示例:

```
11021
```

【进制转换的技巧】

十进制数转 K 进制数可参照图 7-15 十进制转二进制的方式。若要把十进制数 n 转换成 K 进制数,只需要 n%K,得到的余数就是最低位的 K 进制数。n=n/K,继续对 K 求余,直到 n 为 0 为止。假设字符串 a 用于保存 K 进制的数,将其逆序存储,就可以让 a[0]存最高位,以此类推(可参照实战 7-4)。

可以给十进制数转 K 进制取名为 dec2K,需要调用者提供要转换的十进制数、要转换成的 K 进制和要保存 K 进制数的字符串名字(首元素地址)。因为字符串是地址传递,可在 dec2K()函数中直接对存储空间中的数据进行处理,所以函数不需要返回值。

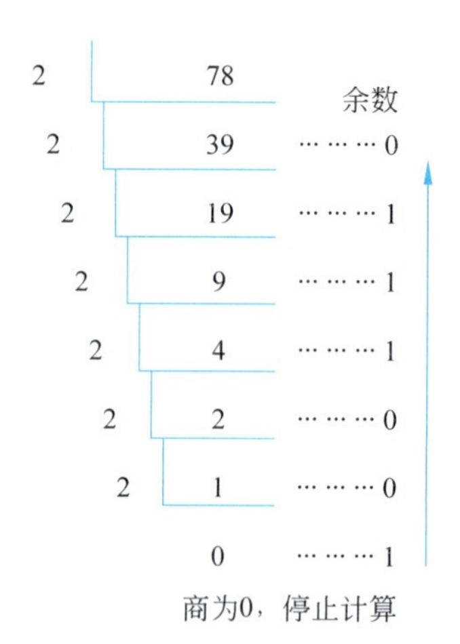

图 7-15　十进制数转二进制的示意

以下是 dec2K()函数的定义。

```
void inverse_char(char a[]);          //声明字符串逆序存储函数
void dec2K(int n,int k,char a[])     //字符串 a 存放转换后的 k 进制数,n 是要转换的整数
{
    int i=0;                          //i 是当前要处理的位数
    while(n!=0)
    {
        a[i]=n%k+'0';          //将数值字符化,即 1 要变成'1',a[0]保存的是 k 进制数的个位
        n/=k;                         //n 整除 k
        i++;                          //要处理的位数加 1
    }
    a[i]='\0';                        //给字符串加上结束标志'\0',这一点很重要
    inverse_char(a);                  //逆序存储字符串,让 a[0]存最高位
}
```

【程序实现】

```
void dec2K(int n,int k,char a[]);
int main()
{
    int n,k;
    char a[9];
    scanf("%d%d",&n,&k);                  //以整数形式读取数据
    dec2K(n,k,a);
    printf("%s",a);                       //以字符串形式输出 k 进制数据
    return 0;
}
```

程序的运行结果如图 7-16 所示。

```
160 4
2200
Process returned 0 (0x0)
```

图 7-16　实战 7-5 的运行结果示例

同理,若要把 K 进制数转换成十进制数,先以字符串形式读取数据,再将它们数值化,然后就可参照实战 7-3 的累加和方式,把字符串转换成对应的十进制数。

假设要读取的是六进制数,数值化后字符串中存储的是 3、1、5,对应的十进制整数应该是 $3\times6^2+1\times6^1+5=(3\times6+1)\times6+5$。

规律是:

s=0

s=s×6+最高位

s=s×6+次高位

…

s=s×6+个位

7.8.3 二维数组处理函数

本节以数据统计和字符串排序介绍编写二维数组处理函数的方式。

实战 7-6：用户输入 4 个学生的 3 门课成绩，计算每个学生的平均分（保留小数点后两位）。要求编写计算平均分函数，main()函数负责输入、调用函数和输出。

输入示例：

```
67 78 87
90 100 56
88 99 65
80 80 80
```

输出示例：

```
77.33
82.00
84.00
80.00
```

【二维数组的传参方法】

本例是编写二维数组处理函数的一个典型示例。

之前已介绍了变量和一维数组进行传参的方式，变量用的是数值传递，一维数组用的是地址传递。二维数组也采用地址传递，形参既可以写成二维数组的实际大小（如 int a[4][3]），也可以省略第一维的长度，由用户输入数组的行数 n（如 int a[][3]，int n），这样可以使函数具有更好的普适性，能满足更多的程序需求。

另外，由于 return 语句只能返回一个值，所以若想返回所有学生的平均分，目前可行的办法是在 main()函数中定义一个平均分数组 ave[4]，利用“地址传递，子变主也变”的特点，直接通过子函数对 ave 数组赋值。

类似地，若想返回全数组最高分所在的行和列，或者每门课的统计数据，都可以先在 main()函数中定义一个数组，然后利用地址传递在子函数中进行计算和赋值。

【函数设计】

以下是计算平均分函数的定义。

```
//二维数组是每行 3 个数，具体行数由 n 提供
void ave_stu(int a[][3],float ave[],int n)
{
    int i,j,s;
    for(i=0; i<n; i++)
    {
        for(j=0,s=0; j<3; j++)          //每计算一位同学的平均分，s 都要清零
            s+=a[i][j];
```

```
        ave[i]=s*1.0/3;                    //注意避免整除
    }
}
```

【程序实现】

```
void ave_stu(int a[][3],float ave[],int n);
int main()
{
    int a[4][3],i,j;
    float ave[4];
    //输入数据
    for(i=0;i<4;i++)
        for(j=0;j<3;j++)
            scanf("%d",&a[i][j]);
    //调用函数
    ave_stu(a,ave,4);                      //调用函数,参数类型、个数和顺序与形参一模一样
    //输出数据
    for(i=0;i<4;i++)
        printf("%.2f\n",ave[i]);
    return 0;
}
```

程序的运行结果如图 7-17 所示。

```
100 90 88
85 78 69
80 80 80
88 99 65
92.67
77.33
80.00
84.00
```

图 7-17　实战 7-6 的运行结果示例

实战 7-7　用户输入 6 个字符串(长度均不超过 20),按字典顺序进行排序后输出。要求编写排序函数,main()函数负责输入、调用函数和输出。

输入示例:

```
one
two
three
four
five
six
```

输出示例:

```
five
four
one
six
three
two
```

【排序函数设计技巧】

排序可能是最常用的函数之一，不论是数值排序（一维数组），还是字符串排序（二维数组），都要采用地址传递的方式，让排序函数直接对存储空间中的数据进行处理，主函数只负责输入、调用和输出即可。

【函数设计】

以下是字符串排序函数的定义。

```
void sort_str(char a[][21],int n)                    //由 n 接收字符串的个数
{
    int i,j;
    char t[21];
    for(i=0; i<n-1; i++)
        for(j=0; j<n-1-i; j++)
            if(strcmp(a[j],a[j+1])>0)                //字符串有自己的比较和赋值函数
            {
                strcpy(t,a[j]);
                strcpy(a[j],a[j+1]);
                strcpy(a[j+1],t);
            }
}
```

【程序实现】

```
void sort_str(char a[][21],int n);
int main()
{
    char a[6][21];
    int i;
    //输入数据
    for(i=0; i<6; i++)
        gets(a[i]);                          //字符串都是以整体进行处理
    //处理数据
    sort_str(a,6);                           //传递的是数组名
    //输出数据
    for(i=0; i<6; i++)
        puts(a[i]);
    return 0;
}
```

程序的运行结果如图 7-18 所示。

```
good
telephone
bookstore
sit
pen
four
bookstore
four
good
pen
sit
telephone
```

图 7-18　实战 7-7 的运行结果示例

注意

如果要求函数只返回一个值，如求和、判断数据性质等，可以利用 return 语句来完成。但当要返回不止一个数时，建议先在调用函数中定义一个数组，然后通过地址传递的方式提供给被调用函数，让被调用函数直接对数组中的数据进行赋值，"子变主也变"，以此达到传递多个数的目的。

读者们可以回到例 7-1，利用已编写好的各个模块，完成判断用户输入的数是否是对称素数的程序。想必读者们也已发现，经过逐步分析，最开始设计的一些函数在形参类型和个数上都有所变化，这恰好说明结构化程序设计的特点，程序会在设计过程中不断完善。

习题

一、单项选择题

1. C 语言规定函数的返回值类型是由(　　)。
   A. 定义该函数时所指定的函数类型决定
   B. return 语句中的数据类型或表达式值的类型决定
   C. 调用该函数的函数中负责接收返回值的变量类型决定
   D. 调用该函数时由系统临时决定
2. 已知有如下函数调用语句：

```
func(a+b, (a, c++), d);
```

则 func()函数的形参个数是(　　)。
   A. 1　　B. 2　　C. 3　　D. 4
3. 以下选项描述不正确的是(　　)。
   A. 函数可以嵌套调用和递归调用
   B. 不同的函数可以有名字相同的形参
   C. 当全局变量与局部变量同名时，全局变量被"屏蔽"，局部变量起作用

D. 形参不属于局部变量

4. 以下选项描述正确的是(　　)。

A. C 程序中有调用关系的所有函数,要放在同一个源文件中

B. 当实参名与形参名相同时,二者共享同一段内存空间

C. 全局变量的初始值被自动赋值为 0

D. 全局变量的生存期要长于局部变量

5. 以下选项描述正确的是(　　)。

A. static 用于局部变量之前,可使对该变量的访问权限仅为本源文件中的函数

B. 系统默认的变量存储类别是 auto,并会把这类变量保存到栈区

C. extern int a;语句会定义一个可被其他源文件引用的变量

D. static int a;语句会让局部变量 a 变成全局变量

6. 以下选项描述正确的是(　　)。

A. 函数可以没有形参,此时函数名后面的圆括号可以省略

B. 函数必须要有返回值,但在调用过程中可以不使用这个返回值

C. 数组名作实参时,将向被调用函数传递数组中第一个元素的值

D. 函数可以有多条 return 语句,被调用时每次只会执行其中的一条 return 语句

7. 以下选项能正确声明函数的是(　　)。

A. int fun(int,int,float);

B. void fun(int a, int b)

C. float fun(int a[5], n);

D. int fun(int a[4][], int n);

8. 以下选项描述正确的是(　　)。

A. main()函数必须位于其他函数之前

B. 不可以在一个函数内部再定义一个函数

C. 定义函数时,在函数名前面加上 static,可以让函数被保存到静态区

D. 定义函数时,可以在函数名前面加上 extern,表示该函数可被其他文件的函数调用

9. 以下程序的运行结果是(　　)。

```
#define f(x) x*5
int main()
{
    printf("%d,%d",f(3*2+1),f(4-1));
    return 0;
}
```

A. 35,15　　B. 31,15　　C. 11,15　　D. 11,−1

10. C89 规定,函数值类型的定义可以缺省,此时隐含的返回值类型是(　　)。

A. int　　B. void　　C. double　　D. char

二、读程序写结果

1. 以下程序的运行结果是(　　)。

```
void fun(int a,int b)
{
    a=a+b;
    b=a-b;
    a=a-b;
}
int main()
{
    int a=6,b=10;
    printf("%d,%d\n",a,b);
    fun(a,b);
    printf("%d,%d",a,b);
    return 0;
}
```

2. 以下程序的运行结果是(　　)。

```
#define f(x) (x*x)
int main()
{
    printf("%d,%d",f(8)/f(4),f(4+4)/f(2+2));
    return 0;
}
```

3. 以下程序的运行结果是(　　)。

```
int fun(int a)
{
    if(a>0)
        return a*fun(a-2);
    else
        return 1;
}
int main()
{
    int a;
    a=fun(5);
    printf("%d",a);
    return 0;
}
```

4. 以下程序的运行结果是(　　)。

```
int fun(int a)
{
    static int b;
    b++;
    return a+b;
}
int main()
{
    int i;
    for(i=1;i<=3;i++)
    printf("%d\n",fun(i));
    return 0;
}
```

5. 以下程序的运行结果是(　　)。

```
int fun(int b[4])
{
    int i;
    for(i=0;i<4;i++)
        b[i]++;
}
int main()
{
    int a[4]= {1},i;
    fun(a);
    for(i=0; i<4; i++)
        printf("%d ",a[i]);
    return 0;
}
```

6. 以下程序的运行结果是(　　)。

```
int n=10;
int fun(int a)
{
    n+=a;
    return n;
}
int main()
{
    int n=5;
    printf("%d,%d",fun(n),n);
    return 0;
}
```

三、程序填空题

1. 本程序用递归函数计算自然数序列 1，2，3，…，n 的和。递归函数的函数名是 sum。

```
【1】                                                  //声明函数
【2】                                                  //函数定义行
{
    if(n==1)
        return 1;
    else
        【3】;
}
int main()
{
    int n,a;
    scanf("%d",&n);
    【4】;                                             //调用 sum()函数
    printf("%d",a);
    return 0;
}
```

2. 本程序功能是对 N 个学生的 M 门课求每门课的平均分。

```
#define N 30
#define M 4
void ave_course(int a[][M],float ave[],int n); //声明函数
【5】                                                  //函数定义行
{
    int i,j,s;
```

```
        for(j=0; j<M; j++)
        {
            for(【6】; i<N; i++)
                s+=a[i][j];
            ave=【7】;
        }

}
int main()
{
    int a[N][M],i,j;
    float ave[N];
    //输入数据
    for(i=0;i<N;i++)
        for(j=0;j<M;j++)
            【8】;
    //处理数据
    【9】;                                          //调用 ave_course()函数
    //输出略
    return 0;
}
```

四、编程题

以下各题均要求编写相应的函数功能，并由 main()函数负责输入、调用和输出。

1. 哥德巴赫猜想。一个大于等于 6 的偶数，可以拆分为两个素数之和，如 16＝3＋13＝5＋11。现在用户输入一个非负数，请验证哥德巴赫猜想。如果用户输入的数据不合要求要进行提醒，如果可以拆分成不同的组合，按小数在前大数在后的方式进行输出。要求编写判断素数 isprime 函数。

输入示例：

```
16
```

输出示例：

```
16=3+13
16=5+11
```

2. 用户输入 10 个整数，按照从大到小的顺序排列。要求编写排序 sort()函数，建议形参中的数组不指定长度，由调用者在地址传递的同时提供数组元素个数。

3. 用户输入 5 人 3 门课成绩，分别编写函数，找到全数组最高分对应的同学和课程下标、个人平均分超过 80 的同学人数。

4. 用户输入两个正整数，分别编写计算最大公约数 gcd()函数和计算最小公倍数 lcm()

函数。

5. 用户输入一行字符串(不超过 100 个字符,以换行作为结尾),编写函数,统计大小写字母、数字字符、空格和其他字符个数。函数原型可参考 void statistics(char a[ ], int num[4]);语句。

6. 用递归调用的方法反向输出用户给出的整数。提示:假设 f(n)可以实现反向输出整数 n,则 f(986)等同于先输出 6,再输出 f(98);而 f(98)等同于先输出 8,再输出 f(9),9 已是个位数,无须再递推。

第 8 章

指　　针

C 语言是最接近计算机硬件的高级语言，能通过诸如位运算、指针类型等，像汇编语言一样对位、字节和地址进行操作，以实现对硬件的直接操作。第 3 章已介绍了位运算符，现在将介绍 C 语言特有的数据类型——指针。

本章将介绍指针的定义与用途，如何通过指针对变量、一维数组和二维数组元素，以及函数进行引用和传参。

8.1　数据与地址

8.1.1　数据与地址的关系

不论是最早出现的结绳计数和算盘，还是现在的计算器和计算机，它们的作用都是帮助人们更快速、更方便、更准确地计算数据。对于计算机而言，人们要计算的数据被存放在内存中，为了便于内存管理，内存中的每一个字节按照递增 1 的顺序拥有唯一的一个编号，这就是内存地址。

变量是一段存储空间，变量名是存储空间的名字，被用来表示存储在空间里的数值。例如 int a,b;语句，系统会在内存中开辟两段存储空间（它们的大小均为 sizeof(int)），并将这两段空间分别命名为 a 和 b，之后用户就可以用变量名代表数值进行计算，例如 b=a+3。

数组是一组同类型的变量被顺序存储在空间里，只要知道数组的首元素地址，就可以通过下标访问到数组中的任意元素，此时的数组名被用来表示首元素地址。例如在 int a[10];语句之后，就可以用 a[i]或 *(a+i)来表示数组中的元素，其中的 i 是数组元素的对应下标。

函数在运行时会被存放到内存中的程序代码区，函数名就代表起始地址。例如在函数 int bigger(int a,int b)定义完成之后，函数名 bigger 就是该函数在内存中的起始地址。

而以上这些，就是为什么变量、数组和函数都需要先定义后使用的原因，因为编程者需要先为它们申请内存空间。

问题来了

既然数据都是有地址的，那能不能通过地址引用它们？比如读取内存中从地址编码 XXXX 开始的 int 型数据？

当然可以。

C 语言提供了两个单目运算符“&”和“*”,其中“&”是取址运算符,加在变量前面表示取出变量所在空间的起始地址(简称地址),“*”是取值运算符,加在地址前面表示取出由该地址起始的一段存储空间中的数值。

例如,int a;语句中的 a 表示数值,&a 就表示该数值所在空间的地址。再如,在 int a[10];语句中,a[i]或*(a+i)表示数组 a 中第 i 个元素的数值,&a[i]或 a+i 表示第 i 个元素所在空间的地址。a[i]与*(a+i)等价,&a[i]与 a+i 等价,这部分内容在数组章节中已有介绍。

& 与 * 互为逆运算,但不能简单地认为 & 和 * 会相互抵消。假设有 int a;语句,& *a 和 * &a 并不相同。单目运算符的结合方向是从右到左,对于 & *a,首先要计算 *a,但 a 代表的是数值,数值前面不能再加 * 进行取值,因此系统会报错。而对于 * &a,a 代表的是数值,&a 表示 a 所在空间的地址,在地址前面加 *,表示从该地址起始的空间中取值,取出来的就是 a,此时的 * & 可以相互抵消,* &a 就是 a。

题 8-1 已知有 int a[5]={1,5};语句,不能表示数组元素值为 5 的选项是(　　)。

A. a[1]　　B. *(a+1)　　C. * &a[1]　　D. *a+1

【题目解析】

答案:D。

选项 A 和 B 是等价关系,B 是 A 的展开式。

选项 C 中,a[1]先取址再取值,* & 互为逆运算可直接去掉,所以选项 C 还剩下 a[1]。

选项 D 中的运算符有优先级,是先从 a 所在空间的地址取值,然后再加 1,而 a 是首元素地址,即 a=&a[0],因此 *a+1= *&a[0]+1=a[0]+1=2。

8.1.2 保存地址

问题来了

数据能保存在内存中,那地址也能保存在内存中吗?

当然可以。

想象现在手边有一张空白的纸(图 8-1(a)),你既可以在纸上写下某张储蓄卡的卡号(图 8-1(b)),也可以在纸上写下这张储蓄卡中的金额(图 8-1(c))。如果不作记号或提前告知的话,光凭纸上的数字,无法判断它是卡号还是金额。为方便区分,可以约定在写着卡号的纸上加个记号(如“*”),这样就能轻易地区分纸上写的是金额还是卡号。

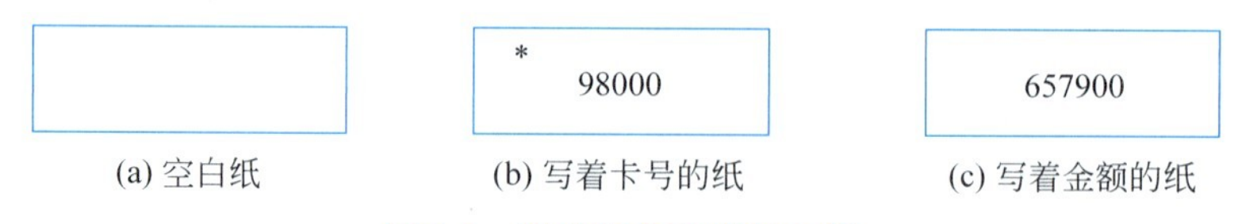

图 8-1　区分保存内容的示例

因此,如果想让存储空间保存数据,就用之前定义变量的方式(如 int a;),如果想让存储空间保存地址,就在定义变量的时候,在数据类型和变量名之间添加一个“*”,告诉系统这个空间放的是地址。例如,int *p;语句就定义了一个用于保存地址的变量 p,并且这个地址是某个 int 型整数的起始地址。有了 *，系统就知道变量名 p 代表的不再是数据而是地址，要想从这个地址中取出数据参与运算，需要在 p 前面加 *。那取出的数据是什么类型呢？这本例而言，是 int 型。

【小思考】

如果有 char *p1;语句和 char p2;语句，分别定义了什么变量？答案见脚注①。

8.1.3　地址与指针

为了在描述时能区分变量保存的内容，通常按数据类型称呼保存数值的变量（如整型变量、字符变量），称呼保存地址的变量为指针变量。

问题来了

什么是指针？为什么不称保存地址的变量为地址变量？地址与指针有什么区别？

(1) C 语言中把能保存地址的变量称为 Pointer，中文将其翻译成“指针”，形象地说明这个变量“指向”具有某个特定类型的数据，而“指向”就是通过保存这个数据的地址来实现。所以指针不仅有地址，还有类型。如 int *p;语句，表示 p 中存放的是某个 int 型数据的起始地址；再如有 float *p;语句，表示 p 中存放的是某个 float 型数据的起始地址。

(2) 内存中的每一个字节都具有唯一的地址编号，因此不能对地址进行赋值运算。同时，地址没有类型之说，不能说这个地址是 int 型的，那个地址是 float 型的。而变量本身是有类型的，并且变量也能被赋值，因此不能称保存地址的变量为地址变量，而应该是指针变量。

(3) 地址与指针的区别如下：

- 地址没有类型，每个字节的地址具有唯一性，不可以对地址进行赋值等运算。
- 指针由地址和类型两部分构成，一旦定义好指针变量，就不能再改变其所指向的数据类型，但可以对指针进行赋值，让其“指向”不同的数据。

注意

为了方便表述，当说指针指向某个地址时，使用不加双引号的指向；当说指针所“指向”的数据时，使用加双引号的“指向”。

8.1.4　将指针变量与数据建立联系

有个脑筋急转弯，问如何把大象塞进冰箱？

答：分 3 步。

① char *p1;语句表示定义了一个用于保存地址的变量 p1，p1 代表的是地址，前面加 * 取值后会得到一个字符，即 *p1 表示的是字符。char p2;语句表示定义了一个字符型变量 p2，p2 代表的就是一个字符。

第一步：打开冰箱门。

第二步：把大象塞进去。

第三步：关上冰箱门。

同样，如何将指针变量与数据建立联系？

答：分 3 步。

第一步：定义一个跟数据同基类型的指针变量。

第二步：把数据的地址赋值给指针变量。

第三步：在指针变量前面加 *，就可以得到数据。

例 8-1 将指针变量与整型变量建立联系，并更新整型变量的值。

```
int main()
{
    int a=8;                          //定义一个整型变量 a
    int *p;                           //定义一个指针变量 p,p 的初始值随机,俗称"野指针"
    p=&a;                             //把 a 的地址存放到 p 所在的空间,即让 p"指向"a
    *p=100;                           //*p 表示的就是 a,*p=100,就是 a 被赋值为 100
    printf("a=%d,&a=%d\n",a,&a);
    printf("*p=%d,p=%d\n",*p,p);
    return 0;
}
```

程序的运行结果如图 8-2 所示。不同计算机的实际地址值可能不一样。

```
a=100,&a=6422036
*p=100,p=6422036
```

图 8-2 例 8-1 的运行结果

当执行完 p=&a 后，p 与 &a 就已完全等价。现在借用数学描述来进行分析：在等式两边分别加上 *，变成 *p= *&a =a。表明 p“指向”a 后，*p 与 a 等价。从此时开始，只要不让 p“指向”其他变量，既可以用 a 参与表达式计算，也可以用 *p 参与表达式计算。

此时，如果直接使用 a 来表示数据，称之为直接访问；如果先使用 p 保存 a 的地址，再使用 *p 来表示数据，称之为间接访问。不论是直接访问，还是间接访问，都能得到同样的数据。

注意

不能把常数赋值给指针变量，如写为 int *p; p=100;语句，因为 100 是数据不是地址，赋值符号两边的类型不相同。那能不能写为 p=(int *)100;语句呢？这样赋值符号两边的类型就相同了。这样也不行，因为无法确定内存空间中编号为 100 的字节是否已被使用。

那可以用 scanf 语句为指针变量赋值吗？还是不行。对指针变量进行操作有个前提，就是它所指向的地址是合法的、安全的、可使用的，只有通过系统分配的或通过动态分配内存函数分配的内存空间才符合上述这些要求。

8.1.5　使用指针变量的意义

问题来了

既然直接访问就能完成取出数据的任务，为什么还要“舍近求远”地使用间接访问？

指针变量之所以重要，主要原因有以下几点。

（1）可以通过地址传递为函数提供修改变量值的手段。

调用函数时，如果实参是数值，是无法通过修改形参来改变实参的。可如果把实参的地址传递给形参呢？这样就可以利用地址传递的方式，通过修改形参间接达到修改实参的目的。

（2）可以通过指针变量使用 C 语言提供的动态分配内存函数。

C 语言提供两种分配内存的方式，一种是通过定义变量和数组，由系统自动分配和释放内存；一种是编程者不通过系统，由自己动态分配和释放内存。这时必须要使用指针变量来保存分配好的内存起始地址（参见 8.10 节）。

（3）为链式动态存储提供支持。

C 语言提供两种批量数据的存储方式，一种是顺序存储方式（数组），另一种是链式存储方式（参见 9.5 节）。当采用链式存储方式时，必须由指针变量提供支持。

（4）使用指针变量能改善某些程序的效率（参见 8.3.3 节）。

8.1.6　定义与使用指针变量的注意事项

定义数据变量的一般形式是：

```
数据类型 变量名;
```

定义指针变量的一般形式是：

```
数据类型 *变量名;
```

如何判断一个变量代表的是数据还是地址？只要看在定义这个变量时，数据类型和变量名之间有没有 * 符号，没有 * 符号的是数据变量，有 * 符号的是指针变量。

使用指针变量时，要注意以下几点。

（1）指针变量也是变量，也要先定义后使用。

（2）指针变量也是一段存储空间，当指针变量（以 p 为例）被定义好后，一样可以用 &p 表示这段空间的起始地址，用 p 表示存放在空间中的内容，只不过这个空间里存放的是地址而已。

（3）不能通过输入语句为指针变量赋值，因为用户无法确定输入的地址是否是空闲可用和安全的。

（4）指针变量在刚定义好时，空间中保存的地址是随机值，即指针的指向是随机的，这样的指针俗称“野指针”。不可以对“野指针”所“指向”的数据进行操作，严重者可能造成程序的崩溃。建议在定义指针变量时要么将它指向 NULL（空指针，表示该指针的指向为空，如 int *p=NULL);语句,要么将它指向合法地址(如某个变量或数组元素的地址)。

(5) 在定义指针变量时,* 符号是告诉系统现在定义的是指针变量。在其他位置时,* 符号是取值运算符,表示从地址中取数据。当然,* 符号还可以作为乘法运算符,当 * 符号是乘法运算符时是很好分辨的,它需要两个操作数。

(6) 可以一边定义指针变量一边对其进行初始化,如 int a, *p=&a; *p=6;语句,两个 *p 中的 * 符号有着不同的含义:第一个 *p 中的 * 符号是在告诉系统,p 是一个指针变量。第二个 *p 中的 * 符号是表示取值,即从 p 所指向的地址空间中取出的数值为 6,或者说把 6 存放到 p 所指向的空间。

(7) 要给指针变量赋值相同基类型的变量地址,基类型就是基本数据类型的简称(如整型、浮点型和字符型)。以字符串为例,char a[100];语句的类型是"char [100]",基类型是 char。

题 8-2 已知有语句 int a, *p; float b;语句,能给 p 正确赋值的选项是(　　)。

A. p=a;　　B. p=&b;　　C. p=&a;　　D. *p=a;

【题目解析】

答案:C。

首先,在定义指针变量 p 时,并没有给 p 初始化,所以 p 是"野指针",不可以通过 *p 引用所指向的存储空间中的数据(因为未知空间中的数据是不安全的)。所以选项 D 是错误的。

其次,p 中保存的是地址,而且这个地址应该是具有相同基类型的数据地址。选项 A 中,a 是数值,不是地址;选项 B 中,&b 虽然是地址,但 b 是 float 型,基类型与 p 不同,也是错误的。

长知识

通常来说,int 型变量占用 4 字节的内存空间,double 型变量占用 8 字节的内存空间,那指针变量在内存中占用多大的内存空间?不同数据类型的指针变量占用的内存空间会不会不一样?

这其实跟 CPU 的位数有关。之前的章节曾介绍过,n 个二进制位只能给 2^n 个字节进行编码,如果是 32 位计算机,可以给 2^{32} 个字节(4GB 内存空间)进行编码,或者说,每个内存字节的编码都用 32 位来表示。32 位是 4 个字节,也就是说,一个指针变量占用 4 字节的内存空间。如果是 64 位计算机,一个指针变量占用 8 字节的内存空间。不论哪种数据类型的指针变量,由于它们保存的都是地址,所以占用的内存空间是一样的。

读者可以先查看所用计算机的 CPU 位数,然后任意定义几个指针变量(如 int *p1;语句,char *p2 语句等),用 sizeof()运算符查看这些指针变量所占内存空间。

8.2 指针变量作为函数参数

指针最重要的作用是作为函数参数,通过地址传递让形参和实参共享存储空间,实现"子变主也变"。

例 8-2　编写能交换两个整数的 swap()函数，并用 main()函数输入、调用和输出。

这里要求交换数据的过程在子函数 swap()中进行，由于 return 语句只能返回一个值，所以可行的办法是进行地址传递，把要交换的两个整数的地址分别作为参数传递给 swap()函数，让 main()的实参和 swap()中的形参共享同一段存储空间，这样形参的改变就是实参的改变。

以下程序是方案一，swap_1()中用于交换用的临时变量 c 是 int 型。

```
void swap_1(int * a, int * b);
void swap_1(int * a, int * b)              //形参是指针变量，接收地址
{
    int c;                                 //c 是 int 型变量
    c= * a, * a= * b, * b=c;               //交换的是 a 和 b 所指向的存储空间中的值
}
int main()
{
    int a,b;
    scanf("%d%d",&a,&b);
    printf("交换前:a=%d,b=%d\n",a,b);
    printf("使用地址传递方式调用 swap()函数\n");
    swap_1(&a,&b);                         //地址传递
    printf("交换后:a=%d,b=%d\n",a,b);
    return 0;
}
```

方案一的运行结果如图 8-3 所示。swap_1()函数中的指针变量 a 和 b 交换的是它们所指向的存储空间中的数据，成功实现 main()函数中的数据交换。

```
5 200
交换前: a=5,b=200
使用地址传递方式调用swap()函数
交换后: a=200,b=5
```

图 8-3　例 8-2 方案一的运行结果

以下程序是方案二，swap_2()中用于交换用的临时变量 c 是指向 int 型的指针变量。

```
void swap_2(int * a, int * b);        //声明函数
void swap_2(int * a, int * b)         //形参是指针变量，接收地址
{
    int * c;                          //c 是指向 int 型的指针变量
    c=a,a=b,b=c;                      //交换的是 a 和 b 的值，即交换的是它们所指向的地址
}
int main()
{
    int a,b;
    scanf("%d%d",&a,&b);
    printf("交换前:a=%d,b=%d\n", a, b);
    printf("使用地址传递方式调用 swap()函数\n");
    swap_2(&a,&b);                    //地址传递
```

```
    printf("交换后:a=%d,b=%d\n", a, b);
    return 0;
}
```

方案二的运行结果如图 8-4 所示。swap_2()函数中的指针变量 a 和 b 交换的是它们所指向的存储空间，没能实现 main()函数中的数据交换。

```
5 200
交换前: a=5,b=200
使用地址传递方式调用swap()函数
交换后: a=5,b=200
```

图 8-4　例 8-2 方案二的运行结果

图 8-5(a)展示了方案一的交换过程，图 8-5(b)展示了方案二的交换过程。

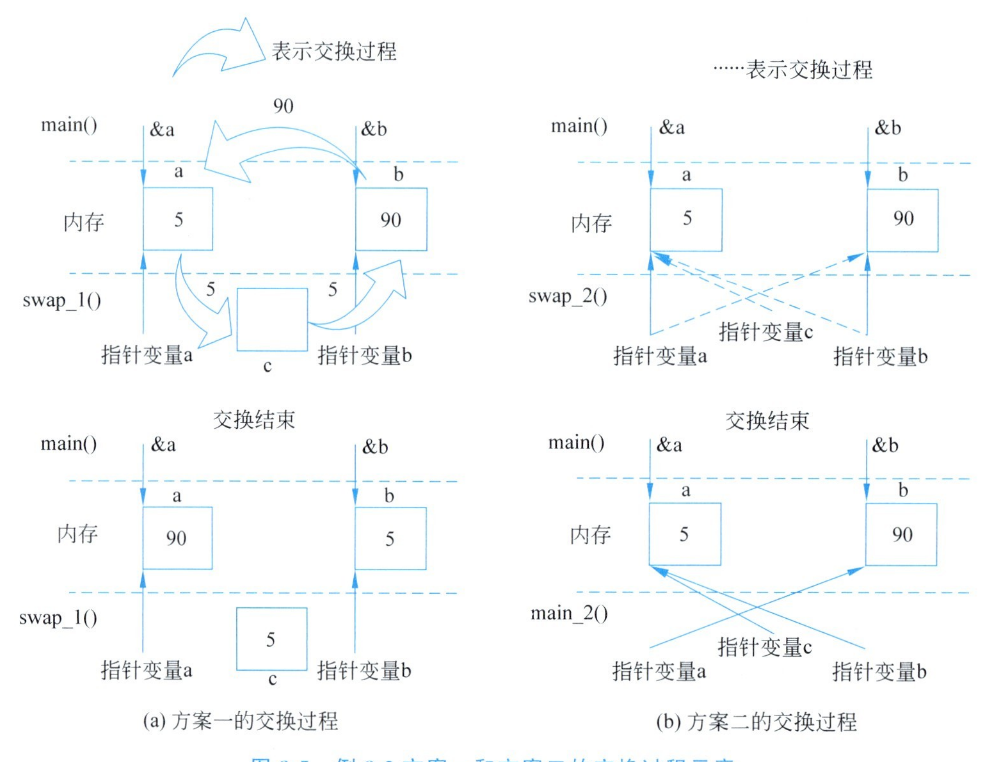

图 8-5　例 8-2 方案一和方案二的交换过程示意

如果把存储空间看作是一个盒子，方案一中，通过 *a 和 *b 交换了盒子里的物品，而方案二中，a 和 b 只是交换了指向。就好像原本左手指着一杯咖啡，右手指着一杯奶茶，左右手交换后，由右手指着咖啡，左手指着奶茶，可咖啡和奶茶仍在原来的地方没有变动。但如果用的是 *左手和 *右手，就表示交换的是左手和右手所“指向”的东西。

结论：当形参是指针变量时，只有使用“*指针变量名”的方式才是对所“指向”的数据进行处理，也才能实现“地址传递，子变主也变”。

【小思考】

如果 swap_2()函数中的函数体改为以下程序，是否可以实现两个整数的交换？答案见脚注[①]。

```
void swap_2(int *a, int *b)
{
   int *c;
   *c=*a, *a=*b, *b=*c;
}
```

题 8-3 以下程序的运行结果是________。

```
void fun(int *x,int y)
{
   y++;
   (*x)+=2;
   printf("%d,%d\n",*x,y);
}
```

```
int main()
{
    int a=5,b=90;
    fun(&a,b);
    printf("%d,%d",a,b);
    return 0;
}
```

【题目解析】

运行结果是：

```
7,91
7,90
```

(1) fun()函数的第一个形参是指针变量 x，第二个形参是整型变量 y，说明一个是地址传递，一个是数值传递。数值传递，肯定是子变主不变；地址传递，还要看子函数中的操作对象是 x 还是 *x。

(2) fun()函数中，参与计算的是 *x，说明这是对数据进行处理，*x 变为了 7。由于是地址传递，main()函数中的 a 值也由 5 变成了 7。

(3) main()函数中的变量 b 用的是数值传递，所以 fun()函数中形参的变化对其不会产生影响，b 仍然是 90。

8.3 通过指针变量引用一维数组

8.3.1 将指针变量指向一维数组

一维数组的数组名表示首元素的地址，所以，直接把数组名赋值给指针变量，就能让指

① 不可以，因为 c 未被赋予合法地址，是“野指针”，不能对“野指针”所指向的空间进行数据操作。

针变量指向数组中的首元素地址。

指针变量指向一维数组的一般形式为：

```
(1)int a[10], *p;
p=a;
```

或

```
(2)int a[10], *p=a;
```

第(2)种方法是在定义指针变量的同时进行初始化，此时 * 符号的作用是向系统说明 p 是指针变量，并不是取值符。

8.3.2 指针变量可以在数组中进行的运算

当指针变量 p 指向数组后，可以对指针变量进行以下运算：

(1) 加/减一个整数值：如 p+1、p+=2、p-1 等，且加减之后的 p 应该仍"指向"该数组中的元素。

(2) 自增 1/自减 1 运算：如 p++、--p 等，且自增(减)之后的 p 仍"指向"该数组中的元素。

(3) 当 p1 和 p2 指向同一个数组时，可以进行 p2 与 p1 的减法运算，它的结果是 p2 相对于 p1 的下标的差值。

(4) 当 p1 和 p2 指向同一个数组时，可以进行关系运算，如 p1<p2. p1!=p2 等。

需要注意的是，p++并不是让 p 指向下一个字节的地址，而是让 p 指向下一个数组元素的地址。假设 p"指向"double 型数据，由于每个 double 型数据都占用 8 字节的空间，因此，p++会跳过当前 double 型数据所占的空间，"指向"下一个 double 型数据。如果 p"指向"char 型数据，则 p++会跳过这个 char 型数据所占的空间，"指向"下一个 char 型数据。这也从侧面说明，指针变量是又有地址又有类型的。

例 8-3 测试指针变量在数组中能进行的运算。

```
int main()
{
    int a[8]= {10,20,30,40,50,60,78,80};
    int *pa1=a, *pa2=a;              //定义了两个指针变量 pa1 和 pa2,都指向 &a[0]
    double b[8]= {111,222,333,444,555,666,777,888};
    double *pb1=b, *pb2=b;           //定义了两个指针变量 pb1 和 pb2,都指向 &b[0]
    printf("pa1=%d, *pa1=%d,pa2=%d, *pa2=%d\n",pa1, *pa1,pa2, *pa2);
    printf("pb1=%d, *pb1=%.1f,pb2=%d, *pb2=%.12f\n",pb1, *pb1,pb2, *pb2);
    pa1++;
    pa2+=5;
    pb1++;
    pb2+=5;
```

```
    printf("pa1=%d, * pa1=%d,pa2=%d, * pa2=%d\n",pa1, * pa1,pa2, * pa2);
    printf("pb1=%d, * pb1=%.1f,pb2=%d, * pb2=%.1f\n",pb1, * pb1,pb2, * pb2);
    printf("pa2-pa1=%d,pb2-pb1=%d\n",pa2-pa1,pb2-pb1);
    return 0;
}
```

程序的运行结果如图 8-6 所示。不同计算机的地址可能不一样。

```
pa1=6421984,*pa1=10,pa2=6421984,*pa2=10
pb1=6421920,*pb1=111.0,pb2=6421920,*pb2=111.0
pa1=6421988,*pa1=20,pa2=6422004,*pa2=60
pb1=6421928,*pb1=222.0,pb2=6421960,*pb2=666.0
pa2-pa1=4,pb2-pb1=4
```

图 8-6　例 8-3 的运行结果

以 pa1 和 pa2 为例，它们最开始都指向 &a[0]，加 * 后，取的值都是 a[0]。

然后 pa1 自增 1，地址尾数从 984 变成 988，跳过了一个 int 型数据所占的字节，指向 &a[1]，加 * 后取值 20。pa2 自加 5，地址尾数从 984 变成 004，跳过了 5 个 int 型数据所占的空间，指向 &a[5]，加 * 后取值 60。pa2－pa1＝4，说明它们俩的下标相差 4。

同理，pb1 自增 1 后，尾数从 920 变成 928，跳过了一个 double 型数据所占的空间，指向 &b[1]，加 * 后取值 222。其余内容不再赘述。

8.3.3　通过指针变量引用一维数组元素的方法

对于一维数组 a，可以用 a[i]或 * (a＋i)引用数组中的第 i 个元素。将指针变量指向一维数组后，也能继续沿用这两种方法引用数组元素。

除此之外，还有第三种方法，就是利用自增和自减运算让指针变量指向数组中某个元素的地址。

例 8-4　测试指针变量引用数组元素的不同方法。

表 8-1 在指针变量 p 指向数组 a 后，分别用 p[i]、* (p＋i)和 p＋＋配合 * p 的方法输入和输出数组元素。

表 8-1　实现例 8-4 的 3 个方案

方案一(用 p[i]引用元素)	方案二(用 * (p＋i)引用元素)	方案三(用 p＋＋配合 * p 引用元素)

int main()
{
    int a[6], * p=a,i;
    //输入数据
    for(i=0;i<6;i++)
        scanf("%d",&p[i]);
    //输出数据
    for(i=0;i<6;i++)
        printf("%d ",p[i]);
    return 0;
}
	int main()
	{
	    int a[6], * p=a,i;
	    //输入数据
	    for(i=0;i<6;i++)
	        scanf("%d",p+i);
	    //输出数据
	    for(i=0;i<6;i++)
	        printf("%d ", * (p+i));
	    return 0;
	}
		int main()
		{
		    int a[6], * p;
		    //输入数据
		    for(p=a;p<a+6;p++)
		        scanf("%d",p);
		    //输出数据
		    for(p=a;p<a+6;p++)
		        printf("%d ", * p);
		    return 0;
		}

程序的运行结果如图 8-7 所示。

```
11 22 33 44 55 66
11 22 33 44 55 66
Process returned 0 (0x0)
```

图 8-7 例 8-4 的运行结果示例

方案一和方案二的运行效率相同，*(p+i)是 p[i]的展开形式，但 p[i]比 *(p+i)更具有可读性。

方案三比前两个方案的运行效率都要高，通过自增 1 操作后，p 已指向要取值的地址，取值时不再需要通过偏移量计算地址。而且，方案三不再需要循环变量 i，既节省了内存资源，又减少了计算步骤。但使用方案三时要注意，输入数据的循环结束后，p 已越界(指向 a+6)，输出时，要让 p 重新指向 a。

有了一定编程经验的人员往往喜欢用方案三(这也是指针变量的用处之一)，但建议初学者在开始时使用方案一的形式，直观易理解。

【小思考】

数组名 a 也是地址，能不能也用 a++;语句或 a+=i;语句，让其“指向”要引用的元素？答案见脚注①。

题 8-4　以下程序的运行结果是________。

```
int main()
{
    int a[6]={11 ,22,33,44,55,66};
    int * p=a;
    printf("%d", * p++);
    printf("%d",( * p)++);
    printf("%d",a[1]);
    return 0;
}
```

【题目解析】

答案：112223。

取值运算符和自增 1 运算符都属于单目运算符，单目运算符的结合方向是从右到左(顺便复习一下，单目运算符、条件运算符和赋值运算符的结合方向是从右到左，其余的运算符都是从左到右进行结合)。

第一条 printf 语句中，表达式 *p++是先计算 p++，再取值。但 p++是后增 1，所以先从 p 所指向的空间取值，输出 11 后，p 再自增 1，指向 &a[1]。

第二条 printf 语句中，表达式(*p)++是先计算括号里的 *p，然后对数据自增 1。此时 p 指向 &a[1]，所以 *p 是 22，然后对 22 自增 1，变成 23，即 a[1]里的内容变成 23。

第三条 printf 语句是验证 a[1]的值，果然已变成 23。

注意

对指针变量自增 1，会让指针变量指向下一个元素所在地址；对数据自增 1，会让数据的

① 不可以，数组名是地址常量，在程序运行过程中其值不可变。可以这么理解，如果数组名 a 的值可以随时改变，那么 a 中的每个元素的值就会变得不确定和不安全。

值加1。但不可以对常量自增1,如5++是错误的。

8.3.4 通过指针变量引用字符串

C语言没有字符串类型,所以借用“char [字符串最大长度+1]”的方式来定义一个字符串。为了能够把字符串当作一个整体进行处理,还专门为字符串设计了结束标识符'\0'和专用处理函数(如strcmp()函数、strlen()函数和strcpy()函数等)。在处理字符串时,只要提供字符串的首元素地址,系统就可以自动从该地址开始依次取出字符数据进行处理,直到遇到结束标识符。

恰好,指针变量保存的就是地址,所以利用指针变量指向和引用字符串就显得非常方便。

将指针变量指向字符串的一般形式为:

```
(1)char a[101], *p=a;
(2)char *p="字符串常量";
```

第(1)种方法,系统会先在栈区为字符串a开辟一段存储空间,然后再定义指针变量p,让其指向a。之后,如果p不改变指向,就能通过p引用字符串a。

第(2)种方法,系统会先在内存的常量存储区开辟空间,用于存储字符串常量,然后再定义指针变量p,让p指向这个字符串常量的起始地址。

这两种方法会在不同的内存区开辟内存,由于常量区的数据在程序运行期间不允许被改变,所以当使用第(2)种方法时,不可以使用strcpy()函数改变p所指向的字符串内容,只能让p再指向其他地址。

例8-5 测试指针变量指向和引用字符串的不同方法。

```
#include <string.h>
int main()
{
    char a[31], *p=a;                    //p和a指向栈区中的同一个地址
    gets(p);                             //输入字符串
    puts(p);
    strcpy(p,"good");                    //用strcpy()函数为字符串赋值
    puts(p);                             //利用p输出字符串
    p="please";                          //让p指向常量区的一个地址,此时p不再指向a
    puts(p);
    strcpy(p,"book");                    //尝试往p所指向的常量区写入数据
    puts(p);
    return 0;
}
```

程序的运行结果如图8-8所示。

程序能通过编译,在运行时,若p指向的是栈区地址(本例中是char *p=a;语句),可

```
pineapple
pineapple
good
please

Process returned -1073741819 (0xC0000005)
```

图 8-8 例 8-5 的运行结果示例

以利用 strcpy()函数或赋值运算符"="修改 p 所指向的字符串内容。但是,当 p 指向常量存储区后(本例中是 p="please";语句),就无法再修改 p 所指向的字符串内容了,除非让 p 重新指向其他字符串常量或栈区地址。本例中,程序在执行 strcpy(p,"book");语句时非正常退出。

此外,当指针变量 p 指向字符串时,p 代表的是地址,* p 代表的是地址中存放的字符,所以不能用 * p="good";,赋值号的左边是字符数据,右边是字符串常量的首元素地址。

题 8-5 以下程序的运行结果是________。

```
int main()
{
    char *p="table";
    p++;
    puts(p);
    printf("%c", *p);
    return 0;
}
```

【题目解析】

答案:

```
able
a
```

p++是让 p 指向下一个元素所在的地址,即'a'所在的地址。puts(p)会从 p 所指向的地址开始依次输出字符,直到遇到结束标识符,所以程序会输出 able。

* p 是从 p 所指向的地址中取出数据,也就是'a',所以会输出 a。

8.3.5 通过指针变量接收一维数组的传参

之前编写函数时,如果形参是一维数组,通常用诸如 a[ ]的形式来表示,现在可以直接定义成指针变量。例如,int fun(int a[ ], int n)与 int fun(int * a,int n)等价。

例 8-6 编写一个能从 5 个数中找到最大值的函数,并通过 main()函数进行调用。

表 8-2 显示了用子函数传递数组最大值的两个方案,方案一用 a[]的形式接收实参传过来的地址,并用 return 语句返回最大值;方案二用指针变量的形式接收实参传过来的地址,并以地址传递的方法,把最大值传递回实参。当然还可以进行组合,如利用指针变量接收实参传过来的地址,用 return 返回最大值等。

表 8-2　实现例 8-6 的两个方案

<table>
<tr><th>方　案　一</th><th>方　案　二</th></tr>
<tr><td>

```
int max(int a[],int n);
int max(int a[],int n)
{
    int i,m;
    m=a[0];
    for(i=1;i<n;i++)
        if(m<a[i])
        m=a[i];
    return m;
}
int main()
{
    int a[5],i;
    for(i=0;i<5;i++)
        scanf("%d",&a[i]);
    //a 是地址传递
    printf("%d",max(a,5));
    return 0;
}
```

</td><td>

```
void max(int *a,int n,int *m);
//* 说明 a 和 m 是指针变量
void max(int *a,int n,int *m)
{
    int i;
    *m=a[0];        //* 是取值运算符
    for(i=1; i<n; i++)
        if(*m<a[i])
            *m=a[i];
}
int main()
{
    int a[5],i,m;
    for(i=0; i<5; i++)
        scanf("%d",&a[i]);
    //a 和 m 都是地址传递
    max(a,5,&m);
    printf("%d",m);
    return 0;
}
```

</td></tr>
</table>

程序的运行结果如图 8-9 所示。

```
57 8 9 120 -3
120
Process returned 0 (0x0)
```

图 8-9　例 8-6 的运行结果示例

8.4　通过指针变量引用二维数组

8.4.1　定位二维数组中的元素

如图 8-10 所示，二维数组 a 在内存中是“按行顺序存储”的，要想定位数组中的 96(下标是 2 行 1 列)，有两种方法：

(1) 依次按元素顺序 97、76、81、85、…地数下去，数到 96 时，发现它距离首元素 a[0][0]的偏移量为 7，因此 96 的存储地址是 &a[0][0]+7。这种通过计算要定位的元素距离首元素偏移量的方法称为“索引法”。

(2) 直接根据要定位元素的下标，先往下数 2 行，再往右数 1 列，就到达 96 所在的位置。这种根据下标定位元素的方法称为“下标法”。

索引法与下标法可以相互推导。

(1) 当数组是一维时，索引法就是下标法。

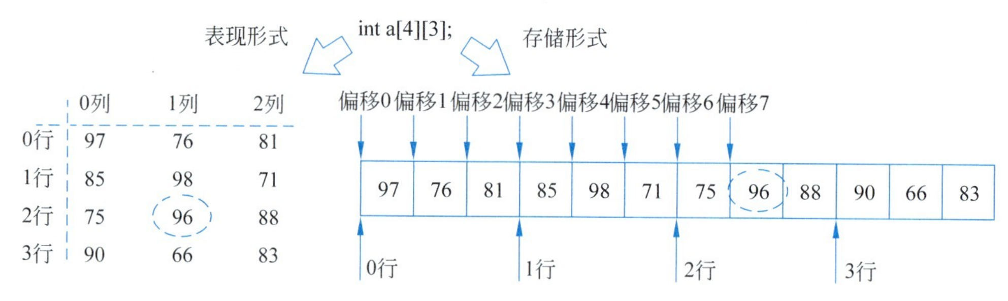

图 8-10　定位二维数组元素的示例

（2）当数组是二维时，假设每行有 M 个元素，

- 由下标推导索引：如果已知下标是 i 行 j 列，则该元素距离首元素的偏移量是 **i * M+j**。以图 8-10 中的数组 a 为例，每行 3 个元素，96 的下标是 2 行 1 列，因此 96 距离首元素 97 的偏移量是 2 * 3+1=7。
- 由索引推导下标：如果已知索引是 k，则对应下标的行是 **k/M**，列是 **k%M**。仍以图 8-10 的 96 为例，它的索引是 7，数组 a 每行有 3 个元素，所以 96 的下标行是 7/3=2，下标列是 7%3=1，即 2 行 1 列。

8.4.2　利用不同的指针变量引用二维数组元素

索引法的本质是根据数组在内存中的存储形式来定位元素。不管是一维数组、二维数组，还是多维数组，它们在内存中都是从前到后（页）、从上到下（行）、从左到右（列），一个数一个数地顺序存储。可以说，索引法是以不变应万变的方式对待不同维数的数组。

下标法的本质是根据数组的外在表现形式来定位元素。一维数组时，下标法就是索引法；二维数组时，用某行某列来引用元素；三维数组时，用某页某行某列来引用元素。

因此，针对索引法和下标法，可以定义不同形式的指针变量来指向数组。

1. 用指针变量配合索引法引用二维数组元素

假设数组每行有 M 个元素，还是老 3 步：

（1）定义一个与数组相同基类型的指针变量 p。

（2）将数组的首元素地址（0 行 0 列地址）赋值给指针变量 p。

（3）利用 *(p+i * M+j) 或 p[i * M+j]引用数组中的第 i 行第 j 列元素，*(p+i * M+j)是p[i * M+j]的展开形式，后者更符合人们的表达习惯。

2. 用含每行元素个数信息的指针变量配合下标法引用二维数组元素

假设内存中顺序存储着 12 个数，如果在表现形式上是每行 3 个数，需要 4 行显示全部数据；如果在表现形式上是每行 6 个数，则需要 2 行显示全部数据。如果要利用下标法定位元素，一定要知道数组中每行的元素个数。因此，C 语言提供了包含每行元素个数信息的指针变量的定义方法，其一般形式为：

```
数据类型 (*变量名)[每行元素个数];
```

其中的“数据类型 [每行元素个数]”作为一个整体，定义了指针变量的类型。想必读者现在能理解为什么之前一直强调的是指针变量的基类型要与所“指向”的数据的基类型相同了吧，因为完整的数据类型还有可能包括每行元素的个数。

为了与传统的指针变量相区别，一般称传统的指针变量为“元素指针”或“列指针”，其意是该指针变量自增 1 后，会“指向”数组中的下一个元素（或下一列）；称含每行元素个数信息的指针变量为“数组指针”或“行指针”，其意是该指针变量自增 1 后，会指向下一个一维数组（或下一行）。例如，int (* p)[3]；语句定义了一个指向每行有 3 个元素的 int 型行指针，或者说定义了一个指向一维数组的指针，这个数组有 3 个 int 型元素。

本书用“列指针”和“行指针”来区分这两种不同的指针。

注意

在定义行指针时，(* 变量名)中的圆括号不可省略。若把 int (* p)[3]；语句写成 int * p[3]；语句，根据运算符的优先级，p 和[3]先结合，变成 p[3]，系统会认为这是在定义一个数组，p 是数组名，数组中的每个元素是一个“指向”int 型数据的指针变量。

如图 8-11 所示，想象自己是排长，有 3 个班，每班 10 个士兵。现在他们已按班站好，等待你的检阅。此时，你既可以班为单位进行检阅（每向下或向上迈一步，就走到下一个或上一个班），也可以为士兵为单位进行检阅（每向右或向左迈一步，就走到下一个或上一个士兵身边）。在程序中，行指针能实现以班为单位的检阅，列指针能实现以士兵为单位的检阅。

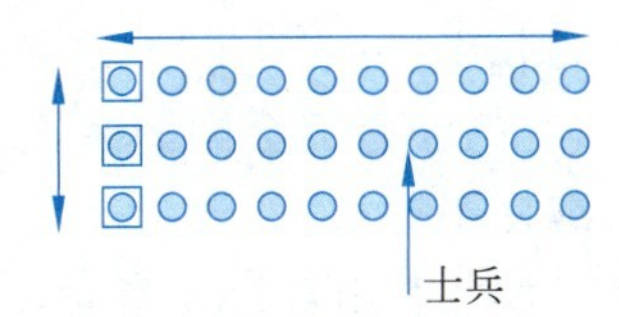

图 8-11 检阅士兵示例

注意

在以班为单位进行检阅时，只能定位到班，只有以士兵为单位进行检阅，才能定位到士兵本人。所以，排长可以先以班为单位，定位到班，再以士兵为单位定位到人。也因此，在图中被方框框住的位置，会发生检阅单位的转换，既可以上下行走，也可以转身向右（偏移量增加的方向）行走。

可以参考图 8-11，结合士兵阵列来理解二维数组：

(1) 二维数组可以看作由多行组成，每行都是一个一维数组（士兵阵列由多个班组成，每个班都由相同数量的士兵组成）。

以 int a[3][10]；语句为例，a 是数组名，包含 3 个元素，分别是 a[0]、a[1]和 a[2]（士兵阵列由三个班组成，a[0]是 0 班，a[1]是 1 班，a[2]是 2 班）。

(2) 对于 a[0]来说，它是一个有着 10 个元素的一维数组，如果把 a[0]当作数组名看待，则首元素是 a[0][0]，下一个元素是 a[0][1]，以此类推（0 班用 a[0]表示，故 a[0][0]是 0 班的 0 号士兵，a[0][1]是 0 班的 1 号士兵）。

(3) 要想定位第 i 行第 j 列数据，首先要定位到第 i 行，然后再定位到第 j 列（先进入到 a[i]班，才能找到这个班的第 j 号士兵 a[i][j]）。

(4) a 是行指针，a+i 是第 i 行地址，* (a+i)或 a[i]是第 i 行第 0 列的地址，* (a+i)+j 或 a[i]+j 是第 i 行第 j 列的地址，* (* (a+i)+j)或 a[i][j]是第 i 行第 j 列的数据。

注意

列指针和行指针的“步幅”不一样，列指针一步跨过一列，行指针一步跨过一行（跨过这一行的所有元素，指向下一行），所以在赋值时，要把列地址赋值给列指针，把行地址赋值给行指针。

对于二维数组 a 来说，列指针的起点是 &a[0][0]或 a[0]或 *a，行指针的起点是 a。虽然 a[0]与 a 都指向同一个地址，但 a[0]+1 和 a+1 的结果完全不一样（参见例 8-7）。

a[i][j]与 *(*(a+i)+j)完全等价，建议在编程时用 a[i][j]，这更符合人们的书写习惯。但如果读者要参加笔试，还是要掌握 a[i][j]的展开方式。

3. 使用列指针和行指针时的区别

(1) 列指针与索引法配合使用；行指针与下标法配合使用。

(2) 对于列指针来说，首元素是 0 行 0 列（计数单位是列），自增 1 后，会“指向”0 行 1 列；对于行指针来说，首元素是第 0 行（计数单位是行），自增 1 后，会“指向”第 1 行。

(3) 已知有 int a[3][10]；语句，列指针为 int *p1；语句，行指针为 int (*p2)[10]；语句，则 p1=&a[0][0]；语句或 p1=a[0]；语句或 p1=*a；p2=a；语句。如果写成 p1=a；语句，有的编译器会因为赋值号两边的指针类型不一样给出警告，有的编译器则会给出错误导致编译不通过。

(4) 引用数组元素时，a[i][j]可以被表示为 p1[i*10+j]或 p2[i][j]。

例 8-7 编程测试列指针和行指针在引用二维数组元素时的区别。

```
int main()
{
    int a[4][3]= {10,20,30,40,50,60,70,80,90,100,110,120};
    int *p1,(*p2)[3],(*p3)[4],(*p4)[6];     //分别定义了一个列指针和三个行指针
    printf("a是行指针,地址是%d,a[0]是列指针,地址是%d\n",a,a[0]);
    printf("a+1=%d,a[0]+1=%d\n",a+1,a[0]+1);
    p1=a[0];                    //也可以写成 p1=*a 或 p1=&a[0][0],*a 是 a[0]的展开式
    p2=a;                       //p2 与 a 都是每行 3 个元素,可直接赋值
    p3=p4=a;                    //p3 和 p4 的每行的元素个数与 a 不同,编译时会给出警告
    printf("用不同指针显示数组中的 60,60 距离 a[0][0]的偏移或索引是 5\n");
    printf("用 p1,p1[5]=%d\n",p1[5]);
    printf("用 p2,p2[1][2]=%d\n",p2[1][2]);  //p2 每行 3 元素,下标行是 5/3,列是 5%3
    printf("用 p3,p3[1][1]=%d\n",p3[1][1]);  //p3 每行 4 元素,下标行是 5/4,列是 5%4
    printf("用 p4,p4[0][5]=%d\n",p4[0][5]);  //p4 每行 6 元素,下标行是 5/6,列是 5%6

    printf("现在测试每个指针自加 1 的效果\n");
    printf("p1=%d,p1+1=%d\n",p1,p1+1);
    printf("p2=%d,p2+1=%d\n",p2,p2+1);
    printf("p3=%d,p3+1=%d\n",p3,p3+1);
    printf("p4=%d,p4+1=%d\n",p4,p4+1);
    return 0;
}
```

程序的运行结果如图 8-12 所示，不同计算机的地址值可能不一样。

```
a是行指针，地址是6421968，a[0]是列指针，地址是6421968
a+1=6421980,a[0]+1=6421972
用不同指针显示数组中的60,60距离a[0][0]的偏移或索引是5
用p1,p1[5]=60
用p2,p2[1][2]=60
用p3,p3[1][1]=60
用p4,p4[0][5]=60
现在测试每个指针自加1的效果
p1=6421968,p1+1=6421972
p2=6421968,p2+1=6421980
p3=6421968,p3+1=6421984
p4=6421968,p4+1=6421992
```

图 8-12　例 8-7 的运算结果

从图 8-12 中可以看出：

(1) 对于二维数组 a 来说，a 是行指针，a+1 会指向下一行。a[0]是列指针，a[0]+1 会"指向"下一个数组元素。a 和 a[0]的地址尾数都是 968，但分别加 1 后，a+1 的值是 980，跨过了 3 个数组元素(或者说跨过了一行元素)，而 a[0]+1 只跨过了一个数组元素。

(2) 列指针与索引法配合，用 p1[i * 3+j]引用数组中的第 i 行第 j 列元素。

(3) 行指针与下标法配合，如果每行元素的个数不同，则数组中的同一个索引会对应不同的下标行和下标列。

(4) 行指针加 1 会跨过一行数组元素，每行的元素个数在定义行指针时进行设置。以 p4 为例，在定义时，p4 的类型是每行 6 个元素，所以 p4+1 的地址跨过 6 个 int 型元素，地址尾数由 968 变成 992。

题 8-6　有 int a[2][3]={5,18,26,7,3,42}; * p=a[0];(* w)[3]=a;语句，不能正确引用数组元素 7 的选项是(　　)。

A. p[3]　　B. w[1][0]　　C. * w[1]　　D. **w+1

【题目解析】

答案：D。

这是用列指针和行指针分别引用二维数组元素的典型示例。p 是列指针，所以用 p[i * M+j]的方式引用数据(此处 M 为 3)；w 是行指针，所以用 w[i][j]的方式引用数据。

题目中往往还会考查大家对下标展开式的掌握。

下标从 0 开始编号，所以选项 A 和选项 B 都能正确引用数组元素 7。

选项 C 中，w[1]是 1 行 0 列地址，* w[1]就是 1 行 0 列数据。

选项 D 中，w 是 0 行地址，* w 是 0 行 0 列地址，**w 是 0 行 0 列数据，即**w 是 w[0][0]的展开式，而 w[0][0]是 5，w[0][0]+1=6，没有正确引用到数组元素 7。

题 8-7　有 int a[2][3];(* w)[3]=a;语句，不能正确引用数组元素的选项是(　　)。

A. w[0][0]　　B. * (w[1]+2)　　C. * (w+1)[2]　　D. * (w[0]+2)

【题目解析】

答案：C。

选项 A 引用的是数组中的 0 行 0 列元素，正确。

选项 B、C、D 都是部分展开式部分下标的状态，此处有个做题技巧，可以先把带变量名的部分用其他符号代替，展开后再替换回来。例如选项 B 中，先用 b 代替 w[1]，选项 B 变成 * (b+2)，很容易就能看出它是 b[2]的展开式。然后再把 w[1]替换回去，变成 w[1][2]，所以选项 B 能正确引用数组元素。

选项 C 中,先用 b 代替(w+1),选项 C 变成 * b[2],展开后是**(b+2)。再把(w+1)替换回去,变成**((w+1)+2)=**(w+3),它其实是 w[3][0]的展开式。可惜 w[3][0]已越界,不能正确引用数组元素。

选项 D 和选项 B 一样的结构,其实是 w[0][2],能正确引用数组元素。

有读者可能会奇怪,为什么在选项 C 中,不用 b 代替 * (w+1)? 这是因为括号的优先级高于单目运算符 * ,所以(w+1)要先和它后面的[2]结合。事实上,选项 C 中,可以先不考虑 * 的存在,直接处理(w+1)[2],全部展开后再加上前面的 * 也不迟。

8.4.3 通过不同的指针变量接收二维数组的传参

之前编写函数时,如果形参是二维数组,通常用诸如 int a[ ][M]的形式定义形参,其中的 M 是每行的元素个数。现在可以用列指针和行指针来定义函数中的形参了。例如,int fun(int p[ ][M],int n)与 int fun(int * p,int n,int m)和 int fun(int (* p)[M],int n)都可以用于接收调用函数传递过来的二维数组 a 的首元素地址。注意,对于 * p 和(* p)[M]来说,首元素是不一样的。对于 * p,首元素是 a[0][0];对于(* p)[M],首元素是 a,所以在传参时要注意区别。

例 8-8 编写一个能对 3 行 2 列的二维整数数组按行求和的子函数,并用 main()进行调用。

表 8-3 显示了用不同指针变量接收二维数组传参的两个方案,方案一用列指针的形式接收实参传过来的地址;方案二用行指针的形式接收实参传过来的地址,计算好的结果也用地址传递的方式传回 main()函数。

表 8-3 实现例 8-8 的两个方案

方案一

```
void sum_row(int * p,int n,int m,int * sum);
void sum_row(int * p,int n,int m,int * sum)
{
    int i,j,s;
    for(i=0; i<n; i++)
    {
        for(j=0,s=0; j<m; j++)//s 要清零
            s+=p[i * m+j];//索引法引用元素
        sum[i]=s;          //第 i 行的和
    }
}
int main()
{
    int a[3][2]= {90,100,80,70,86,94},sum
[3],i;
    sum_row(&a[0][0],3,2,sum);
                        //传的是 a][0][0]的地址
    for(i=0; i<3; i++)
        printf("%d\n",sum[i]);
    return 0;
}
```

方案二

```
void sum_row(int ( * p)[2],int n,int * sum);
void sum_row(int ( * p)[2],int n,int * sum)
{
    int i,j,s;
    for(i=0; i<n; i++)
    {
        for(j=0,s=0; j<2; j++)//s 要清零
            s+=p[i][j];    //下标法引用元素
        sum[i]=s;          //第 i 行的和
    }
}
int main()
{
    int a[3][2]= {90,100,80,70,86,94},sum
[3],i;
    sum_row(a,3,sum);
                         //二维数组传的是行地址
    for(i=0; i<3; i++)
        printf("%d\n",sum[i]);
    return 0;
}
```

程序的运行结果如图 8-13 所示。

```
190
150
180
```

图 8-13　例 8-8 的运行结果示例

可以发现，使用列指针和行指针接收二维数组的传参时，除了定义方式和引用数组元素的方式不同外，主体代码完全一样。

使用列指针接收数组传参的普适性和灵活性更强，二维数组的行数 n 和每行的元素个数 m 都是通过形参传递的，因此可以用于不同尺寸的二维数组处理。不像行指针内嵌了每行的元素个数 M，所以只能处理每行元素个数都是 M 的二维数组。

例 8-9　编写一个能对字符串数组(4 个字符串，字符串长度均不超过 20)进行排序的子函数，并通过 main()函数进行调用。

表 8-4 显示了用不同指针变量接收字符串数组传参的两个方案，方案一用列指针的形式接收实参传过来的地址；方案二用行指针的形式接收实参传过来的地址。

表 8-4　实现例 8-9 的两个方案

方案一

```c
#include <string.h>
void sort_str(char *p,int n,int m);
void sort_str(char *p,int n,int m)
{
    int i,j;
    char t[m];
    for(i=0; i<n-1; i++)
        for(j=0; j<n-1-i; j++)
            if(strcmp(&p[j*m],&p[(j+1)*m])>0)
            {
                strcpy(t,&p[j*m]);
                strcpy(&p[j*m],&p[(j+1)*m]);
                strcpy(&p[(j+1)*m],t);
            }
}
int main()
{
    char a[4][21];
    int i;
    for(i=0;i<4;i++)
        gets(a[i]);
    sort_str(a[0],4,21); //传递的是 &a[0][0]
    for(i=0; i<4; i++)
        puts(a[i]);
    return 0;
}
```

方案二

```c
#include <string.h>
void sort_str(char (*p)[21],int n);
void sort_str(char (*p)[21],int n)
{
    int i,j;
    char t[21];
    for(i=0; i<n-1; i++)
        for(j=0; j<n-1-i; j++)
            if(strcmp(p[j],p[j+1])>0)
            {
                strcpy(t,p[j]);
                strcpy(p[j],p[j+1]);
                strcpy(p[j+1],t);
            }
}
int main()
{
    char a[4][21];
    int i;
    for(i=0;i<4;i++)
        gets(a[i]);
    sort_str(a,4);      //传递的是数组名
    for(i=0; i<4; i++)
        puts(a[i]);
    return 0;
}
```

程序的运行结果如图 8-14 所示。

字符串有个特殊之处，当以整体形式参与计算时，要使用专用的字符串处理函数，并在 #include 预处理命令中包含 string.h。

此外，在运算时要提供字符串首元素所在地址，系统会从这个地址开始依次对字符串中

的字符进行处理,直到遇到结束标识符。所以两个函数中,在字符串比较和字符串赋值时,都用的是地址。对于列指针,第 i 个字符串的首元素地址是 &p[i*m];对于行指针,第 i 个字符串的首元素地址就是 p[i]。

```
happy
text
pineapple
aim
aim
happy
pineapple
text
```

图 8-14 例 8-9 的运行结果示例

8.5 指针数组

1. 指针数组的用处

数组是一组具有相同类型的变量的集合,当这些变量是指针变量时,数组就成了指针数组。指针数组的用处很多,这里举两个例子:

(1) 能够利用指针变量自增 1 运算符,更快速地遍历和处理数据。

(2) 能在保持原始数据顺序不变的情况下,完成排序。

2. 定义和使用指针数组

定义数据数组的一般形式为:

```
数据类型 数组名[第一维长度][第二维长度]…;
```

定义指针数组的一般形式为:

```
数据类型 *数组名[第一维长度];
```

通常情况下,指针数组中的指针变量是列指针,并且指针数组也主要用于二维数组。它的主要作用就是“变相”地把二维数组拆分成一个个“独立”的一维数组,然后用处理一维数组的方式来处理数据。

如图 8-15 所示,可以让一个指针数组中的每个元素分别保存二维数组中对应行的首元素地址(可以理解为是在给首元素地址进行备份),如 p[0]=a[0];语句。然后就可以利用 p[0][j]访问该行中的第 j 个数据,或者以 p[0]为例,利用 p[0]++,可以快速遍历和处理第 0 行中的数据。

```
int a[4][3], *p[4];              char a[4][31], *p[4];

p[0] ──► a[0] 97  76  81         p[0] ──► a[0]  good
p[1] ──► a[1] 85  98  71         p[1] ──► a[1]  apple
p[2] ──► a[2] 75  96  88         p[2] ──► a[2]  telephone
p[3] ──► a[3] 90  66  83         p[3] ──► a[3]  eat
```

图 8-15 用指针数组指向二维数组的每一行首元素地址

当然,也可以在不改变原始数据顺序的情况下完成排序。以图 8-15 中的字符串数组为例,若 p[0]指向 a[1],p[1]指向 a[3],p[2]指向 a[0],p[3]指向 a[2],就可以通过依次输出 p[0]到 p[3]完成字符串的排序。

例 8-10 要求在用户的原始数据不变动的前提下，利用指针数组对 6 个字符串(长度均不超过 30)按字典顺序进行排序。

假设用字符串数组 a 保存用户的输入数据，要想保证字符串数组 a 中的内容不变动，可以用指针数组对每个字符串的首元素地址进行备份，然后针对备份进行排序，并通过改变指针的指向达到排序的目的。

```
#include <string.h>
int main()
{
    char a[6][31], *p[6];           //指针数组的元素个数与字符串个数相同
    int i,j;
    char *t;                        //用于交换的临时指针变量
    //输入数据
    for(i=0; i<6; i++)
    {
        gets(a[i]);
        p[i]=a[i];                  //指针数组特有的步骤,让 p[i]指向 a[i],也称为备份
    }
    //针对指针数组处理数据,以保证原始数据不变动
    for(i=0; i<5; i++)
        for(j=0; j<5-i; j++)
            if(strcmp(p[j],p[j+1])>0)
            {
                t=p[j];             //交换是所指向的地址,用 strcpy()是交换内容
                p[j]=p[j+1];
                p[j+1]=t;
            }
    //输出数据,先输出原始数据(查看其是否有变动),再输出排序结果
    printf("原始数据为:\n");
    for(i=0; i<6; i++)
        puts(a[i]);
    printf("排序结果为:\n");
    for(i=0; i<6; i++)
        puts(p[i]);
    return 0;
}
```

程序的运行结果如图 8-16 所示。由于只是针对备份的指针数组进行排序，并且只是改变指针的指向，所以不会改变原始数据的输入顺序。读者可以试一下，如果在排序时使用的是 strcpy(p[j],[pj+1]);语句(注意此时用于交换的临时变量应定义为 char t[31];语句)，原始数据的内容是否会发生改变。

```
one
two
three
four
five
six
原始数据为:
one
two
three
four
five
six
排序结果为:
five
four
one
six
three
two
```

图 8-16　例 8-10 的运行结果示例

8.6　指向指针的指针变量

1. 指向指针的指针变量的用处

既然指针变量可以指向数据变量和数据数组，那么指针变量也可以指向指针变量和指针数组，为了让系统知道指针变量指向的是指针变量和指针数组，要在定义时再多加一个 * 符号。

读起来这么拗口的指针变量当然有它存在的意义，主要作用是作为函数的形参，接收指针变量和指针数组传过来的地址。当然，在实际应用中，主要是接收指针数组传过来的地址。

想必读者已经发现了，在例 8-10 中，对字符串的排序是在 main()函数中进行的，因为暂时还没介绍到如何为指针数组进行传参。现在机会来了。

2. 定义和使用指向指针的指针变量

若要定义一个“指向”数据的指针变量，其形式为：

```
数据类型 *变量名;
```

它是在告诉系统，变量名代表的是地址，需要加一个 * 符号才可以引用到数据。

若要定义一个指向指针的指针变量，其形式为：

```
数据类型 **变量名;
```

它是在告诉系统，变量名代表的是地址，加一个 * 得到的还是地址(因为它指向的是指针变量，而指针变量中保存的是地址，所以加 * 符号后取出的是地址)，要再加一个 * 符号才可以引用到数据。

可以想象你的朋友 A 和一位专家来你所在的城市出差，A 要给你引荐这位专家。A 和专家都住在宾馆，可你不知道他们的房号，也不能贸然直接去拜访专家。所以你要先找到前台（前台相当于系统），根据前台提供的 A 的房号找到 A。然后根据 A 提供的专家房号，你才能见到专家本人。

所以，指向指针的指针变量中保存的是 A 的房号，加第一个 * 符号能帮你取得专家的房号，加第二个 * 符号才能见到专家本人。

例如：

```
int a=5, *p, **s;
p=&a, s=&p;
```

完成指向后，借用数学描述，在等式两边分别加 * 符号：

s=&p=p，说明 s 加一个 * 符号后得到的是地址，因为 p 中存的是地址。

s=&p=*p，而 p=&a，两边加 * 符号，*p=*&a=a，所以**s=a，即加两个 * 符号后会得到数据。

注意

有个技巧可以帮助我们知道指针变量应该加几个 * 符号才能引用到数据。就是看定义时变量名的前面有几个 * 符号，int *p;语句，表示以后用 *p 就可以引用到数据；int **p;语句，表示以后用**p 才能引用到数据。

题 8-8　以下程序的运行结果是（　　）。

```
int main()
{
    int a[]={3,7,1,2};
    int *p=&a,**s=&p;
    p+=2;
    printf("%d",**s);
    return 0;
}
```

A. 7　　B. 1　　C. 2　　D. 0

【题目解析】

答案：B。

建立好指向关系后，对于指针变量 s 来说，不论 p 指向何处，它都可以顺着 p 的指向引用到数据。

p+=2，会让 p 指向 &a[2]。因为 s=&p，所以 *s=*&p=p=&a[2]，继续在等式两边加 * 符号，**s=*&a[2]=a[2]，而 a[2]是 1。

例 8-11　要求在用户的原始数据不变动的前提下，编写函数对 6 个字符串（长度均不超过 30）按字典顺序进行排序。要求在 main()中输入、调用和输出。

因为要在不改变原始数据的前提下实现排序，就要使用指针数组进行地址备份。又要求必须编写函数，就说明必须要将指针数组的地址传给排序函数，这就使用到指向指针的指针变量了。

图 8-17 是使用指向指针的指针变量访问数据的效果示意。

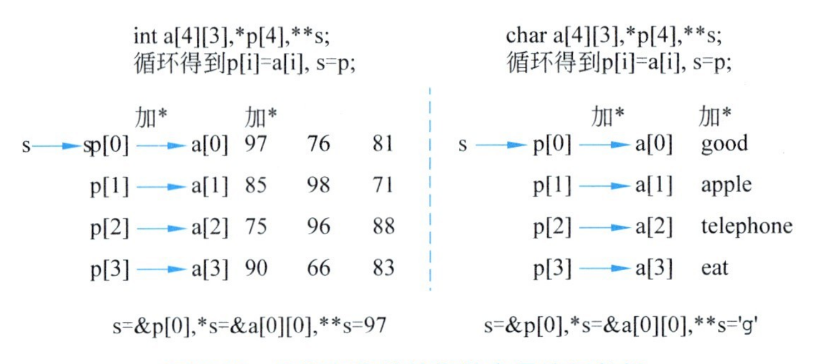

图 8-17 用指向指针的指针变量访问数据

```
#include <string.h>
void sort_str(char **s,int n);            //也可定义成 void sort_str(char * s[],int n)
void sort_str(char **s,int n)
{
    char * t;
    int i,j;
    for(i=0; i<n-1; i++)
        for(j=0; j<n-1-i; j++)
            if(strcmp(s[j],s[j+1])>0)
            {
                t=s[j];                       //交换是所指向的地址
                s[j]=s[j+1];
                s[j+1]=t;
            }
}
int main()
{
    char a[6][31], * p[6];                //指针数组的元素个数与字符串个数相同
    int i,j;
    //输入数据
    for(i=0; i<6; i++)
    {
        gets(a[i]);
        p[i]=a[i];                   //指针数组特有的步骤,让 p[i]指向 a[i],即进行地址备份
    }
    //处理数据
    sort_str(p,6);                        //传递的是指针数组名
    //输出数据,先输出原始数据,再输出排序结果
    printf("原始数据为:\n");
    for(i=0; i<6; i++)
        puts(a[i]);
    printf("排序结果为:\n");
```

```
    for(i=0; i<6; i++)
        puts(p[i]);
    return 0;
}
```

程序的运行结果参看图 8-16。排序函数中 s 的取值可以参看图 8-17 右半部分的字符串数组示例。在 main()函数中，通过 p[i]=a[i];语句进行了地址备份。传参时，将数组名 p 传递给 s，因为数组名就代表首元素地址，因此，s 其实是“指向”了 p[0](也就是 a[0]或 &a[0][0])，s[i]就是数组中的第 i 个元素 p[i]，只不过这个元素代表的是个地址(本例中，就是某个字符串的起始地址)。由于形参用的是地址传递，所以交换 s[j]与 s[j+1]就相当于交换 p[j]与 p[j+1]。

8.7　指向函数的指针变量

函数在运行时会保存在代码区，函数名代表该函数在代码区的起始地址。当指针变量指向函数名时，就可以使用“(*变量名)”代替函数名了。

定义指向函数的指针变量的一般形式为：

```
返回值类型(*p) (形参列表);
```

可以发现，(*p)其实就是代替了定义函数时的函数名，圆括号不可缺省，否则会出现运算符优先级的问题。

使用指向函数的指针变量时要注意以下几个方面。

(1) 指针变量的类型必须与要指向的函数原型一样(包括返回值类型、形参类型、个数与顺序)。

(2) 假设要指向的函数名是 fun，只需要 p=fun;语句就可以将 p 指向 fun()函数所在的地址。

(3) 调用函数时，用(*p)代替函数名即可。

例 8-12　用户先输入两个整数 a 和 b，再输入 1 或 2，1 表示要输出 a 和 b 中的大者，2 表示要输出 a 和 b 中的小者。分别编写求较大值和较小值的函数，要求在 main()中输入、调用和输出。

```
int bigger(int a,int b);
int smaller(int a,int b);
int bigger(int a,int b)
{
    if(a>b)
        return a;
    else
        return b;
```

```
}
int smaller(int a,int b)
{
    if(a<b)
        return a;
    else
        return b;
}
int main()
{
    int a,b;
    char sel;
    //定义一个指向有着两个 int 型形参、一个 int 型返回值的函数的指针变量
    int ( * p)(int a,int b);
    scanf("%d%d% * c",&a,&b);//% * c 用于跳过输入完两个整数后的分隔符
    sel=getchar();
    if(sel=='1')                //注意是按字符形式读取的'1'或'2'
        p=bigger;
    else                        //本例中,只要输入的不是'1',都会输出小者,读者可加以完善
        p=smaller;
    printf("%d", ( * p)(a,b));
    return 0;
}
```

程序的运行结果如图 8-18 所示。

```
5 171 1
171
Process returned 0 (0x0)
```

图 8-18　例 8-12 的运行结果示例

长知识

两个有趣的字符输入函数：getch()和 getche()函数。

scanf()和 getchar()函数是标准输入输出函数,在例 8-12 中,用户输入选择 1 或 2 后回车,系统才会从输入缓冲区读取数据。但有时候,用户希望输入选择后不用回车,程序就会有所响应(常见于游戏控制、系统管理等),此时就可以使用 getch()和 getche()函数。

getch()和 getche()不是标准输入输出函数,因此不从输入缓冲区中读取数据,系统在执行到它们时会实时读取用户从键盘输入的字符并进行响应。区别在于 getch()函数不在屏幕上回显字符(特别适合游戏控制),而 getche()函数则把用户输入的字符显示在屏幕上。

要想使用它们,必须用 #include 预处理命令包含 conio.h 头文件。

例 8-12 中,main()函数的输入语句可改为：

```
scanf("%d%d",&a,&b);        //不用跳过分隔符,因为 getch()函数不从输入缓冲区读取数据
sel=getch();
```

或

```
sel=getche();
```

当程序中有多处要根据用户的选择调用不同的函数时,利用指向函数的指针能简化代码。

8.8 函数返回值是指针变量

指针变量也可以成为函数返回值类型,如

```
char * fun(char * s);
```

fun()函数的返回值类型就是一个"指向"字符的指针变量,或者说,返回值是一个字符的地址或一个字符串的起始地址。

注意,指针变量作为函数返回值时,* 符号和函数名不能使用圆括号括起来,此时的 * 符号是在向系统说明返回值是个指针变量。

注意

void * fun(参数列表)中,fun()函数会返回一个通用型的指针(void * 表示指针类型是通用的),在之后的使用中,可以通过强制转换,用从这个地址开始的一段空间存储特定类型的数据。可以理解为系统在说,空间我给你开辟出来了,你到时想用来装什么,跟我打声招呼就行。

例 8-13 用户输入字符串 a 和 b,在不使用 strcat()函数的前提下,编写函数,把字符串 b 连接到字符串 a 的后面并输出(两个字符串连接后的长度不超过 30)。要求在 main()中输入、调用和输出。

在不使用字符串处理函数的前提下,把字符串连接到另一个字符串的后面,就需要一个字符一个字符地循环处理。在处理完毕后,不要忘记在新字符串的结尾加上结束标识符'\0'。系统只有在输入字符串和以整体形式给字符串赋值时(如 sctrcpy()函数、strcat()函数等)才会自动添加结束标识符。

```
#include <string.h>
char * my_strcat(char * a, char * b);
char * my_strcat(char * a, char * b)
{
    int i,j;
    for(i=strlen(a), j=0; b[j]!= '\0'; i++, j++)
```

```
        a[i]=b[j];
    a[i]='\0';                              //注意要为字符串添加结束标识符
    return a;
}
int main()
{
    char a[31], b[31], * c;
    gets(a);
    gets(b);
    c=my_strcat(a, b);
    puts(c);
    return 0;
}
```

程序的运行结果如图 8-19 所示。

```
hello
kitty
hellokitty
```

图 8-19 例 8-13 的运行结果示例

8.9 带参数的 main()函数

1. 定义带参数的 main()函数

C 语言规定 main()函数的参数只能有两个，并习惯上把这两个参数分别写为 argc 和 argv，而且 argc 是整型变量，argv 是指向字符串的指针数组。因此，带参数的 main()函数的形式为：

```
int main (int argc,char * argv[]);
```

或

```
int main (int argc, char **argv);
```

2. 运行带参数的 main()函数

由于 main()函数不能被其他函数调用，因此不能在程序内部取得实参。所以，main()函数的参数值是从操作系统的命令行上获得的。当要运行一个.exe 文件（可执行文件）时，可以在 DOS 提示符下输入文件名，再输入实参就可把这些实参传送到 main()函数的形参中去。需要注意的是，所有输入的内容，哪怕用户输入的是数值，都被当成字符串进行存储。

DOS 提示符下命令行的一般形式为：

```
可执行文件所在文件夹:\可执行文件名 参数 1  参数 2……
```

argc 表示的是命令行中参数的个数(文件名也算一个参数),argc 的值是在输入命令行时由系统按实参的个数自动赋给的。argv 中依次存储的是可执行文件名、参数 1、参数 2……。

现在用示例说明在命令行中运行 C 程序的方法与参数的获取过程。

例 8-14 用带参数的 main()函数实现对 4 个字符串(均不超过 20 个字符)按字典顺序排序,并在命令行中运行程序。

这里是要对用户输入的 4 个字符串进行排序,在命令行运行该程序时,首先输入要运行的可执行文件名,然后才是要排序的 4 个字符串,所以 argc 的值是 5。输入的 5 个字符串(包括第一个文件名)会存储在内存中,再由指针数组中的指针依次指向这 5 个字符串的首元素地址。因此,真正参与排序的字符串是 argv[1]~argv[4]。

```
int main(int argc,char * argv[])       //一个形参是 int 型,一个形参是指针数组
{
    //argc 是用户在命令行中输入的参数个数(包含文件名)
    //argv 是指针数组,它的每个元素依次指向用户输入的每个参数的首元素地址
    int i,j;
    char t[21];
    printf("argc=%d,argv 中存储的字符串依次是:\n",argc);
    for(i=0;i<argc;i++)
        puts(argv[i]);
    printf("排序结果是\n");
    for(i=0; i<argc-2; i++)  //第一个字符串是文件名,不参与排序,所以只需排序 argc-
                             //2 轮
        for(j=1; j<argc-1-i; j++)
            if(strcmp(argv[j],argv[j+1])>0)
            {
                strcpy(t,argv[j]);
                strcpy(argv[j],argv[j+1]);
                strcpy(argv[j+1],t);
            }
    for(i=1; i<argc; i++)
        puts(argv[i]);
    return 0;
}
```

图 8-20 是本例的可执行文件的完整路径。

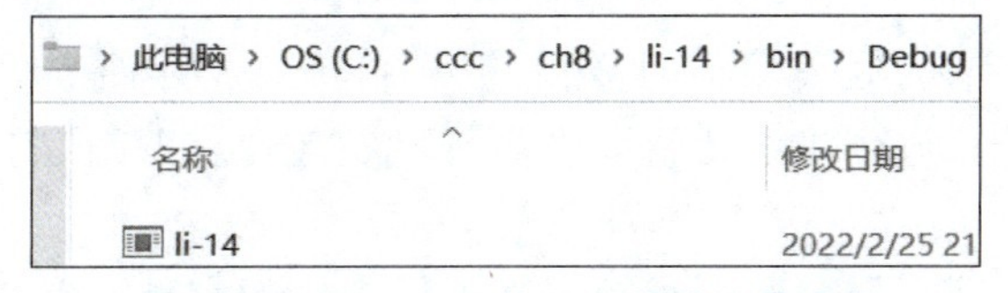

图 8-20　例 8-14 可执行文件的完整路径

如图 8-21 所示，在命令行中进入到 li-14.exe 所在的路径，在提示符后面输入“li-14 one two three four”后回车，程序的运行结果如图 8-21 所示。

```
C:\ccc\ch8\li-14\bin\Debug>li-14 one two three four
li-14
one
two
three
four
排序结果是
four
one
three
two

C:\ccc\ch8\li-14\bin\Debug>_
```

图 8-21　例 8-14 在 DOS 命令行中运行的结果示例

8.10　指针与动态分配内存

指针可以为 C 语言的动态分配内存提供支持。所谓动态分配内存，是在程序运行期间由编程者根据需要对内存进行分配和释放。由系统分配和释放的内存在栈区，由编程者分配和释放的内存在堆区。如果编程者在分配内存之后没有进行释放，在程序结束时可能会由系统进行释放(与所使用的 IDE 有关)。

ANSI C 定义了 4 个与动态分配内存相关的函数，分别是 malloc()、calloc()、free()和 realloc()函数。利用这几个分配内存函数，就可以随时分配和释放内存。在使用它们时，需要在#include 预处理命令中包含 stdlib.h 头文件。

1. malloc()函数

malloc()函数的原型为：

```
void *malloc(unsigned int size);
```

其中，size 是无符号整数，表示向系统申请的内存空间大小。若函数调用不成功，返回 NULL，表示是空指针；若函数调用成功，将返回一个通用型的指针。在具体使用时，可以用强制转换的方式，在这段开辟出来的空间存放指定类型的数据。

例如：

```
double *p;
p=(double *)malloc(8);
```

系统先开辟出 8 字节的通用型空间，然后被强制转换成存储 double 型数据的空间，并把这段空间的起始地址存放到指针变量 p 中。可以发现，“=”赋值符左右两边的数据类型都是 double *。

考虑到不同的编译器可能为数据类型定义不同大小的存储空间，通常用 sizeof(数据类

型)来表示数据类型占用的内存空间大小,如

```
int *p;
p=(int *)malloc(sizeof(int));
```

2. calloc()函数

calloc()函数的原型为:

```
void *calloc(unsigned int num, unsigned int size);
```

其中,num 是无符号整数,表示向系统申请的内存空间的个数,size 是无符号整数,表示向系统申请的内存空间大小,这其实相当于分配了一个一维数组的空间。若函数调用不成功,返回 NULL,表示是空指针;若函数调用成功,将返回一个通用型的指针。在具体使用时,可以用强制转换的方式,在这段开辟出来的空间存放指定类型的数据。

例如:

```
int *p;
p=(int *)calloc(5,sizeof(int));
```

在具体使用时,可以用 p[下标]引用内存中的数据。

3. free()函数

free()函数的原型为:

```
void free(void *p);
```

它的作用是释放由指针变量 p 所指向的内存空间,该函数无返回值。可以发现,free()函数中的两个 void 有不同的含义,括号里的 void 表示指针 p 是通用型的,而 free 前面的 void 表示该函数没有返回值。

free()函数只能释放由 malloc()和 calloc()函数申请开辟的空间。

4. realloc()函数

realloc()函数的原型为:

```
void *realloc(void *p, unsigned int size);
```

该函数的作用是把 p 所指向的空间大小改为 size 字节,若函数调用不成功,返回 NULL,表示是空指针;若调用成功,函数的返回值是最新分配的存储空间的起始地址,与原来分配的首地址可能不相同。

例 8-15　用动态分配内存函数分配和释放内存空间,完成计算 3 个数的平均值的功能。保留小数点后 2 位。

【程序实现】

```
int main()
{
    int *p,i,s;
    p=(int *)malloc(sizeof(int)*3);   //或者 p=(int *)calloc(3,sizeof(int))
    //输入数据,p 相当于数组名
    for(i=0; i<3; i++)
        scanf("%d",&p[i]);
    //处理数据
    for(i=0,s=0; i<3; i++)            //s 要清零
        s+=p[i];
    printf("%.2f", s*1.0/3);
    free(p);                          //释放内存空间
    return 0;
}
```

程序的运行结果如图 8-22 所示。

```
1 9 7
5.67
Process returned 0 (0x0)
```

图 8-22　例 8-15 的运行结果示例

注意

如果想动态申请一个二维数组的空间，假设数组是 n 行 m 列的 int 型数据，则可以用 int *p; p=(int *)calloc(n*m,sizeof(int));语句，只不过此时的 p 是列指针，在访问二维数组时要配合索引法引用数组中的数据，即用 p[i*m+j]引用数组中的第 i 行第 j 列数据。

8.11　指针变量使用方法小结

不论任何类型的指针，都必须在指向合法地址后才能进行取值操作，表 8-5 列举了指针变量指向不同类型变量、数组和函数，以及引用数据的方法。

指针在本章中主要用于函数传参、提供快速的遍历数据手段和动态分配内存。

表 8-5　指针变量使用方法小结

指针类型	普通变量	一维数组	字符串	二维数组	字符串数组	指针数组	函数
列指针	int a, * p; p=&a; 之后, p 与 &a 等价 * p 与 a 等价	int a[N], * p; p=a; 之后, p[i]与 a[i]等价 p[i]的展开式是 * (p+i); 可使用 p++配合 * p 快速遍历元素	char a[LEN], * p; p=a; 之后, 用 p 以整体形式参与处理或改变指向,如 gets(p); p= "字符串常量";	int a[N][M], * p; p=a[0]=&a[0][0]= * a; 之后, 用索引法引用数据 p[i * M+j]与 a[i][j]等价	char a[N][LEN], * p; p=a[0]=&a[0][0]= * a; 之后, 用索引法引用字符串 &p[i * M]与 a[i]等价		
行指针				int a[N][M], (* p)[M]; p=a; 之后, p[i][j]与 a[i][j]等价 p[i][j]的展开式是 * (* (p+i)+j);	char a[N][LEN], (* p)[LEN]; p=a; 之后, p[i]与 a[i]等价		
指针数组				int a[N][M], * p[N]; 以循环方式 p[i]=a[i]; 之后, (1) p[i][j]与 a[i][j]等价 (2) 可让 p 中的指针指向 a 的不同行 (3) 可用 p[i]++配合 * p[i]快速遍历第 i 行元素	char a[N][LEN], * p[N]; 以循环方式 p[i]=a[i]; 之后, (1) p[i]与 a[i]等价 (2) 可让 p 中的指针指向 a 的不同行 (3) 可用 p[i]++配合 * p[i]快速遍历第 i 个字符串中的元素		

续表

指针类型	普通变量	一维数组	字符串	二维数组	字符串数组	指针数组	函数
指向指针的指针	int * p, **s; s=&p; 之后, **s 与 * p 引用数据					int * p[N], **s; s=p; 之后, s[i]与 p[i]等价	
指向函数的指针							定义方式与要指向的函数一模一样,只是将函数名用(* p)替代 指向: p=函数名; 之后, 调用函数时用(* p)作为函数名

注:表中的N和M是整型常量,代表数组的行和列;LEN是整型常量,代表字符串的最大长度+1。

8.12　编程实战

为了练习通过指针变量接收参数的方法，本节的所有实战都由 main()函数输入、调用和输出。

实战 8-1　用户先输入 n 和 m(2≤n,m≤9)，再输入 n 行 m 列的数组，编写函数将其转置。

输入示例：

```
3 2
27 81
9 22
10 5
```

输出示例：

```
27 9 10
81 22 5
```

【函数设计】

本例是编写二维数组处理函数的典型示例。

转置的实质是将数组 a 中的 a[i][j]与 a[j][i]进行交换，转置后，原先 n 行 m 列的数组会转置成 m 行 n 列。为了保证转置后的数据仍能在数组里，在定义二维数组时，必须取 n 和 m 的大者定义出一个方阵，或者直接按照题目要求，按 n 和 m 的上限定义方阵。

这里，如果把数组定义成 9 行 9 列，就可以使用行指针作形参，但如果要根据用户输入的行和列的大者定义数组，则应该使用列指针作形参。

编写函数时，注意列指针要配合索引法引用数据。

转置需要将 a[i][j]与 a[j][i]进行交换，设计算法时要注意不要把交换好的数据又交换回去。例如，在对 0 行数据进行循环时，如果已经把 a[0][1]与 a[1][0]进行交换，在对 1 行数据进行循环的时候，就不能再对 a[1][0]进行交换处理。

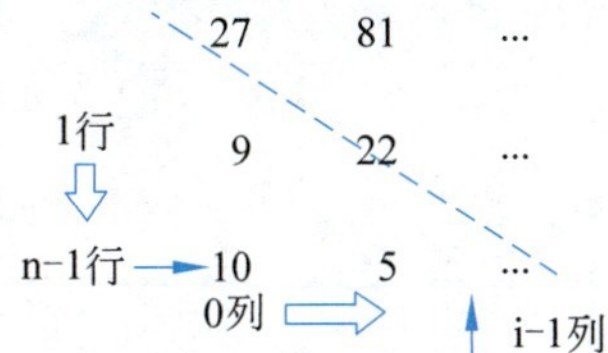

图 8-23　数组转置的技巧

图 8-23 是转置数组的一个技巧示意图。对角线上的数据不用交换，只需要对对角线下半部分的数据进行处理就可以实现整个数组元素的转置。可以发现，如果 i 代表行，j 代表列，当 j<i 时，就交换对应数据。当然，也可以对对角线上半部分的数据进行处理，此时就是当 j>i 时交换数据。

【程序实现】

```
void transpose(int *p, int k);
```

```
void transpose(int *p,int k)              //k是方阵的尺寸
{
    int i,j,t;
    for(i=1; i<k; i++)                    //从 1 行循环到 n-1 行
        for(j=0; j<i; j++)                //从 0 列循环到 i-1 列
        {
            t=p[i*k+j];
            p[i*k+j]=p[j*k+i];
            p[j*k+i]=t;
        }
}
int main()
{
    int n,m,i,j,k;                        //n 和 m 均不超过 9,可直接定义为 a[9][9]
    scanf("%d%d",&n,&m);
    //C99 允许定义变长数组,可以定义成 int a[k][k];,k 是 n 和 m 中的较大者
    if(n>m)
        k=n;
    else
        k=m;
    int a[k][k];
    //输入数据
    for(i=0; i<n; i++)
        for(j=0; j<m; j++)
            scanf("%d",&a[i][j]);
    //处理数据
    transpose(&a[0][0],k);                //传递的是数组中第一个元素地址
    //输出数据
    for(i=0; i<m; i++)                    //转置后只输出 m 行 n 列
    {
        for(j=0; j<n; j++)
            printf("%d ",a[i][j]);
        printf("\n");
    }
    return 0;
}
```

程序的运行结果如图 8-24 所示,它可以实现任意尺寸的二维数组的转置。

```
4 5
1 1 1 1 1
2 2 2 2 2
3 3 3 3 3
4 4 4 4 4
1 2 3 4
1 2 3 4
1 2 3 4
1 2 3 4
1 2 3 4
```

图 8-24 实战 8-1 的运行结果示例

实战 8-2　用户输入一个长度不超过 50 的字符串，再输入一个不超过该字符串实际长度的非负数 m(下标)，将此字符串中从第 m 个字符开始的全部字符保存到另一个字符串并输出。要求编写成函数并返回新字符串的地址。

输入示例：

```
aabbidgeam 4
```

输出示例：

```
idgeam
```

【函数设计】

显然，函数的返回值是指向字符串的指针变量，形参也是一个指向字符串的指针变量。本例的难度不大，但它特别能体现地址在处理字符串时所起到的作用。

【程序实现】

```
char * cutstr(char *p,int m);
char * cutstr(char *p,int m)
{
    return p+m;
}
int main()
{
    char a[51];
    scanf("%s",a);
    int m;
    scanf("%d",&m);
    char *b=cutstr(a,m);
    puts(b);
    return 0;
}
```

程序的运行结果如图 8-25 所示。

```
goodbye 4
bye

Process returned 0 (0x0)
```

图 8-25　实战 8-2 的运行结果示例

实战 8-3　用户先输入 4 名同学的 3 门课成绩(均为整数)，再输入课程号(下标)，按这门课的成绩由低到高进行排序。

输入示例：

```
90 89 78
78 98 67
75 79 82
```

```
60 85 70
1
```

输出示例：

```
75 79 82
60 85 70
90 89 78
78 98 67
```

【函数设计】

又是排序问题。不过，之前要么是对字符串排序，要么是对一行数据排序。这里是指定关键字，根据关键字对二维数组进行排序。每位同学的3门课分数是一个整体，所以排序时如果需要交换位置，3门课的分数都应该相应变化。

解决方案有两种：

(1) 一种是在交换时，用3组交换语句分别交换两名同学不同课程的分数，但代价是代码会变得冗长。

(2) 一种是把二维数组拆分成一个个独立的行，就像8.5节用指针数组对字符串排序一样，每行都有一个指针变量指向它，如果要交换两行，只需要交换指向它们的指针就可以。而且若有需要，通过下标就能引用到该行的数据。

【程序实现】

```
void sort(int *p[],int n,int m);
//int *p[]的展开就是**p,n是学生人数,m是课程下标
void sort(int *p[],int n,int m)
{
    int i,j;
    int *t;
    for(i=0;i<n-1;i++)
        for(j=0;j<n-1-i;j++)
        {
            //第j位同学的第m门课比第j+1位同学的第m门课分高
            if(p[j][m]>p[j+1][m])
            {
                t=p[j];                    //交换指向
                p[j]=p[j+1];
                p[j+1]=t;
            }
    }
}
int main()
{
    int a[4][3],m,i,j;
```

```
    int *p[4];
    //输入数据
    for(i=0;i<4;i++)
        for(j=0;j<3;j++)
        {
            scanf("%d",&a[i][j]);
            p[i]=a[i];                  //备份每行的地址,这是指针数组特有的步骤
        }
    scanf("%d",&m);
    //处理数据
    sort(p,4,m);                        //传递的是指针数组的数组名
    //输出数据
    for(i=0;i<4;i++)
    {
        for(j=0;j<3;j++)
            printf("%d ",p[i][j]);      //改变的是备份,不是原始数据
        printf("\n");
    }
    return 0;
}
```

程序的运行结果如图 8-26 所示。

```
90 80 98
78 82 97
60 90 86
70 70 70
2
70 70 70
60 90 86
78 82 97
90 80 98
```

图 8-26　实战 8-3 的运行结果示例

习题

一、单项选择题

1. 已知有 char ＊p, a[30]= "Hello";语句,以下选项正确的是(　　)。

　A. p="ABCD";　　B. strcpy(p,a);　　C. ＊p=a;　　D. strcpy(a,p);

2. 已知有 int a, ＊p=&a;语句, ＊p=8, a=＊p+2;语句,执行该程序段后,a 的值是(　　)。

　A. 2　　B. 8　　C. 10　　D. 语法错误

3. 已知有 int a, ＊p=&a;语句,为了得到变量 a 的值,以下选项描述不正确的是(　　)。

A. * p　　B. & * p　　C. p[0]　　D. * &a

4. 关于有 char (* p)[100];语句,以下选项描述正确的是(　　)。

A. p 是一个长度不超过 99 的字符串

B. p 是一个指向长度不超过 99 的字符串的指针变量

C. p 是数组名,它有 100 个元素,每个元素都是一个"指向"字符的指针变量

D. p 是数组名,该数组有 100 个字符

5. 关于 int * (* p)(int **s, int * t[]);语句,以下选项描述不正确的是(　　)。

A. p 是指向函数的指针

B. 函数的返回值是一个"指向"int 型整数的指针

C. 函数的第一个形参是一个指向指针的指针

D. 函数的第二个形参是一个行指针,每行的长度被省略

6. 已知有 int a[3][4], * p= * a;语句, p+=8;语句,则 * p 和(　　)的值相同。

A. * (a[0]+8)　　B. * (&a[0]+8)

C. * (a+8)　　D. * (a+2)[1]

7. 关于 float * p[6];语句,以下选项描述正确的是(　　)。

A. p 是一个"指向"float 型数据的指针

B. p 是 float 型行指针

C. p 是 float 型指针数组

D. p 是 float 型数组

8. 以下选项错误的是(　　)。

A. char a[20]; a="good";

B. char a[ ]= "good";

C. char * a[4]={ "good"};

D. char a[ ]={ 'g', 'o', 'o', 'd'};

9. 关于 void * f();语句,以下选项描述正确的是(　　)。

A. f()函数的返回值可以是任意的数据类型

B. f()函数没有返回值

C. f()函数的返回值是一个通用型的指针

D. f 是一个指向函数的指针,该函数没有返回值

10. 以下程序的输出结果是(　　)。

```
int main()
{
    int a=10, b=20, * p=&a, **s=&p; p=&b;
    printf("%d,%d", * p,**s);
    return 0;
}
```

A. 10,10　　B. 10,20　　C. 20,10　　D. 20,20

二、读程序写结果

1. 以下程序的运行结果是________。

```
int fun(int a, int *p)
{
    a++;
    *p=a+3;
    return (*p+a);
}
```

```
int main()
{
    int a=2,b=1,c;
    c=fun(a,&b);
    printf("%d,%d,%d",a,b,c);
    return 0;
}
```

2. 以下程序的运行结果是________。

```
#include <string.h>
int main()
{
    char a[]="good";
    char *p=a;
    for(p=a; p<a+strlen(a); p++)
        printf("%s\n",p);
    for(p=a; p<a+strlen(a); p++)
        printf("%c",*p);
    return 0;
}
```

3. 以下程序的运行结果是________。

```
int main()
{
    int a[2][3]={1,2,3,4,5,6},i;
    int *p[2];
    p[0]=a[0],p[1]=a[1];
    for(p[0]=a[0];p[0]<a[0]+3;p[0]++)
        printf("%d",*p[0]);
    for(i=0;i<3;i++)
        printf("%d",p[1][i]);
    return 0;
}
```

4. 以下程序的运行结果是________。

```
int main()
{
    int a[]={2,6,1,7,5},*p=a;
    printf("%d",*p);
```

```
    printf("%d", * p++);
    printf("%d", * ++p);
    printf("%d",++(* p));
    return 0;
}
```

5. 以下程序的运行结果是________。

```
int main()
{
    int a[]={2,5,3};
    int s=1,i, * p=a;
    for(i=0;i<3;i++)
        s * = * (p+i);
    printf("%d",s);
    return 0;
}
```

三、编程题

以下各题均要求编写相应的函数功能，并由 main()函数负责输入、调用和输出。

1. 设计函数，分别使用列指针和行指针对用户输入的 5 名同学的 3 门课成绩，统计每门课都高于 90 或者平均分超过 85 的同学人数。

2. 用户输入 5 个字符串，请按照字符串的长度从小到大进行排序。如果两个字符串长度相同，则按原始输入顺序进行输出。

输入示例：

```
please
temp
good
eat
cut
```

输出示例：

```
eat
cut
temp
good
please
```

3. 用户先输入 8 个整数，再输入一个非负整数 m。使前面各数依次循环后移 m 个位置。原先的后面 m 个数变成最前面的 m 个数。注意：m 可能大于等于 8。

输入示例：

```
10 20 30 40 50 60 70 80 2
```

输出示例：

```
70 80 10 20 30 40 50 60
```

4. 用户输入 4 名同学的学号(不超过 4 位)、姓名(不超过 12 个字符，一个汉字两个字符)和 C 语言课成绩，请输出不及格同学的全部信息。一行输出一位同学的信息。如果没有不及格同学，输出提示信息。

输入示例：

```
1021 王小虎 90
1011 李小美 79
1045 赵小宝 56
1010 钱小多 85
```

输出示例：

```
1045 赵小宝 56
```

第 9 章

结构体、共用体、枚举与链表

目前已能批量处理同类型的数据，但当要处理类似学生成绩管理系统、图书馆借阅信息管理系统、车票售卖信息管理系统等在一条记录中会包含诸多不同类型的数据时(如学生成绩管理系统中的学号、姓名、性别、班级、各科成绩等)，现有的变量和数组就显得不够用了，有必要引入能“打包”或“集合”不同类型的数据于一体的新型数据结构，这就是结构体类型。当然，除了结构体类型，还有共用体类型和枚举类型等。

此外，如果在存储数据时，现有条件无法使用顺序存储方式，就需要使用链式存储方式，而采用链式存储方式的最简单也最经典的代表就是链表。

本章将重点介绍结构体类型的定义与使用方法，以及链表的相关使用方法，同时，还简单介绍共用体和枚举类型的定义与使用方法。

9.1　结构体类型的声明

9.1.1　声明结构体类型

C 语言允许用户声明和使用自己构造的数据类型，结构体类型就是其中之一。声明结构体类型的关键字是 struct，一般形式为：

```
struct 结构体名
{
    成员变量定义语句;
};
```

表 9-1 是一张包含有学号、姓名、性别和 3 门课成绩的学生成绩信息数据表。如果把学号、姓名、性别和成绩分开存成 4 个数组，就会割裂这些信息之间的关联，在设计诸如排序、查询、统计、插入、删除等功能时，效果可能会事倍功半。如何把这些信息组合成一个结构体类型呢？

表 9-1　学生成绩信息示例

学号	姓名	性别	语文	英语	数学
1021	王小虎	m	90	87	91
1011	李小美	f	76	97	89

续表

学号	姓名	性别	语文	英语	数学
1045	赵小宝	m	56	76	88
1010	钱小多	f	80	77	92
…	…	…	…	…	…

其实，每一条记录都是一名学生的相关信息，可以用 int 型保存这名学生的学号（也可以用字符串），变量取名为 id；用字符串保存姓名，变量取名为 name；用字符保存性别，变量取名为 sex；用 int 型数组保存成绩，数组取名为 score。

逐行写出这些变量和数组的定义，并用花括号把它们括起来，以表示它们是一个整体：

```
{
    int id;
    char name[21];
    char sex;
    int score[3];
}
```

万事俱备，只欠东风。现在需要向系统做出声明，让系统知道这些信息构成了一个结构体类型。这个声明就是使用关键字 struct 加上结构体名字：

```
struct student
{
    int id;
    char name[21];
    char sex;
    int score[3];
};
```

到此，一个由用户自己构造的结构体类型新鲜出炉：

(1) struct 是关键字，表示构造的是结构体类型。

(2) student 是结构体名字，用于区别其他的结构体。

(3) 花括号里面的变量和数组称为结构体类型的成员（也称为域）。成员可以由各种数据类型组成，包括结构体类型也能成为另一个结构体类型的成员。

(4) 花括号后面的**分号不可缺少**，它是结构体类型声明结束的标志。

注意

如果有连续的同类型成员，可以采用如下的方法定义成员：

```
struct birthday
{
    int year, month, day;
};
```

如果想要在 struct student 结构体中增加一个 struct birthday 结构体类型变量，且变量名为 birth，可以写成以下的形式：

```
struct student
{
    int id;
    char name[21];
    char sex;
    struct birthday birth;
    int score[3];
};
```

声明结构体类型并不会占用空间，可以把结构体类型看作是一个数据模板，就像是表 9-1 中的表头，只不过此时表中尚无记录。编译时，系统会把 struct student 作为一个用户自己构造的数据类型来理解，但不会为它分配内存。就像系统不会为 int 型分配内存，但会在定义 int 型变量或数组时分配内存一样。在定义结构体类型的变量或数组时，系统才会根据结构体类型变量或数组要占用的存储空间为它们分配内存。

9.1.2 结构体类型占用的存储空间

如表 9-1 所示，表中的每一条记录都包含学生的相关信息，这些信息要按照成员列表的顺序依次存储在内存中。所以结构体类型要占用的存储空间至少是所有成员占用存储空间的总和(图 9-1)。之所以强调“至少”两字，是因为这涉及 C 语言有内存对齐、提高寻址效率的思想在里面。

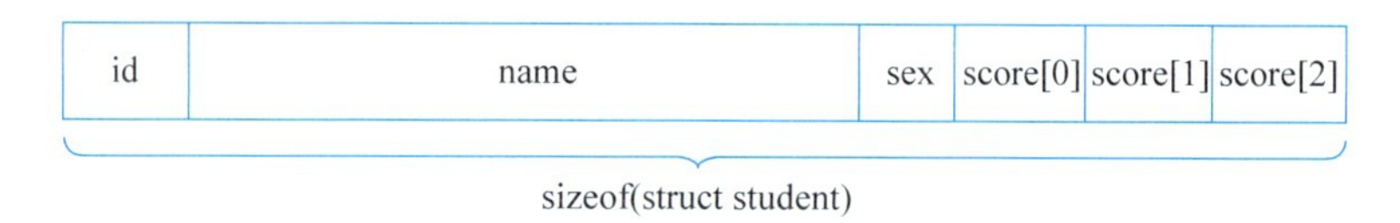

图 9-1　struct student 类型中各成员在内存中的存储位置

简单来说，结构体的不同成员要占用的存储空间可能有大有小，如果严格地按照它们的存储空间来保存数据，系统在计算偏移量时会很麻烦。例如，有的成员是 char 型，需要跨过 1 个字节才能访问到它后面的成员；有的成员是 double 型，需要跨过 8 个字节才能访问到它后面的成员。系统必须记住每个成员之间的距离间隔，不断调整“步幅”去访问数据，这显然效率不高。解决办法之一就是内存对齐，给小尺寸的数据类型开大一点的存储空间，尽量让“步幅”变得统一。可以用 sizeof(结构体类型)查看该结构体类型实际占用的存储空间。

例 9-1　声明两个结构体类型，它们的成员类型相同，但先后顺序不同。查看不同成员顺序下的结构体类型所占用的存储空间。

```
struct student_1
{
    int id;
```

```
    char name[21];
    char sex;
    int score[3];
};
struct student_2
{
    char sex;
    int id;
    char name[21];
    int score[3];
};
int main()
{
    printf("%d,%d",sizeof(struct student_1),sizeof(struct student_2));
    return 0;
}
```

程序的运行结果如图 9-2 所示。

```
40,44
Process returned 0 (0x0)
```

图 9-2　不同成员顺序的结构体类型所占空间大小可能不同

如果直接按数据类型把各成员所占的存储空间进行累加，例 9-1 中结构体类型应占用的存储空间为 4+21+1+12=38 字节，但实际占用的空间可能会比这个大。总的来说，可以视作结构体类型所占的存储空间是所有成员所占空间之和，当然，如果在“是”前面加上“至少”二字就更为准确。

9.1.3　用 typedef 为结构体类型取别名

例 9-1 中定义了结构体类型 struct student_1，如果觉得类型较长不好记，可以用关键字 typedef 为它取个别名。

一般形式为：

```
typedef 数据类型别名;
```

如：

```
typedef struct student_1 STU;
```

之后，就可以用 STU 来表示 struct student_1 这个结构体类型了。

还可以一边定义结构体类型一边为它取别名，如：

```
typedef struct birthday
{
```

```
    int year;
    int month;
    int day;
}BIRTH;
```

BIRTH 就是 struct birthday 的别名。

注意

别名不是定义了新的数据类型，就像一个人的大名和小名一样，别名相对于冗长的结构体类型而言更简洁更能“见名知意”。建议用大写字母表示别名，有助于区分它和其他变量。

typedef 的作用就是为数据类型起别名，例如，typedef int Integer 就是为 int 型起了个别名 Integer。有的计算机系统对数据类型有着不同的取名法，例如，对于整型，有的计算机系统用 int，有的计算机系统用 Integer，甚至有的用 INT。因此，在将程序移植到其他系统时，就需要用 typedef 为数据类型取个适用于该系统的别名。

9.2 结构体变量的定义和初始化

9.2.1 定义结构体变量

结构体变量（包括指针变量）既可以在声明结构体类型的同时定义，也可以在声明完结构体类型后进行，加上可以用 typedef 为结构体类型取别名，定义结构体变量的方法有好几种。现在假设要定义一个结构体变量 a 和一个结构体指针变量 b，定义的一般形式有：

（1）一边声明结构体类型一边定义变量：

```
struct 结构体名
{
    成员变量定义语句;
}a, * b;
```

（2）声明好结构体类型后，再定义变量：

```
struct 结构体名
{
    成员变量定义语句;
};
struct 结构体名 a, * b;
```

（3）用 typedef 为结构体类型取别名后定义变量：

```
typedef struct 结构体名
{
    成员变量定义语句;
```

```
}别名;
别名 a, * b;
```

(4) 不为结构体类型取名字,并定义变量:

```
struct
{
    成员变量定义语句;
}a, * b;
```

以上 4 种方法中,前 3 种方法都可以让编程者在程序中随时定义该类型的变量,第 4 种方法由于没有为结构体类型取名字,所以只能在声明该结构体类型时同时定义变量,之后就不能再定义这种结构体类型的变量。

9.2.2　结构体变量的初始化和赋值

1. 结构体变量的初始化

可以在定义结构体变量的同时对数据进行初始化,具体就是按照成员顺序依次进行赋值,**中间不可跳过某个成员**。没有赋值的数据,数值型的会赋值为 0,字符串会赋值为空字符串("")。

如果要对结构体指针变量进行初始化,直接把同类型变量的地址赋值给指针变量即可。例如:

```
struct student_1 a={1028, "孙小明",'m',88,78,91};
struct student_1 * p=&a;
```

2. 给结构体变量赋值

结构体变量之间可以直接赋值,如:

```
struct student_1 b;
b=a;
```

此时,结构体变量 a 中各个成员的值就直接赋值给变量 b 的相应成员。结构体其实就是用户自己定义的一种数据类型,凡是能对基本数据类型变量进行的操作,都可以用于结构体变量。

9.3　引用结构体变量的成员

C 语言提供了两种可以引用结构体成员数据的运算符,它们是指向运算符“->”和结构体成员运算符“.”。其中指向运算符“->”是专门给结构体指针变量用的,让“指向”这个动作变得更加生动和形象。而结构体成员运算符“.”可同时为结构体变量和结构体指针变量所用。

“->”的使用方法是：指针变量名->成员名，“.”的使用方法是变量名.成员名，仍以 struct student_1 结构体类型为例：

```
struct student_1 a, *p=&a;
```

因为 p=&a，所以 *p 与 a 是等价的，即 a.id 与(*p).id 等价。此外，由于 p 是指针变量，所以还可以用 p->id 来引用学号。注意，“->”的左边必须是地址。

这里有一个有助于掌握引用结构体成员方法的技巧，就是把“.”运算符念作“的”，这样 a.id 就被念作“a 的 id”，是不是很好地体现了结构体变量与成员之间的关系呢？

另外，可以把 p->id 念作“p 所‘指向’的学号”。p 是指向结构体变量地址的指针变量，这段地址空间依次存着结构体变量的成员数据，想要取出哪个数据，就“指向”哪个数据。

注意

p->id 并不是说 p 中保存的是 id 的地址，p 中保存的是结构体变量 a 的起始存储地址，因为这段空间有很多成员数据，用“p->成员名”就能引用到成员数据。

例 9-2 先参照表 9-2 声明结构体类型(成员均为 int 型)，再由用户输入一条记录(从月份开始)。然后，如果用户再输入 1，就输出该用户的本月结余；输入 2，就输出用户的刚性支出占收入的比例(输出形式如 25%)。刚性支出会在消费名称后面加星号(*)。

表 9-2 某人的月消费统计

月份	收入	住房(*)	交通(*)	购物	餐饮(*)	应酬
1	8900	2500	200	1180	1200	500
2	9200	2500	220	500	980	700
…	…	…	…	…	…	…

一般情况下，结构体类型通常在函数之外声明，这样可用于源文件中的所有函数。因此不建议在声明结构体类型的同时定义变量，这会让它成为全局变量，容易破坏函数的封装完整性。

本例中有用户进行选择的互动，所以使用了 getch()函数，直接读取用户输入并且不进行回显。如果需要回显，可以使用 getche()函数。使用它们需要在 #include 预处理命令中包含 conio.h 头文件。

在声明完结构体类型后，多数 IDE 会自动进行编程提示(图 9-3)，双击即可选择要使用的成员。

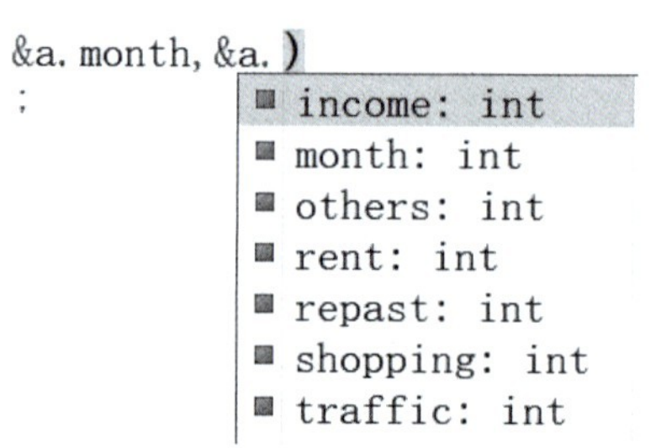

图 9-3 多数 IDE 会在声明完结构体类型后进行编程提示

```
#include <conio.h>
struct bill
{
    //变量含义参照表 9-2
    int month,income,rent,traffic,shopping,repast,others;
};                                                          //分号不可缺少
int main()
{
    struct bill a;
    scanf("%d%d%d%d%d%d%d",&a.month,&a.income,&a.rent,&a.traffic,
          &a.shopping,&a.repast,&a.others);
    printf("输入 1:查看结余\t 输入其他:查看刚性支出占比\n");
    char sel=getch();
    if(sel=='1')
        printf("%d 月节余:%d",a.month,
               a.income-a.rent-a.traffic-a.shopping-a.repast-a.others);
    else
        printf("%d 月刚性支出占比%.0f%%",a.month,
               (a.rent+a.traffic+a.repast) * 100.0/a.income);   //注意整除问题
    return 0;
}
```

程序的运行结果如图 9-4 所示。

```
2 9200 2500 220 500 980 700
输入1: 查看结余 输入其他: 查看刚性支出占比
2月刚性支出占比40%
```

图 9-4　例 9-2 的运行结果示例

注意

如果结构体中含有结构体成员，在引用数据时，需要连续使用“.”运算符，如：

```
struct birthday
{
    int year, month, day;
};
struct student
{
    int id;
    char name[20];
    char sex;
    struct birthday birth;
    int score[3];
}a, * p;
p=&a;
```

若想引用 a 中 birth 成员的 year 成员，需要写为 a.birth.year，或(* p).birth.year，或 p->birth.year。

9.4 结构体数组和函数传参

若表格中有多条数据，就需要使用结构体数组来读取和处理数据。定义结构体数组的一般形式为：

```
结构体类型 数组名[记录数];
```

其实，结构体类型就是一种用户自己构造的数据类型而已，在定义变量和数组时，与定义和使用其他基本数据类型的变量和数组没有区别。

可以在定义结构体数组的时候初始化数据，但不可以略过中间的某些成员进行初始化。还是以 struct student_1 类型为例：

```
struct student_1 a[5]={{1030, "周小小", 'f',70,70,70},{1035,"吴小天", 'm'},{1044}};
```

可以发现，第一条记录是完整初始化，后两条记录均只初始化了部分成员。系统会自动给未初始化的数值型成员赋值为 0，字符串成员赋值为""。

如果有

```
struct student_1 a[5], *p;
p=a;
```

就可以使用指针变量 p 引用结构体数组中的成员数据。

需要说明的是，第 i 个同学的第 j 门课成绩的表示方法是 a[i].score[j]、p[i].score[j]，或者是(p+i)->score[j]。注意，“->”的左边必须是地址。

例 9-3 参照表 9-3 声明结构体类型(姓名不超过 10 个字符)，读取所有数据，输出每个男生的平均分(保留小数点后 2 位)。

表 9-3 学生成绩信息表

学号	姓名	性别	语文	数学	英语	C 语言
1002	赵一	m	90	80	90	90
1004	钱二	f	89	91	93	87
1005	孙三	m	79	76	80	50
1001	李四	m	82	68	79	70
1010	周五	f	100	70	90	98
1023	吴六	m	88	99	68	77

可以注意到，表中用'f'和'm'分别代表女生和男生，一来这是国际通用的表示方法，二来

用一个字符就可以区分性别，能节省内存资源，因为一个汉字要用两个字节进行编码。

```
#define N 6
typedef struct student
{
    int id;
    char name[12];
    char sex;
    int score[4];
} STU;
int main()
{
    STU a[N];                              //用别名更简洁
    int i,j,s;
    //读取数据
    for(i=0; i<N; i++)
    {
        //注意跳过输入数据中姓名和性别之间的空格，空格对于%c来说不是分隔符
        scanf("%d%s%*c%c",&a[i].id,a[i].name,&a[i].sex);
        for(j=0; j<4; j++)
            scanf("%d",&a[i].score[j]);
    }
    //处理数据
    for(i=0; i<N; i++)
        if(a[i].sex=='m')
        {
            for(j=0,s=0; j<4; j++)     //每计算一个学生的平均分，s都要清零
                s+=a[i].score[j];
            printf("%.2f\n",s*1.0/4);
        }
    return 0;
}
```

程序的运行结果如图 9-5 所示。

```
1002 赵一 m 90 80 90 90
1004 钱二 f 89 91 93 87
1005 孙三 m 79 76 80 50
1001 李四 m 82 68 79 70
1010 周五 f 100 70 90 98
1023 吴六 m 88 99 68 77
87.50
71.25
74.75
83.00
```

图 9-5　例 9-3 的运行结果

在读取表格数据时，有以下几个注意事项。

（1）scanf 语句隐含空格、Tab 符和回车符作为数值型数据和字符串的分隔符，但对于字符型数据，所有字符都是有效字符。如果用户输入的数据既有数值又有字符，一定注意在读取字符数据时要跳过它前面的分隔符，本例用的是%*c。

（2）注意 scanf 语句的参数地址列表中，不要忘记在数值型或字符型成员名前面添加取址符，但是字符串成员名本身就是地址，前面不用加 &。

（3）建议编程时先读取第一条记录并输出读取结果，若输出正确再进行循环读取以及

后续的编程。

例 9-4　使用指针变量完成例 9-3。

表 9-4 显示了分别用“.”和“－＞”运算符引用成员数据的方案。

表 9-4　用指针变量引用结构体成员数据的方案

<table>
<tr><th>方案一(用“.”)</th><th>方案二(用“－＞”)</th></tr>
<tr><td><pre>
int main()
{
    STU a[N], * p=a;
    int i,j,s;
    //读取数据
    for(i=0; i<N; i++)
    {
        scanf("%d%s% * c%c",&p[i].id,p
[i].name,&p[i].sex);
        for(j=0; j<4; j++)
            scanf("%d",&p[i].score[j]);
    }
    //处理数据
    for(i=0; i<N; i++)
        if(p[i].sex=='m')
        {
            for(j=0,s=0; j<4; j++)
                s+=p[i].score[j];
                printf("%.2f\n",s * 1.0/4);
        }
    return 0;
}
</pre></td><td><pre>
int main()
{
    STU a[N], * p=a;
    int i,j,s;
    //读取数据
    for(i=0; i<N; i++)
    {
        scanf("%d%s% * c%c",&(p+i)->id,
(p+i)->name,&(p+i)->sex);
        for(j=0; j<4; j++)
        scanf("%d",&(p+i)->score[j]);
    }
    //处理数据
    for(i=0; i<N; i++)
        if((p+i)->sex=='m')
        {
            for(j=0,s=0; j<4; j++)
                s+=(p+i)->score[j];
                printf("%.2f\n",s * 1.0/4);
        }
    return 0;
}
</pre></td></tr>
</table>

例 9-5　使用函数完成例 9-3。main()函数负责输入、调用。

```
#define N 6
typedef struct student
{
    int id;
    char name[12];
    char sex;
    int score[4];
} STU;

void ave_boys(STU * p,int n);
void ave_boys(STU * p,int n)
{
    int i,j,s;
    for(i=0; i<n; i++)
        if(p[i].sex=='m')
```

```
        {
            for(j=0,s=0; j<4; j++)
                s+=p[i].score[j];
            printf("%.2f\n",s*1.0/4);
        }
}
int main()
{
    STU a[N], *p=a;
    int i,j,s;
    //读取数据
    for(i=0; i<N; i++)
    {
        scanf("%d%s%*c%c", &p[i].id, p[i].name, &p[i].sex);
        for(j=0; j<4; j++)
        scanf("%d",&p[i].score[j]);
    }
    //处理数据
    ave_boys(a,N);
    return 0;
}
```

9.5 链表

9.5.1 链式存储与结点

想象自己是一家大宾馆的前台，专门负责团队的住宿安排与日常接待。这天来了一位甲方，他说他组织了一个活动，想参加活动的客人先自行到宾馆登记住宿，活动开始之前，他再来宾馆接客人前往活动地点。问题是，甲方并不知道这次活动会来多少客人，所以不能像以往那样提前开好连号的房间，只能等客人来登记住宿时，再临时看哪间房空闲。另外，他不能守在宾馆等客人，所以还需要前台帮忙记住每位客人的房号信息，他到时好挨个拜访客人。

前台很忙的，顶多记得住一位客人的房号，其他客人的房号信息只能由参加活动的客人互相想办法帮忙记一下。当然客人也很忙的，顶多帮忙记住另一位客人的房号。

面对这样的情况，你会怎么完成甲方的委托呢？

其实可以推演一下：

(1) 第一位客人前来登记开房，填写完参加活动需要的信息后，由前台负责记住他的房号，并请他在一旁等待。

(2) 第二位客人前来登记开房，填写完信息后，让第一位客人帮忙记住第二位客人的房号后离开，然后请第二位客人在一旁等待。

(3) 第三位客人前来登记开房，填写完信息后，让第二位客人帮忙记住第三位客人的房号后离开,然后请第三位客人在一旁等待。

(4) 如此循环,每一位客人都负责记住他后面一位客人的房号,直到达到终止循环的条件,给最后一位客人做一个标记(比如 NULL),表示他后面再无客人。

这样,等甲方来拜访客人时,只需要前台给他提供第一位客人的房号,他就可以先拜访第一位客人,并在第一位客人处拿到第二位客人的房号,再在第二位客人处拿到第三位客人的房号……直到他看到最后一位客人的标记是 NULL,就知道拜访工作完成了。

在计算机系统里,把这种动态分配空间、"顺藤摸瓜"的方式称为"链式存储":

(1) 每位客人都是"链条"上的一个结点,他前面的一位客人(结点)称为前驱,他后面的一位客人(结点)称为后继。除了第一位和最后一位客人,每位客人都有自己的前驱和后继。

(2) 每位客人在登记住宿时,不仅要填写自己的相关信息(数据域),还要负责记住他后继的房号(地址域),最后一位客人没有后继(NULL)。

(3) 对于每一位客人而言,填写信息的任务是在他来登记时完成的,但记住后继房号的任务则需要等到后继前来登记时才能完成。

(4) 第一位客人是整个"链条"的头结点,要想拜访"链条"中的任意一位客人,都必须从他开始。

(5) 最后一位客人是整个"链条"的最后一个结点,但也必须要完成填写地址域的任务,所以要在地址域里填写 NULL,表示他后面已没有客人。

9.5.2 链表的定义

链表是最简单最经典的采用链式存储的一种数据结构,它分为单向链表和双向链表两种。所谓单向链表,就是每个结点只需记住他后继结点的地址,因此只能从前向后访问链表。而双向链表就是每个结点要同时记住它的前驱结点和后继结点的地址,因此既可以从前向后访问,也可以从后向前访问链表。由链表还可以引出其他一些数据结构,如堆栈、队列等,本章只介绍单向链表。

图 9-6 是链表的组成原理图,它由头结点、其他若干个结点和链表终止标记 NULL 组成。每个结点都由数据域和地址域两部分组成,数据域是每个结点自己的相关信息,以学生成绩数据表为例,数据域包括学号、姓名、性别和成绩等,地址域存储的是它后继结点所在空间的起始地址(简称地址)。

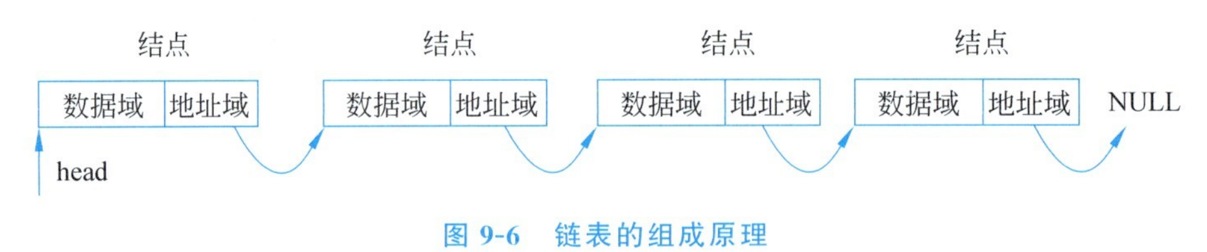

图 9-6 链表的组成原理

9.5.3 结点的结构体类型设计

可以发现,结点其实是一个结构体类型的变量,下面以例 9-3 为例,介绍结点变量的结构体类型设计方法。

目前已声明好的结构体类型只包含结点的数据域部分，还需要增加地址域部分。

```
typedef struct student
{
        int id;
        char name[12];
        char sex;            数据域
        int score[4];
} STU;
```

地址域用于保存该结点的后继结点的地址，既然要保存地址，肯定要用到指针变量。后继结点是什么类型，指针变量就应该是什么类型。而对于链表而言，所有结点都是相同的结构体类型，所以地址域的定义方式已经呼之欲出：

```
typedef struct student
{
    int id;
    char name[12];
    char sex;
    int score[4];
    struct student * next;    //地址域，变量名为 next(代表后继结点)，其类型是 struct
                                  student *
} STU;
```

9.6 链表的主要操作

相比于数组，链表最大的优势在于它可以动态增减结点，特别适用于无法提前知道数据规模，或者需要频繁增减数据的领域。

链表最常见的操作有：

- 建立链表。
- 遍历结点。
- 插入结点。
- 删除结点。

建议读者在学习链表时多画画链表、连连结点，很多链表操作的原理就容易理解了。

9.6.1 建立链表

9.5.1 节用推演的方式大致介绍了一下链表的建立方法，9.5.3 节介绍了结点的结构体类型的设计方法，那么建立链表时就只需要考虑以下 3 个方面的问题。

（1）如何动态分配结点空间？

（2）如何把结点加入到链表中？

（3）如何终止链表的建立？

1. 动态分配结点空间，并用 pcur 指向它

可以利用 malloc()函数分配出刚好可以存储结点数据的内存空间，并把它强制转换成结点的结构体类型，由同类型的指针变量 pcur 指向它（cur 是单词 current 的缩写，表示是当前结点）。

2. 把结点 pcur 加入到链表中

（1）如果该结点是链表中的第一个结点，就让 head 指向它，以表示它是头结点。

（2）如果该结点不是链表中的第一个结点，就让当前链表中的最后一个结点记住它的地址，这样就相当于把新结点加入了链表，然后再把这个结点当作当前链表中的最后一个结点。显然，这就需要有一个指针指向当前链表中的最后一个结点，我们姑且给它取名为 pend，则 pend－＞next＝pcur；语句就可以把 pcur 所指向的结点加入到链表中。这样，当前链表中的最后一个结点已变为 pcur。为了便于以循环方式继续添加结点，通过 pend＝pcur；语句让 pend 仍指向当前链表中的最后一个结点。

3. 终止链表的建立

只要是循环，一定有循环条件或终止条件，这要根据题目的实际要求来确定。但要注意的是，循环结束后，一定要确保最后一个结点的地址域赋值为 NULL，以表示链表到此结束，可以借用字符串的结束标识符'\0'来帮助理解 NULL 的作用。

综上所述，如图 9-7 所示，要想建立链表，必须要用到 3 个指针变量 head、pcur 和 pend。head 表示链表的头结点地址，如果想访问链表中的任一结点，都要从 head 开始“顺藤摸瓜”；pcur 表示当前正在处理的结点；pend 表示当前链表中的最后一个结点。

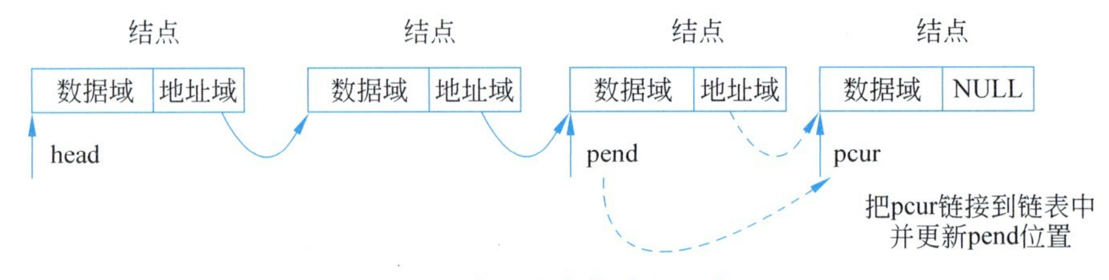

图 9-7 建立链表的过程示意图

例 9-6 用户输入若干个非负整数（以－1 作为结束标志），以链表方式存储这些数据。

本例中，每个结点只需要存储一个 int 型数据，所以数据域有一个 int 型成员。地址域要等到为它的后继结点分配空间后才能赋值，不过可以提前赋值为 NULL，这是一个好习惯，让每个成员都有初值。

图 9-7 是建立链表的过程示意，往链表中加入 pcur 结点时，要考虑链表为空和不为空的情况。当 pcur 加入到链表后，就成为当前链表中的最后一个结点，要及时更新 pend。

```
typedef struct node
{
    int num;
    struct node * nextaddress;              //用于存储后继结点的地址
} NODE;
NODE * CreateList();
NODE * CreateList()
{
    NODE * pcur=NULL, * head=NULL, * pend=NULL;  //head为NULL表示链表为空
    while(1)              //不定数循环,可以让循环条件始终为真,在循环里用break退出
    {
        //开辟结点空间
        pcur=(NODE * )malloc(sizeof(NODE));
        //读取数据
        scanf("%d",&pcur->num);
        pcur->nextaddress=NULL;             //提前给pcur的地址域赋值为NULL
        if(pcur->num!=-1)
        {
            //将结点加入到链表
            if(head==NULL)                  //当前结点是第一个结点,要用head指向它
                head=pcur;
            else
                pend->nextaddress=pcur;     //当前结点是链表中最后一个结点的后继结点
            pend=pcur;                      //更新当前链表中的最后一个结点为当前结点
        }
        else
            break;
    }
    //如果在之前未对pcur->nextaddress赋初值为NULL,此时需要对链表进行封闭
    //pend->nextaddress=NULL;
    return head;                            //返回已建链表的头结点地址
}
```

链表建立完成,返回 head。

对于顺序存储方式来说,可以通过一个定义数组语句让系统自动分配存储空间。但对于链式存储,却需要编程者自己分配空间,并且把新结点加入到链表中。所以,当初学者用链表进行编程时,可能会觉得建立链表是一件麻烦的事,但建立链表其实是有规律有套路可循的,多写几次就能熟能生巧。

由于尚未编写输出链表功能,本例暂时无法运行。

9.6.2　遍历链表

图 9-8 显示了遍历链表结点的方法。

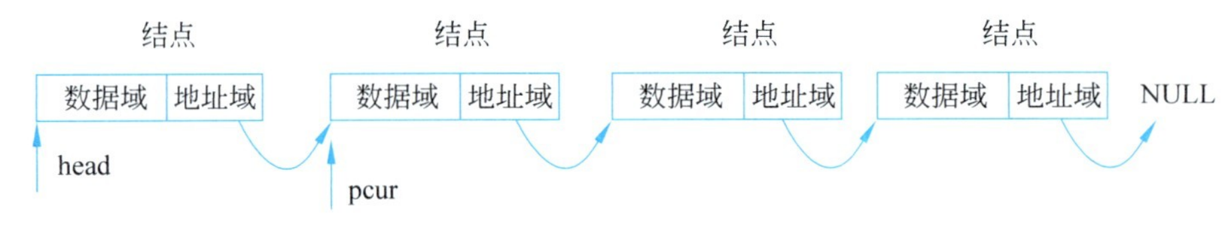

图 9-8　遍历链表的过程示意图

链表用 NULL 表示链表到此结束，表示不再有后继结点，因此 pcur!＝NULL 就是遍历链表的循环条件，例如 for(pcur＝head; pcur!＝NULL; pcur＝pcur－＞next)。

例 9-7　编写输出链表函数，输出例 9-6 中建立的链表。

```
void PrintList(NODE * head);
void PrintList(NODE * head)
{
    NODE * pcur;
    if(head==NULL)
    {
        printf("链表为空\n");
        return;
    }
    for(pcur=head; pcur!=NULL; pcur=pcur->nextaddress)
        printf("%d ",pcur->num);
}
int main()
{
    NODE * head=NULL;
    head=CreateList();
    PrintList(head);
    return 0;
}
```

将例 9-6 和例 9-7 的代码合在一起，程序的运行结果如图 9-9 所示。

```
9 17 89 2 6 -1
9 17 89 2 6
Process returned 0 (0x0)
```

图 9-9　建立链表后输出的运行结果示例

9.6.3　插入结点

图 9-10 显示了在链表中插入结点的方法。

假设要把 pnew 结点插入到 pprev 和 pcur 之间，只需要让 pprev 的后继变成 pnew，pnew 的后继变成 pcur 即可。要解决的问题在于，如何确定 pcur 的位置？pprev 其实就是 pcur 的前驱，所以当 pcur 的位置确定了，pprev 的位置也随之确定。

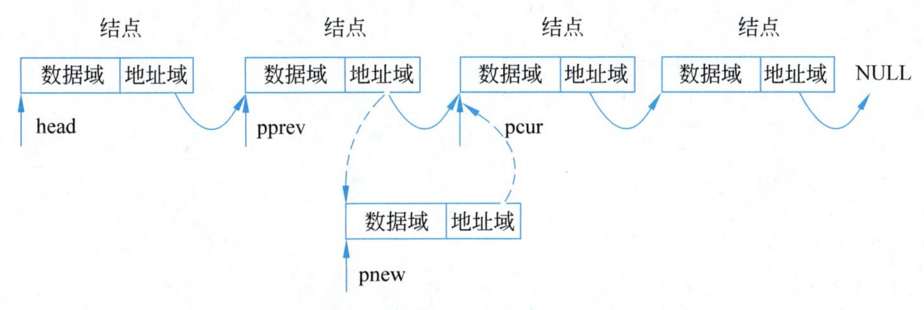

图 9-10 插入链表结点的过程示意图

假设已找到 pcur 的位置，分为如下两种情况进行讨论。

(1) 若 pcur 是 head，表示 pnew 应是链表的头结点，pnew－＞next＝head，head＝pnew;语句。

(2) 其余情况，pprev－＞next＝pnew，pnew－＞next＝pcur;语句。

例 9-8 用户输入一组有序的非负整数(以－1 作为结束标志)，再输入一个非负整数 x，要求插入 x 后数据仍保持有序。用链表实现。

本例要分为 3 个模块，一个是建立链表，一个是插入结点，一个是输出链表。关于建立链表和输出链表，可以直接使用例 9-6 和例 9-7 的程序代码。

关于插入结点，因为链表结点中的数据是有序的，可以让 pcur 中的数据与 pnew 中的数据进行比较，如果 pcur 的数据大于 pnew 的数据或者 pcur－＞next＝＝NULL，就说明找到 pnew 的插入位置了。

```
NODE * AddNode(NODE *head, NODE *pnew);
NODE * AddNode(NODE *head, NODE *pnew)
{
    NODE *pcur, *pprev;
    //插入结点
    if(head==NULL)                          //当前链表为空,pnew 就是头结点
    {
        head=pnew;
        return head;
    }
    //找到插入位置后退出循环,此时要么 pnew->num>=pcur->num,
    //要么已查找完链表,pcur 指向 NULL
    for(pcur=head; pcur!=NULL &&pcur->num<pnew->num; pcur=pcur->nextaddress)
        pprev =pcur;                        //让 pprev 是自己的前驱
    //查看 pcur 是否是 head
    if(pcur==head)                          //pnew 要成为头结点
    {
        pnew->nextaddress=head;
        head=pnew;
    }
    else
```

```
    {
        pprev->nextaddress=pnew;
        pnew->nextaddress=pcur;
    }
    return head;
}
int main()
{
    NODE *head=NULL, *pnew;
    head=CreateList();
    PrintList(head);
    printf("\n");
    //开辟结点空间,并读取要插入的数据
    pnew=(NODE *)malloc(sizeof(NODE));
    scanf("%d",&pnew->num);
    pnew->nextaddress=NULL;            //提前给 pcur 的地址域赋值为 NULL
    head=AddNode(head, pnew);
    PrintList(head);
    return 0;
}
```

程序的运行结果如图 9-11 所示。

```
1 5 9 15 19 -1
1 5 9 15 19
7
1 5 7 9 15 19
```

图 9-11　例 9-8 的运行结果示例

9.6.4　删除结点

图 9-12 显示了删除链表结点的方法。

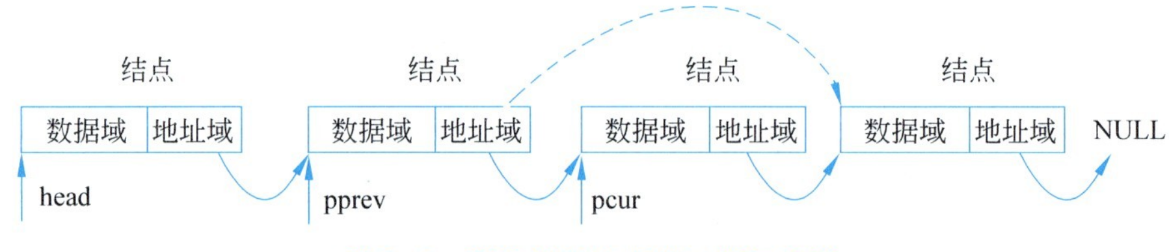

图 9-12　删除链表结点的过程示意图

假设要删除 pcur 结点,只需要让 pprev 的后继变成 pcur 的后继即可。要解决的问题在于,如何确定 pcur 的位置? pprev 其实就是 pcur 的前驱,所以当 pcur 的位置确定了,pprev 的位置也随之确定。

如果已找到 pcur 的位置,分为如下两种情况进行讨论。

(1) 若 pcur 是 head，说明要删除头结点，原来头结点的后继将作为新链表的头结点，head＝head->nextaddress；语句。

(2) 否则，pprev->nextaddress＝pcur->nextaddress；语句。

删除结点后，要释放 pcur 结点，以免造成内存泄漏。

有可能找不到要删除的结点，所以需要用一个 flag 标记是否已找到要删除的结点。

例 9-9　用户输入若干非负数(以－1 作为结束标志)，再输入一个数 x，删除 x 后输出结果，若找不到 x，则输出提示信息。用链表实现本题。

```
NODE * DeleteNode(NODE * head);
NODE * DeleteNode(NODE * head)
{
    int flag=0;                                         //0 表示未找到要删除的结点
    int x;
    scanf("%d",&x);
    NODE * pcur, * pprev;
    if(head==NULL)
    {
        printf("链表为空\n");
        return head;
    }
    pcur=head;                                          //从头结点开始查找
    while(pcur!=NULL)
    {
        if(pcur->num==x)                                //找到删除结点
        {
            if(pcur==head)
            {
                head=head->nextaddress;
                free(pcur);
                pcur=head;                              //继续让 pcur 指向 head
            }
            else
            {
                pprev ->nextaddress=pcur->nextaddress;
                free(pcur);
                pcur=pprev->nextaddress;                //让 pcur 指向下一结点
            }
            flag=1;                                     //已找到删除结点
        }
        else
        {
            pprev =pcur;                                //让 pprev 是自己的前驱
            pcur=pcur->nextaddress;
        }
```

```
    }
    if(flag!=0)
        PrintList(head);
    else
        printf("未找到%d",x);
    return head;
}
int main()
{
    NODE *head=NULL;
    head=CreateList();
    PrintList(head);
    printf("\n");
    head=DeleteNode(head);
    return 0;
}
```

建立链表和打印链表的代码可参照前面的例子,程序的运行结果如图 9-13 所示。

```
5 5 5 8 9 5 7 5 5 -1
5 5 5 8 9 5 7 5 5
5
8 9 7
```

图 9-13　例 9-9 的运行结果示例

9.7　链表和数组的区别

表 9-5　数组与链表的区别

	数　组	链　表
逻辑结构	(1) 顺序存储 (2) 元素个数明确 (3) 不支持动态改变数组大小 (4) 数组元素减少时,会造成内存浪费 (5) 插入元素时需要移动其他元素	(1) 链式存储 (2) 支持动态插入或删除结点 (3) 可随时分配和释放内存 (4) 插入和删除结点时只需要改变后继指向
存储区域	栈区,由系统分配和释放,使用方便,自由度小	堆区,由编程者动态分配和释放,自由度大,但要注意内存泄漏
访问元素	通过下标访问,效率高	需从头遍历到要访问的结点,效率低
适用范围	数据规模明确,需要快速访问数据,以查找、统计、排序等功能为主,不频繁增减数据的应用场景	无法事先估计数据规模,需要频繁插入和删除数据的应用场景

9.8　共用体类型

1. 声明共用体类型

共用体的类型声明方法与结构体相似，只不过使用的关键字是 union，并且所有成员共用一段内存空间，这也是共用体名称的由来。

声明共用体类型的一般形式为：

```
union 共用体名
{
    成员变量定义语句;
};
```

例如：

```
union data
{
    int x;
    char y;
    char z[4];
};
```

其中，

(1) union 是关键字，表示构造的是共用体类型。

(2) data 是共用体名字，用于区别其他的共用体。

(3) 花括号里面的变量和数组被称为共用体类型的成员（也称为域），成员可以由各种数据类型组成。

(4) 花括号后面的分号不可缺少，它是共用体类型声明结束的标志。

2. 共用体类型占用的存储空间

图 9-14 是共用体类型中的各成员的内存分配示意。C 语言规定共用体的所有成员采用起始地址对齐的方式分配地址，并且它们共用同一段存储空间，所以 sizeof(共用体类型) 是该共用体中最大成员需要占用的存储空间大小。

3. 定义共用体类型变量及初始化

可以参考定义结构体类型变量的方式定义共用体类型变量，只不过在初始化时，只能对第一个成员的数据类型初始化。

以前文定义的 union data 类型为例，它的第一个成员是 int 型，所以初始化时只能按该成员的类型赋值，例如：

成员1占用的存储空间
成员2占用的存储空间
成员3占用的存储空间
……
成员N占用的存储空间

所有成员起始地址对齐

共用体类型占用的存储空间

图 9-14　共用体类型中各成员在内存中的存储方式

```
union data a={16706};
```

4. 引用共用体变量成员及对其赋值

同样可以参考引用结构体成员数据，并对其赋值的方法，如：

```
a.y='A';
```

共用体采用内存空间覆盖技术，如果某个共用体的成员被赋了新值，它所占的空间会发生相应的改变，从而导致其他成员的数值也跟着发生变化。

长知识

问：已知 int 型占用 4 个字节的存储空间，那它在存储空间中是高位在前，还是低位在前？

已知 16706 的二进制形式是 01000001 01000010，如果它在内存中是按照 00000000 00000000 01000001 01000010 进行存储，就称存储方式是“高位优先”或“正向”顺序；如果是按照 01000010 01000001 00000000 00000000 进行存储，就称存储方式是“低位优先”或“逆向”顺序。

人们在书写数字时，总是会把高位写在前面，低位写在后面，但是当这个数被存储到内存中时，却要看 CPU 的处理方式了。大多数计算机按照正向顺序存储整数，但基于 Intel CPU 的计算机却是按逆向存储整数。

一般情况下，正向或逆向存储数据对数据处理并没什么影响，但是在共用体类型中，这却是必须要面对的问题。

例 9-10　测试引用共用体成员及赋值操作对其他成员的影响。

```
typedef union data
{
    int x;
```

```
    char y;
    char z[4];
}DATA;                                  //声明共用体类型并取别名为 DATA
int main()
{
    DATA a={16706};                     //定义 DATA 类型变量 a
    printf("本机按照逆向顺序存储数据,union data 占用空间为%d 字节\n",sizeof
(DATA));
    printf("初始化后,a.x=%d,a.y=%c,a.z=%s\n",a.x,a.y,a.z);
    a.y='b';
    printf("修改后,a.x=%d,a.y=%c,a.z=%s\n",a.x,a.y,a.z);
    return 0;
}
```

程序的运行结果如图 9-15 所示。

```
本机按照逆向顺序存储数据, union data占用空间为4字节
初始化后, a.x=16706,a.y=B,a.z=BA
修改后, a.x=16738,a.y=b,a.z=bA
```

图 9-15　例 9-10 的运行结果示例

笔者的计算机 CPU 是 Intel i7,所以是按照逆向存储整数,16706 在内存中的存储方式如图 9-16 所示。

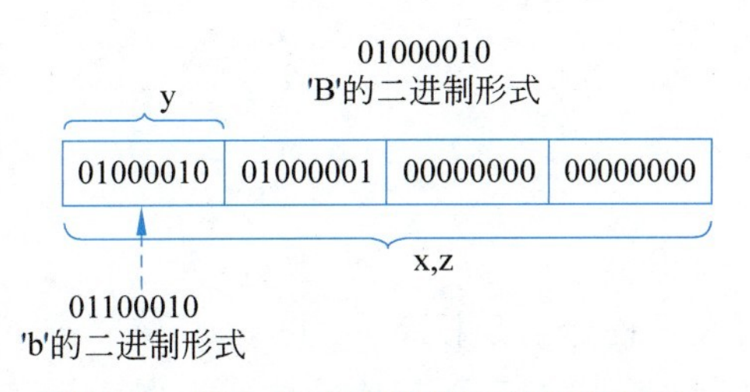

图 9-16　例 9-10 中的数据变化过程示意

初始化后,从成员 x 的视角来看,输出结果是 16706,从成员 y 的视角来看,输出结果是'B',从成员 z 的视角来看,输出的是字符串"BA"。

当 a.y='b'后,第一个字节中的内容变成 01100010,对于成员 x 来说,它所代表的整数的二进制形式变成 01000001 01100010(此处已按高位在前低位在后的方式表示,并省略了前面的高位 0),而它的十进制形式是 16738。

5. 共用体类型的应用场合

由于每时每刻只能引用共用体中的某一位成员的数据,所以共用体类型常用于数据有相关性但又排它的场合。例如,有的数据表用"男"和"女"表示性别,有的数据表用'm'或'f'表示性别,还有的数据表用数值表示性别。但对于同一张数据表,不可能有些记录用"男"和"女"表示性别,有些记录用'm'或'f'表示性别,总是会采用统一的形式,此时共用体就能发挥优势。

9.9 枚举类型

枚举类型是指将一个变量的所有可能值都一一列举出来，并用符号常量进行表示的一种用户自己构造的数据类型。使用枚举类型的前提是一个变量只有几种可能的取值，例如一周有 7 天，一年有 12 个月和 24 个节气等。适当地使用枚举类型，可以让程序更容易阅读和理解。

1. 声明枚举类型

声明枚举类型的一般形式为：

```
enum 枚举类型名 {枚举值列表};
```

或

```
enum 枚举类型名
{
    枚举值列表
};
```

例如：

```
enum week {Mon,Tue, Wed,Thur,Fri,Sat,Sun};
```

其中：

(1) enum 是关键字，表示构造的是枚举类型。

(2) week 是枚举类型名字，用于区别其他的枚举类型。

(3) 花括号里面是该枚举类型所有可能的取值，一般用符号常量进行表示，符号常量之间用逗号进行间隔。枚举类型可以成为其他构造类型的成员。

(4) 花括号后面的分号不可缺少，它是枚举类型声明结束的标志。

2. 初始化枚举值

枚举类型的所有可能值都是常量，要在声明时进行赋值，之后在整个程序运行期间常量值不可再改变。

(1) 编译时，系统会按声明枚举类型时的顺序依次给枚举值赋值，分别为 0,1,2,…。

例如，前文声明的 enum week 类型，Mon 代表的数值是 0，Tue 代表的数值是 1，Wed 代表的数值是 2，以此类推。

(2) 编程者可以在声明枚举类型时为某一个或某几个符号常量赋值，未被赋值的符号常量会在它之后按照递增 1 的顺序进行赋值。

例如：

```
enum month {Jan=31, Feb=28, Mar=31, Ari=30, May, Jun=30, Jul, Aut=31,Sep=30,
Oct, Nov=30, Dec};
```

未被赋值的 May 会在它前面枚举值 Ari 的基础上递增 1，所以 May 代表的数值是 31。类似地，Jul、Oct 和 Dec 都会被赋值为 31。

可以把枚举类型理解为同时定义了多个符号常量，并把它们进行了统一管理。

3. 定义枚举类型变量及给变量赋值

可以参考定义结构体和共用体类型变量的方式定义枚举类型变量。例如：

```
enum week a,b;
```

若要让变量 a 表示周三，可写为 a=Wed，可以发现，枚举类型的变量 a 只能在已经枚举好的常量中取值。

9.10　编程实战

实战 9-1　用户输入 5 名同学的体育课成绩，其中男生有 4 项体育成绩，女生有 3 项体育成绩。请按先女生后男生的顺序进行排序。女生间和男生间则按照他们原本的输入顺序输出。学生姓名不超过 10 个字符。

输入示例：

```
赵一 m 90 80 90 78
钱二 f 85 92 80
孙三 m 77 88 99 91
李四 m 78 82 71 69
周五 f 69 89 82
```

输出示例：

```
钱二 f 85 92 80
周五 f 69 89 82
赵一 m 90 80 90 78
孙三 m 77 88 99 91
李四 m 78 82 71 69
```

【函数设计】

显然，本例适合使用结构体类型，成员顺序可以按输入示例的顺序进行设计。

由于男生和女生的体育成绩项数不一样，所以要在读取到性别后才能明确接下来要读取成绩的项数。

设计算法时可以考虑两种方案，一种是先分别设计男生和女生结构体数组，并在读取时进行分组，然后再分别对女生和男生进行输出；另一种是只使用一个结构体数组，但在排序时用性别判断是否交换两位同学的顺序。本例采用第二种方案。

【程序实现】

```
#define N 5
typedef struct student
{
    char name[12];
    char sex;
    int score[4];                             //按最多项数定义数组长度
} STU;
void sort(STU * p,int n);
void sort(STU * p,int n)
{
    int i,j;
    STU t;                                    //定义 STU 类型变量 t,用于交换时的临时变量
    for(i=0; i<n-1; i++)
        for(j=0; j<n-1-i; j++)
            if(p[j].sex>p[j+1].sex)   //'m'>'f',冒泡法排序具有稳定性
            {
                t=p[j];                      //结构体类型的优势,可以像普通变量一样进行交换
                p[j]=p[j+1];
                p[j+1]=t;
            }
}
int main()
{
    STU a[N];
    int i,j,k;
    //输入数据
    for(i=0; i<N; i++)
    {
        //可以用% * c 读走字符数据之前的分隔符
        scanf("%s% * c%c",a[i].name,&a[i].sex);
        if(a[i].sex=='f')
            k=3;
        else
            k=4;
        for(j=0; j<k; j++)
            scanf("%d",&a[i].score[j]);
    }
    //处理数据
    sort(a,N);                                //传递的是数组名
    //输出数据
    for(i=0; i<N; i++)
    {
```

```
        printf("%s %c",a[i].name,a[i].sex);
        if(a[i].sex=='f')
            k=3;
        else
            k=4;
    for(j=0; j<k; j++)
        printf(" %d",a[i].score[j]);
    printf("\n");
    }
    return 0;
}
```

程序的运行结果如图 9-17 所示。

```
aa f 90 89 88
bb m 80 80 78 88
cc m 69 90 98 70
dd f 80 90 79
ee f 90 70 92
aa f 90 89 88
dd f 80 90 79
ee f 90 70 92
bb m 80 80 78 88
cc m 69 90 98 70
```

图 9-17　实战 9-1 的运行结果示例

实战 9-2　用户输入若干个非负整数(以－1 作为结束标志),用链表实现逆序存储并输出。

输入示例:

```
1 6 9 12 129 -1
```

输出示例:

```
129 12 9 6 1
```

【链表逆序的技巧】

图 9-18 是链表逆序的原理。

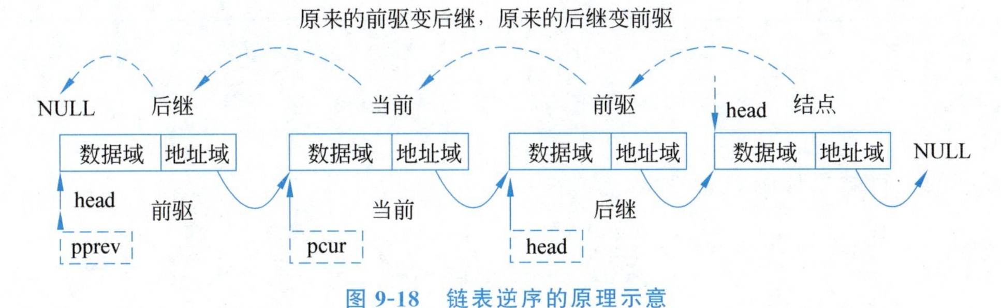

图 9-18　链表逆序的原理示意

假设 pcur 是当前指针，head 指向它的后继，pprev 指向它的前驱(参见图中的三个虚框)。只要让 head 变成 pcur 的前驱，pprev 变成 pcur 的后继，就能实现链表的逆序，即 pcur->next=pprev;语句(pprev 的初值是 NULL)，然后让三个指针再依次往右移一个结点，即 pprev=pcur,pcur=head,head=pcur->next;语句。

可以发现，head 的作用是始终指向原链表中 pcur 的后继，pprev 的作用是始终指向原链表中 pcur 的前驱。当然，也可以不使用 head，用其他指针变量来完成这个指向。

最后，返回 pprev，它就是新链表的头结点。

关于建立链表和输出链表，直接使用了例 9-6 和例 9-7 的代码。

【程序实现】

```
NODE * ReverseNode(NODE * head);
NODE * ReverseNode(NODE * head)
{
    NODE *pcur, *pprev=NULL;         //pprev 初值为 NULL
    if(head==NULL)
    {
        printf("链表为空\n");
        return head;
    }
    pcur=head;
    while(pcur!=NULL)
    {
        //让 head 指向 pcur 的后继,head 已不再作为表头结点的标志
        head=pcur->nextaddress;
        pcur->nextaddress=pprev;
        pprev=pcur;                  //pprev、pcur 和 head 依次后移一个结点
        pcur=head;
    }
    return pprev;
}
int main()
{
    NODE *head=NULL;
    head=CreateList();
    head=ReverseNode(head);
    PrintList(head);
    return 0;
}
```

程序的运行结果如图 9-19 所示。

```
1 8 9 2 7 -1
7 2 9 8 1
Process returned 0 (0x0)
```

图 9-19　实战 9-2 的运行结果示例

实战 9-3 有红、黄、蓝、白四种颜色的球各一个。每次取出两个球,请输出所有的可能组合。

【算法设计】

这其实是一种穷举过程,可以用枚举类型表示不同颜色,会让程序变得可读性更高。

【程序实现】

```
int main()
{
    enum color {red,yellow,blue,white};
    char ball[4][10]= {"red","yellow","blue","white"};
    int i,j,num=0;
    for(i=red; i<=white; i++)
        for(j=red; j<=white; j++)
            if(i!=j)
    {
    num++;
    printf("%d:%s %s\n",num,ball[i],ball[j]);
    }
    return 0;
}
```

程序的运行结果如图 9-20 所示。

```
1:red yellow
2:red blue
3:red white
4:yellow red
5:yellow blue
6:yellow white
7:blue red
8:blue yellow
9:blue white
10:white red
11:white yellow
12:white blue
```

图 9-20 实战 9-3 的运行结果示例

习题

一、单项选择题

1. 已知有以下结构体类型声明,选项不正确的是(　　)。

```
typedef struct person
{
    int height;
    float weight;
}aa;
```

A. struct 是结构体类型的关键字
B. aa 是结构体变量名
C. struct person 是结构体类型
D. height 和 weight 是结构体成员

2. 已知有以下结构体类型声明，不能引用到 y 值的选项是(　　)。

```
struct position
{
    float x;
    float y;
};
struct rectangle
{
    struct position pos;
    float weight;
    float height;
}a, * p=&a;
```

A. a.pos.y　　B. p->pos.y　　C. (* p).pos.y　　D. p->pos->y

3. 已知有以下结构体类型声明，能正确初始化变量的选项是(　　)。

```
struct teacher
{
    int num;
    char name[20];
    int age;
    char sex;
};
```

A. struct teacher a[2]={{900, "Tom",46},{901, "Mary"}};
B. struct teacher a[2]={900, "Tom",46,901, "Mary",32};
C. struct teacher a[2]={{900,901},{ "Tom","Mary"},{46,32},{ 'm', 'f'}};
D. struct teacher a[2]={{900, 46, "Tom",'m'},{901, "Mary",'f',32}};

4. 关于 sizeof(结构体类型)，以下选项描述正确的是(　　)。
A. 返回结构体中第一个成员占用的存储空间长度
B. 返回结构体中最大尺寸的成员占用的存储空间长度
C. 返回值大于等于所有成员占用的存储空间之和
D. 返回值刚好等于所有成员占用的存储空间之和

5. 关于 sizeof(共用体类型)，以下选项描述正确的是(　　)。
A. 返回共用体中第一个成员占用的存储空间长度
B. 返回共用体中最大尺寸的成员占用的存储空间长度
C. 返回值大于等于所有成员占用的存储空间之和
D. 返回值刚好等于所有成员占用的存储空间之和

6. 已知有以下枚举类型声明，正确的选项是(　　)。

```
enumsel {sort,reverse=3,sum,ave};
```

A. sort 的值是 1　　B. sum 的值是 2　　C. sum 的值是 3　　D. ave 的值是 5

7. 以下程序的运行结果是(　　)。

```
struct data
{
    int a;
    int b;
};
int main()
{
    struct data a[3]={1,2,3,4,5,6};
    printf("%d",a[1].a*a[2].b);
    return 0;
}
```

A. 2　　B. 4　　C. 18　　D. 30

8. 不能正确定义结构体变量 aa 的选项是(　　)。

A.

```
struct
{
    int x;
    int y;
}aa;
```

B.

```
typedef struct data
{
    int x;
    int y;
}aa;
```

C.

```
#define AA struct data
struct data
{
    int x;
    int y;
};
AA aa;
```

D.

```
struct data
{
    int x;
    int y;
};
struct data aa;
```

9. 若要 ST p 等价于 int *p 的功能，正确的选项是(　　)。

A. typedef ST int *;　　B. typedef ST *int;

C. typedef int * ST;　　D. typedef *int ST;

10. 能正确声明枚举类型的选项是(　　)。

A. enum data {one,two,three};

B. enum data={one,two,three};

C. enum data { "one", "two", "three"};

D. enum data ={ "one", "two", "three"};

二、程序填空

1. 程序的功能是补全建立链表函数,使它能完成 5 个整数的输入。

```
typedef struct node
{
    int num;
    struct node * next;                    //后继结点的地址
} NODE;
NODE * CreateList()
{
    int i;
    NODE * pcur=NULL, * head=NULL, * pend=NULL;    //head 为 NULL 表示链表为空
    for(i=0; i<5; i++)
    {
        //分配结点空间
        pcur=(NODE *)malloc(sizeof(NODE));
        【1】;                               //读取数据
        pcur->next=NULL;                    //提前给 pcur 的地址域赋值为 NULL
        //将结点加入到链表
        if(head==NULL)                      //当前结点是第一个结点,要用 head 指向它
            【2】;
        else
            【3】;                           //由链表中最后一个结点保存当前结点的地址
        pend=pcur;                          //让当前链表中最后一个结点变成当前结点
    }
    return head;                            //返回已建链表的头结点地址
}
```

2. 程序的功能是计算链表中 6 个数的和,链表在第 1 题中已建立。

```
int sum(NODE * head)
{
    NODE * pcur;
    int s;
    if(head==NULL)
    {
        printf("链表为空\n");
        return;
    }
    for(【4】;【5】;【6】)
        s+=pcur->num;
        return s;
}
```

3. 程序的功能是删除链表中的 x(假设 x 肯定存在于链表中并只出现一次),链表在第 1 题中已建立。

```
NODE * DeleteNode(NODE * head)
{
    int x;
    scanf("%d",&x);
    NODE * pcur, * pprev;
    for(pcur=head; pcur!=NULL; pcur=pcur->next)
    {
        if(pcur->num==x)                //找到删除结点
        {
            if(pcur==head)
            {
                【7】;
            }
            else
            {
                【8】;
            }
            【9】;                      //释放内存
            break;                      //删除结点后退出循环
        }
        else
            【10】;                     //让 pprev 是自己的前驱
    }
    return head;
}
```

三、编程题

1. 用户输入 6 个数,请输出最大值及所在位置(按序号输出)。本题使用链表来完成。

输入示例:

```
78 9 100 4 3 73
```

输出示例:

```
100,3
```

2. 用户输入 6 名同学的学号、姓名、性别和三门课成绩,请分别统计女生和男生的总平均分(保证输入数据有男有女)。

3. 有红、黄、蓝、白四种颜色的球各 2 个。用户随机取出 3 个球,请输出刚好颜色各不相同的组合。

第10章 文件

此前，运行程序所需要的数据都是通过键盘输入来完成，运行结果也是直接显示在屏幕上。但很多实际应用需要从文件中读取数据，或者把运行结果保存到文件中。因此，对数据文件进行读写操作成为必须要掌握的能力。

本章将介绍文件的分类，以及对不同类型文件进行读写操作的方法。

10.1 数据文件

10.1.1 文件的分类

文件一般是指存储在外部介质（如磁盘）上的数据集合，在程序设计中，主要会用到程序文件和数据文件。

程序文件包括源文件（后缀为.c）、头文件（后缀为.h）、目标文件（后缀为.obj 或.o）和可执行文件（后缀为.exe）等。

数据文件中存放的是程序运行时要读取或保存的数据，从数据的组织形式上看，可分为文本文件和二进制文件。

文本文件又称为 ASCII 文件，文件存储空间中的每一个字节都存放着一个字符的 ASCII 码，不过打开文件后显示给人们看的却是字符形式。图 10-1(a)就是一个文本文件，一眼就知道文件里存放的是什么内容。

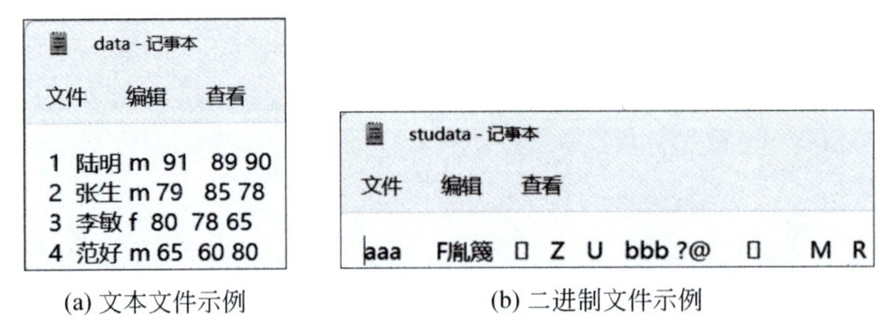

(a) 文本文件示例　(b) 二进制文件示例

图 10-1 数据文件示例

注意

汉字字符编码有多种格式，记事本、UltraEdit、NotePad 等文本编辑器会在打开文件时自动进行字符转换。如果出现汉字乱码，可以选择其他的汉字字符编码集。

二进制文件就是把数据在其内存中的存储形式原样输出到磁盘上存放。如果用记事本、UltraEdit 等文本编辑器打开二进制文件，这些编辑器仍会对其进行编码，就会出现部分内容正确部分内容乱码的情况（图 10-1(b)）。

C 语言中的数据文件为流式文件，即文件是由一个一个字节的数据顺序组成，C 语言在处理文件时，统一将文件以字节流的方式进行存取处理。

10.1.2　设备文件与磁盘文件

在操作系统中，将与主机相连的各种外部设备（如显示器、键盘、打印机等）称为设备文件。C 语言把外部设备也视为文件并进行管理，因此，键盘通常会被称为标准输入文件，从键盘上输入数据就意味着从标准输入文件中读取数据；显示器被称为标准输出文件，向屏幕上显示信息就是向标准输出文件中写入数据。

这种设备文件和磁盘文件在逻辑上的统一为程序设计带来了很大的便利，使得 C 语言标准输入/输出函数既可以用于操作标准输入/输出文件，也可以稍做改变，用于操作磁盘文件。

表 10-1 显示了 C 语言标准输入/输出函数和文本文件输入/输出函数的对比。

表 10-1　标准输入/输出函数与文本文件输入/输出函数对比

从键盘输入	从文件输入	向屏幕输出	向文件输出
scanf()	fscanf()	printf()	fprintf()
getchar()	fgetc()	putchar()	fputc()
gets()	fgets()	puts()	fputs()

10.1.3　文件指针

由于磁盘上存储的不止一个数据文件，所以在从数据文件读取数据和向数据文件写入数据时，要指明是对哪个文件进行操作，用来完成这个任务的就是文件指针。

由于运行程序时文件也会被保存在内存中，所以 C 语言用一个指针变量来指向一个文件，这个指针变量就称为文件指针，所有针对文件的操作都要通过文件指针来进行。

定义文件指针的一般形式为：

```
FILE *文件指针变量名列表;
```

例如：

```
FILE *fp1, *fp2;
```

其中，FILE 是一个由系统声明的结构体类型（被包含在 stdio.h 头文件中），它的成员主要用于描述与文件有关的信息，例如指针当前的指向、文件状态标志、文件描述符、文件缓冲区的大小等。

10.2　文件操作

对文件的操作顺序如下：

（1）打开文件。

（2）读写文件。

（3）关闭文件。

10.2.1　文件的打开与关闭

所谓打开文件，就是建立文件的各种有关信息，并让文件指针指向该文件，以便对它进行操作。而关闭文件就是断开文件指针与文件的联系，禁止再对该文件进行操作。

1. 打开文件的方式

打开文件是通过 fopen()函数来实现的，fopen()函数的原型为：

```
FILE * fopen(char * filename, char * mode);
```

其中，filename 是一个字符串，表示要打开的文件名及其所在的路径。mode 也是一个字符串，表示文件的打开方式，例如要打开的是文本文件还是二进制文件，是只读、只写，还是可读可写等。表 10-2 列举了描述文件打开方式的符号和含义。

表 10-2　描述文件打开方式的符号和含义

描述符号	含　义
r	以只读方式打开一个已存在的文本文件。若文件不存在，返回 NULL
w	以只写方式新建一个文本文件。若文件已存在，则将其中内容删除
a	以追加(只写)方式打开一个文本文件，打开文件时文件位置标记在文件末尾，以便追加新数据。若文件不存在，则新建一个文件
r+	以读写方式打开一个已存在的文本文件。若文件不存在，返回 NULL
w+	以读写方式新建一个文本文件。若文件已存在，则将其中内容删除
a+	以追加(读写)方式打开一个文本文件，打开文件时文件位置标记在文件末尾，可追加新数据，原本文件内容可读但不可修改。若文件不存在，则新建一个文件
rb	以只读方式打开一个已存在的二进制文件。若文件不存在，返回 NULL
wb	以只写方式新建一个二进制文件。若文件已存在，则将其中内容删除
ab	以追加(只写)方式打开一个二进制文件，打开文件时文件位置标记在文件末尾，以便追加新数据。若文件不存在，则新建一个文件
rb+	以读写方式打开一个已存在的二进制文件。若文件不存在，返回 NULL
wb+	以读写方式新建一个二进制文件。若文件已存在，则将其中内容删除

续表

描述符号	含　义
ab+	以追加(读写)方式打开一个二进制文件,打开文件时文件位置标记在文件末尾,可追加新数据,原本文件内容可读但不可修改。若文件不存在,则新建一个文件

表 10-2 中,最主要的就是"r""w"和"a",其余都是对它们的扩展。

(1) "r"是只读,只能从文件中读取数据。

(2) "w"是只写,只能向文件中写入数据。

(3) "a"是追加,只能在文件末尾追加数据。

(4) "r+"、"w+"和"a+"都是可读可写,但"r+"当文件不存在时,会报错;"w+"直接删除原有文件内容;"a+"只能读取原有数据和追加新数据,不能改写原有数据。

2. 文件名及路径

filename 由文件路径+文件名+文件后缀构成,C 语言允许用绝对路径和相对路径来描述文件名所在的位置,并用'\\'和'/'分隔路径。绝对路径是指从根目录到文件名所在的目录,相对路径是指从当前工作路径到文件名所在的目录。

(1) 当前工作目录:
- .\\。
- ./。
- 不使用分隔符。

(2) 前一级目录:
- ..\\。
- ../。

(3) 前两级目录(更前级的目录可以类推):
- ..\\..\\。
- ../../。

(4) 下一级目录:
- .\\目录名。
- ./目录名。

(5) 下两级目录(更下级的目录可以类推):
- .\\目录名\\目录名。
- ./目录名/目录名。

注意

以图 10-2(a)为例,data1.txt 的绝对路径是 C:\ccc\data1.txt,但在 C 语言中,'\'是转义符,为避免引起歧义,要用'\\'表示路径的分隔。当然也可以用'/'来分隔路径。

图 10-2 的(a)～图 10-2(c)分别显示了 3 个数据文件与当前工作路径“C:\ccc\ch10”的关系,现在分别用绝对路径和相对路径来描述它们的 filename。

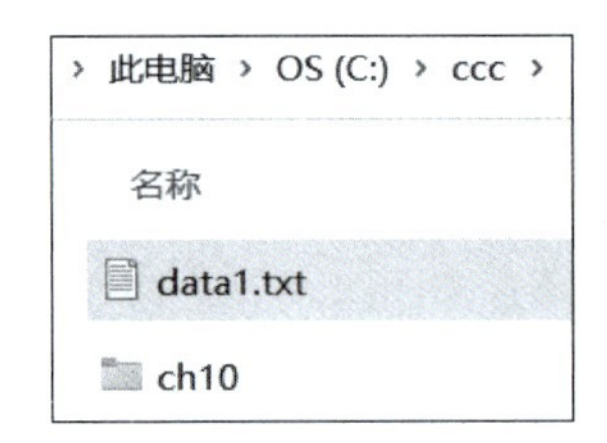

(a) data1.txt 在当前工作路径之上的ccc目录中

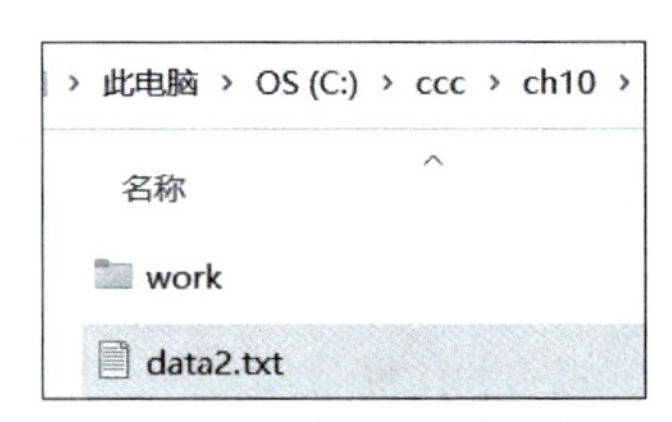

(b) data2.txt在当前工作路径

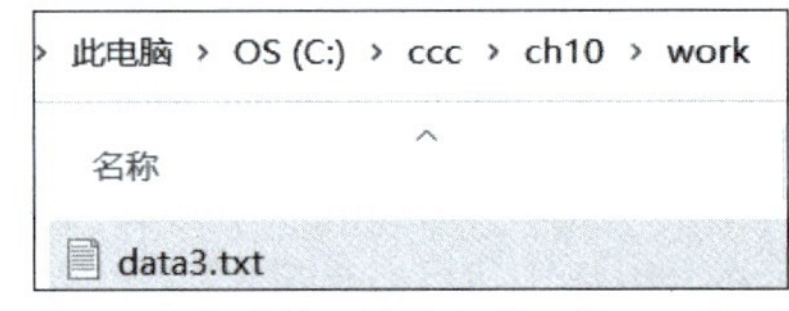

(c) data3.txt在当前工作路径之下的work目录中

图 10-2　数据文件与当前工作路径的关系示意

(1) data1.txt:

- 绝对路径:"C:\\ccc\\data1.txt"或"C:/ccc/data1.txt"。
- 相对路径:"../data1.txt"或"..\\data1.txt"。

(2) data2.txt:

- 绝对路径:"C:\\ccc\\ch10\\data2.txt"或"C:/ccc/ch10/data2.txt"。
- 相对路径:"data2.txt"或"./data2.txt"或".\\data2.txt"。

(3) data3.txt:

- 绝对路径:"C:\\ccc\\ch10\\work\\data3.txt"或"C:/ccc/ch10/work/data3.txt"。
- 相对路径:"./work/data3.txt"或".\\work\\data3.txt"。

题 10-1　已有 FILE *fp;定义语句,E 盘的 twork 目录下有 student.txt 文本文件,若想打开该文件进行统计分析,正确的选项是(　　)。

A. fp=fopen("E:\twork\student.txt","r");

B. fp=fopen("E:\\twork\\student.txt","r");

C. fp=fopen("E:/twork/student","r");

D. fp=fopen("E:/twork/ student.txt","rb");

【题目解析】

答案:B。

题目要求能对文件中的数据进行统计分析,说明不可以用"w"或"a"。

选项 A 中,没有用'\\'分隔路径。

选项 C 中,没有文件的后缀名。

选项 D 中,"rb"中的"b"是指打开二进制文件。

题 10-2　已有 FILE *fp;定义语句,E 盘的 twork 目录下有 student.txt 文本文件,若想打开该文件进行统计和更新,正确的选项是(　　)。

A. fp=fopen("E:\\twork\\student.txt","r+");

B. fp=fopen("E:\\twork\\student.txt","w+");

C. fp=fopen("E:\\twork\\student.txt","a+");

D. fp=fopen("E:\\twork\\student.txt","r");

【题目解析】

答案：A。

要对文件数据进行更新，就意味着允许修改原始数据。所以选项 B 和选项 D 被排除。选项 C 中，"a+"虽然也可读可写可追加，但不可对原始数据进行修改，所以不正确。

3. 关闭文件

在文件使用完毕后，要及时关闭文件。关闭文件用 fclose()函数，它的函数原型为：

```
int fclose(FILE * fp);
```

关闭 fp 所指向的文件，并释放 fp 所指向的文件结构体和文件缓冲区。返回 0 表示文件已被正常关闭，返回非 0 表示出错。

10.2.2　文本文件的顺序读写

1. 文件位置标记和文件结束标志

(1) 文件位置标记

为了对读写进行控制，系统为打开的每个文件都设置了一个读写位置标记(简称位置标记)，用来表示接下来要读写的字符的位置。

通常情况下，刚打开文件时，位置标记指向文件开头，此时如果进行读取操作，就会读取文件中的第一个字符，然后位置标记后移一个位置。以此类推，直到文件结束。

(2) 文件结束标记

每个文件都有一个文件结束标志 EOF，C 程序可以据此判断是否到达文件结尾。EOF 是在 stdio.h 头文件中定义的符号常量，值为-1。

feof()函数可以用于判断文件位置标记是否已到达文件结尾，它的函数原型为：

```
int feof(FILE * fp);
```

其中的 fp 是文件指针，如果文件尚未结束，返回 0，否则返回非 0 值。

feof()函数通常在循环读取文件数据时作为循环条件来使用。

2. 格式化输入函数 fscanf()和格式化输出函数 fprintf()

fscanf()和 scanf()函数的用法相同，fprintf()和 printf()函数的用法相同，只不过要说明是从哪个文件读取数据或向哪个文件写入数据。它们的函数原型是：

```
int fscanf(FILE * fp, char * format,arg1,…);
int fprintf(FILE * fp, char * format,arg1,…);
```

其中，fp 为文件指针。format 为格式描述字符串。

对于 fscanf()函数来说，arg1 是地址参数列表，对于 fprintf()函数来说，arg1 是参数列表。

若函数调用成功,fscanf()函数会返回已读取的数据个数,fprintf()函数会返回实际写入的字符数。

3. 字符读写函数 fgetc()和 fputc()

fgetc()和 fputc()函数的作用是从文件中读取或向文件写入一个字符。它们的函数原型为:

```
int fgetc(FILE * fp);
int fputc(char ch, FILE * fp);
```

其中,fp 为文件指针。ch 为要写入文件的字符。

fgetc()函数会返回所读取的字符,若不成功则返回 EOF(文件结束标志)。

fputc()函数会返回该字符,否则返回非 0。

4. 字符串读写函数 fgets()和 fputs()

fgets()和 fputs()函数的作用是从文件中读取或向文件写入一个字符串。fgets()的函数原型为:

```
char * fgets(char * str, int n, FILE * fp);
```

它的作用是从 fp 所指向的文本文件读取 n－1 个字符(遇到换行符或文件结束标志时停止读取),并自动添加字符串结束标识符'\0'后保存到起始地址为 str 的内存中。

若函数调用成功,返回值为地址 str,否则返回 NULL。

fputs()的函数原型为:

```
int fputs(char * str, FILE * fp);
```

它的作用是向 fp 所指向的文本文件写入字符串 str。

若函数调用成功,函数值返回 0,否则返回非 0 值。

例 10-1 测试文件打开方式与读写文本数据。

【测试流程】

(1) 以只写方式打开一个文件,通过 fprintf()、fputc 和 fputs()函数往文件中写入数据。

(2) 以追加方式打开同一个文件,追加数据。

(3) 以只读方式打开同一个文件,通过 fscanf()、fgetc()和 fgets()函数从文件中读取数据,并尝试往文件里写数据。

(4) 分别以"r＋"和"a＋"读写文件方式打开同一个文件,进行测试。

以上所有过程都通过用记事本打开文件查看或向屏幕输出数据进行验证。

图 10-3 是以只写方式打开 test.txt 文件,由于文件不存在,所以新建文件,并往里写入数据。

```
int main()
{
    FILE *fp;
    fp=fopen("test.txt","w");
    fprintf(fp,"%d %.2f\n",568,123.4578);
    fputc('A',fp);
    fputs("bookstore",fp);
    fclose(fp);
    return 0;
}
```

```
test - 记事本
文件    编辑
568 123.46
Abookstore
```

图 10-3　以只写方式向文件写入数据

图 10-4 是以追加方式打开 test.txt 文件，往文件追加数据。可以发现，追加方式是直接在文件结尾处写入数据，并非另起一行。

```
int main()
{
    FILE *fp;
    fp=fopen("test.txt","a");
    fputs("追加\n",fp);
    fprintf(fp,"%d %.2f\n",100,3.1415);
    fputc('B',fp);
    fclose(fp);
    return 0;
}
```

```
*test - 记事本
文件    编辑    查看
568 123.46
Abookstore追加
100 3.14
B
```

图 10-4　以追加方式向文件写入数据

图 10-5 是以只读方式打开 test.txt 文件，读取数据并输出到屏幕上。需要说明的是，执行完 fscanf()函数，位置标记指向回车符，所以当执行 fgetc()函数时，程序读取了回车符并输出到屏幕上，使屏幕上出现了一个空行。接下来的 fgets()函数要读取 5 个字符，所以读取了“Abook”并输出到屏幕上。

最后尝试向文件写入数据，但实际并没能把数据写进文件中。

```
int main()
{
    int a;
    float b;
    char c;
    char str[20];
    FILE *fp;
    fp=fopen("test.txt","r");   //以只读方式打开文件
    fscanf(fp,"%d%f",&a,&b);
    c=fgetc(fp);
    fgets(str,6,fp);
    //把文件数据输出到屏幕
    printf("%d %.2f\n",a,b);
    putchar(c);
    puts(str);
    //尝试往文件里写数据
    fprintf(fp,"%s","看数据是否能写到只读文件中");
    fclose(fp);
    return 0;
}
```

```
568 123.46

Abook

Process returned 0 (0x0)
```

```
test.txt
文件    编辑    查看
568 123.46
Abookstore追加
100 3.14
B
```

图 10-5　以只读方式读取数据并尝试向文件写入数据

图 10-6 是以"r+"读写方式打开 test.txt 文件，这次的测试过程是先写入数据再读取数据。

打开文件时,位置标记在文件开始处,所以 fprintf()函数在文件开始处写入 1 并换行,接着又用 fputc()函数往文件写入'c'。此时原始数据已被破坏,不再具备提供真实数据的能力(体现在文件中,就是 c 后面已经是无意义的数据)。所以当接下来想用 fgets()函数读取数据时,调用函数不成功,返回 NULL,向屏幕输出的内容是空。

```
int main()
{
    int a;
    float b;
    char c;
    char str[20];
    FILE *fp;
    fp=fopen("test.txt","r+");   //以读写方式打开文件
    //尝试往文件里写数据
    fprintf(fp,"%d\n",1);
    fputc('c',fp);
    fgets(str,20,fp);
    puts(str);
    fclose(fp);
    return 0;
}
```

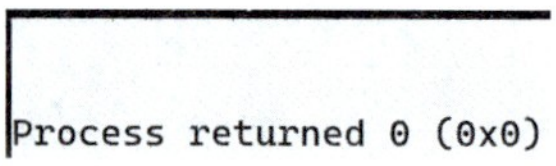

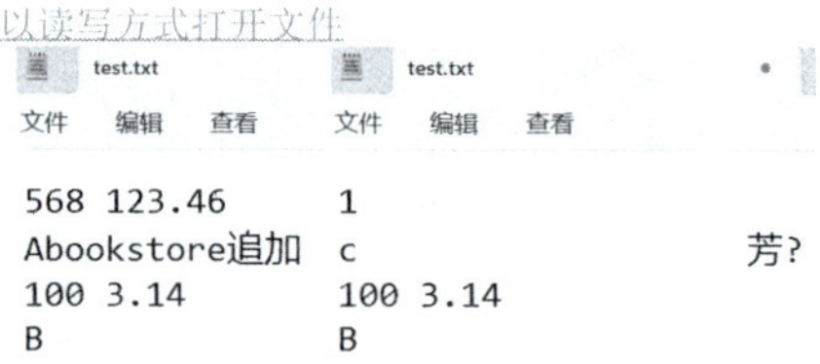

图 10-6 以"r+"读写方式先向文件写数据,再读取数据

图 10-7 是以"r+"读写方式打开 test.txt 文件,这次的测试过程是先读取数据再返回文件开始处写入数据。为简化程序,本例的 test 文件并非之前的 test 文件,特此说明。

先读取一行字符串并成功输出到屏幕上。然后利用 rewind()函数将位置标记移动到文件开始处,连续往文件中写入数据。打开文件后发现,数据已成功写入,即覆盖了原始数据。

```
int main()
{
    int a;
    float b;
    char c;
    char str[20];
    FILE *fp;
    fp=fopen("test.txt","r+");   //以只读方式打开文件
    fgets(str,20,fp);
    puts(str);
    rewind(fp);
    fprintf(fp,"%s\n","写数据");
    fputs("继续写数据\n",fp);
    fputs("继续写数据\n",fp);
    fclose(fp);
    return 0;
}
```

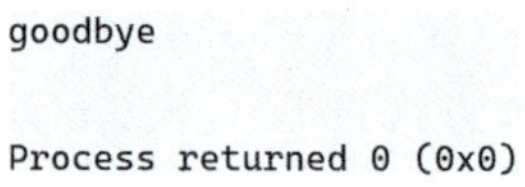

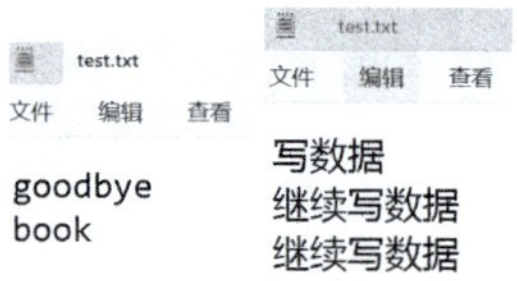

图 10-7 以"r+"读写方式先读取数据,再写入数据

由此,可以总结"r+"方式的特点,确实可读可写数据,但写入操作会破坏原始数据,导致无法在写入操作后再读取原始数据中的其他信息。

图 10-8 是以"a+"读写方式打开 test.txt 文件,先追加数据,再利用 rewind()函数把位置标记移动到文件开始处读取数据,然后尝试修改部分原始数据。

可以发现,追加数据成功,让位置标记重新回到文件开始处后,也能读取到数据,但尝试修改原始数据不成功。

"a+"和"r+"都可以读取到原始数据,但"r+"可以修改原始数据,但"a+"不能。

不论以哪种读写方式打开文件,只要有原始数据被改变,剩余的数据就变得没有意义。

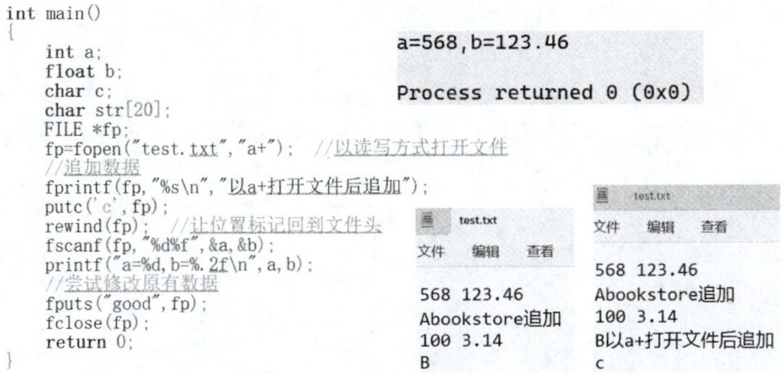

```
int main()
{
    int a;
    float b;
    char c;
    char str[20];
    FILE *fp;
    fp=fopen("test.txt","a+");   //以读写方式打开文件
    //追加数据
    fprintf(fp,"%s\n","以a+打开文件后追加");
    putc('c',fp);
    rewind(fp);   //让位置标记回到文件头
    fscanf(fp,"%d%f",&a,&b);
    printf("a=%d,b=%.2f\n",a,b);
    //尝试修改原有数据
    fputs("good",fp);
    fclose(fp);
    return 0;
}
```

```
a=568,b=123.46

Process returned 0 (0x0)
```

```
test.txt
文件  编辑  查看

568 123.46
Abookstore追加
100 3.14
B
```

```
test.txt
文件  编辑  查看

568 123.46
Abookstore追加
100 3.14
B以a+打开文件后追加
c
```

图 10-8　以"a+"方式先追加数据，再读取数据

10.2.3　二进制文件的顺序读写

成块读写函数有 fread()和 fwrite()，且 fread()和 fwrite()专用于对二进制文件进行读写操作，它们的函数原型是：

```
int fread(char * buf, int size, int n, FILE * fp);
int fwrite((char * buf, int size, int n, FILE * fp);
```

其中，fp 为文件指针。buf 是一个地址，对于 fread()来说，它指向读取数据将要被存放的起始地址；对于 fwrite()来说，它指向要被写入数据的起始地址。size 是要读写的数据块的字节数，一般配合 sizeof()运算符使用。n 是要读写的数据块的个数。

简单来说，fread()函数要从文件中读取一定数量的数据块，并把它们保存到 buf 所指向的地址中，而 fwrite()函数则是从 buf 所指向的地址开始，要把一定数量的数据块保存到 fp 所指向的文件中。

若函数调用成功，返回值为 n，否则出错。

例 10-2　用户输入 3 名同学的姓名(不超过 19 个字符)和 2 门课成绩，先将它们保存到二进制文件中，再读写出来输出到屏幕上。

```
typedef struct student
{
    char name[20];
    int score[2];
} STU;
int main()
{
    STU a[3],b[3];
    int i;
    FILE * fp;
    fp=fopen("studata.txt","wb+");   //可读可写，打开时文件为新建或内容被清空
    //从键盘输入数据
```

```
    for(i=0; i<3; i++)
    {
        scanf("%s%d%d",a[i].name,&a[i].score[0],&a[i].score[1]);
        fwrite(&a[i],sizeof(STU),1,fp);//一次写一个数据块,&a[i]是第 i 个元素地址
    }
    rewind(fp);                         //让位置标记回到文件开始
    fread(b,sizeof(STU),3,fp);          //一次读取 3 个数据块,写到新数组 b 中
    //把数据输出到屏幕
    printf("输出从文件中读取的数据\n");
    for(i=0; i<3; i++)
        printf("%s %d %d\n",b[i].name,b[i].score[0],b[i].score[1]);
    fclose(fp);
    return 0;
}
```

二进制文件的内容如图 10-9(a)所示,程序的运行结果如图 10-9(b)所示。

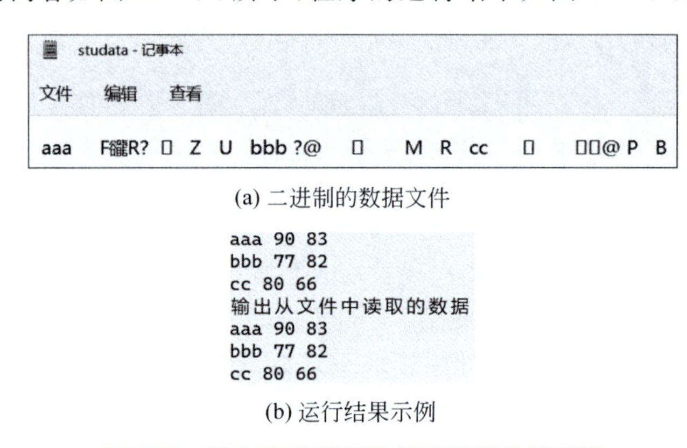

(a) 二进制的数据文件

```
aaa 90 83
bbb 77 82
cc 80 66
输出从文件中读取的数据
aaa 90 83
bbb 77 82
cc 80 66
```

(b) 运行结果示例

图 10-9　例 10-2 的数据文件和运行结果示例

10.2.4　位置标记的定位与随机读写

通常情况下,文件的位置标记会从文件头开始,通过不断地读写操作,顺序移动到文件结尾。但在实际应用中,可能需要折返或跳过一部分文件数据,此时,就需要通过修改位置标记来实现随机读写。

1. fseek()函数

fseek()函数的作用是把位置标记移动到指定位置,它的函数原型为:

```
int fseek(FILE * fp, long d, int pos);
```

其中,fp 是文件指针,pos 是起始点,d 是位移量,是指以 pos 为基点,向前移动(往文件结束方向)的字节数。当 d 为负数时,表示以 pos 为基点,向后移动(往文件开始方向)的字

节数。

pos 的取值如下：

(1) 文件开始处。

(2) 文件当前位置。

(3) 文件的末尾。

表 10-3 列举了 pos 的取值方式。

表 10-3　fseek()函数中参数 pos 的取值方式

起　始　点	符号常量表示法	数字表示法
文件开始处	SEEK_SET	0
文件当前位置	SEEK_CUR	1
文件末尾位置	SEEK_END	2

fseek()函数一般用于二进制文件。以下是几个调用 fseek()函数的例子。

```
(1) fseek(fp, 60L, 0);        //表示把位置标记移动到从文件头开始向前 60 个字节的位置
(2) fseek(fp, 60L, 1);        //表示把位置标记移动到从当前位置开始向前 60 个字节的位置
(3) fseek(fp,-60L,2);         //表示把位置标记移动到从文件末尾开始向后 60 个字节的位置
```

注意

fseek()的参数 d 是 long 型,60L 表示它是 long 型常数。有的编译器给 long 型和 int 型都分配 4 个字节的存储空间,有的则给 int 型分配 2 个字节的存储空间。当文件数据很多时,如果不加上后缀 L,有的编译器可能会出现数据溢出的情况。

2. rewind()函数

rewind()函数的作用是把位置标记移动到文件开始处,它的函数原型为：

```
void rewind(FILE * fp);
```

其中,fp 是文件指针,此函数没有返回值。

3. ftell()函数

ftell()函数的作用是得到位置标记的当前位置,它的函数原型为：

```
long ftell(FILE * fp);
```

其中,fp 是文件指针。如果调用成功,会返回位置标记相对于文件开始处的位移量,否则返回值为－1L。ftell()可以和 fseek()配合使用。

10.3 编程实战

实战 10-1 从文件中读取同学们的体育课成绩，其中男生有 4 项体育成绩，女生有 3 项体育成绩。请按先女生后男生的顺序进行排序，排序结果保存到另一个文件中。女生间和男生间则按照他们原本的输入顺序输出。学生数不确定（不超过 70 人），学生姓名不超过 10 个字符。

数据文件中的学生信息如下所示：

```
赵一 m 90 80 90 78
钱二 f 85 92 80
……
```

【函数设计】

本例其实就是第 9 章的实战 9-1，不同的是这次从文件中读取数据，并把结果保存到另一个文件中，同时，学生人数变成不确定。

一条学生记录占一行，循环读取数据的同时要记录已读取的记录数。同时，可以通过 feof()函数来判断文件位置标记是否已到达文件尾。但这会出现个问题。如图 10-10(a)所示，文件结束标志刚好在最后一条记录的末尾，而图 10-10(b)中，文件结束标志是在新的一行开始处。由于多了一个空行，会导致由图 10-10(b)统计出的人数要比由图 10-10(a)统计出的人数多一个。不过，在设计程序时总是假设编程者知道数据的组织形式，所以只要知道文件结束标志在什么地方，就可以正确计数学生人数。

本例采用图 10-10(a)方案，但在实际运用时，建议使用图 10-10(b)方案，因为我们在写入数据时，习惯每写入一条信息就换行，因此文件肯定会以一个空行作为结束。采用图 10-10(a)方案时，要注意最后一条记录后面不能加换行符'\n'。

```
云六十一 f 81 82 83
苏六十二 m 87 93 100|
```

(a) 文件结束标志在最后一行末尾

```
云六十一 f 81 82 83
苏六十二 m 87 93 100
|
```

(b) 文件结束标志在新的一行开始处

图 10-10 文件结束标志的位置不同会导致记录数的差异

【程序实现】

```
typedef struct student
{
    char name[12];
    char sex;
    int score[4];                         //按最多项数定义数组长度
} STU;
void sort(STU *p,int n);
void sort(STU *p,int n)
```

```
{
    int i,j;
    STU t;                            //定义 STU 类型变量 t,用于交换时的临时变量
    for(i=0; i<n-1; i++)
        for(j=0; j<n-1-i; j++)
            if(p[j].sex>p[j+1].sex)
            {
                t=p[j];               //结构体类型的优势,可以像普通变量一样进行交换
                p[j]=p[j+1];
                p[j+1]=t;
            }
}
int main()
{
    STU a[70];                        //按最大学生数定义数组
    int i,j,k,num;                    //num 是学生人数
    FILE * fpin, * fpout;
    fpin=fopen("studata.txt","r");
    fpout=fopen("result.txt","w");
    //从文件中读取数据
    num=0;                            //num 负责记数已读取的记录数
    printf("正在读取数据..\n");       //提示信息
    while(!feof(fpin))                //只要没到文件尾就循环
    {
        fscanf(fpin,"%s% * c%c",a[num].name,&a[num].sex);
        if(a[num].sex=='f')
            k=3;
        else
            k=4;
        for(j=0; j<k; j++)
            fscanf(fpin,"%d",&a[num].score[j]);
        num++;                        //学生数加 1
    }
    //处理数据
    printf("正在处理数据..\n");       //提示信息
    sort(a,num);                      //传递的是数组名
    //输出数据
    printf("正在保存数据..\n");       //提示信息
    for(i=0; i<num-1; i++)            //写入前 n-1 名学生的信息,每写入一条记录就换行
    {
        fprintf(fpout,"%s %c",a[i].name,a[i].sex);
        if(a[i].sex=='f')
            k=3;
        else
```

```
            k=4;
        for(j=0; j<k; j++)
            fprintf(fpout," %d",a[i].score[j]);
        fprintf(fpout,"\n");
    }
    //为了确保文件结束标志在最后一行的结尾,最后一条记录单独写入,不加换行符
    fprintf(fpout,"%s %c",a[i].name,a[i].sex);     //此时的 i 正好是 num-1
    if(a[i].sex=='f')
        k=3;
    else
        k=4;
    for(j=0; j<k; j++)
        fprintf(fpout," %d",a[i].score[j]);
    fclose(fpin);
    fclose(fpout);
    return 0;
}
```

程序的运行结果如图 10-11 所示。

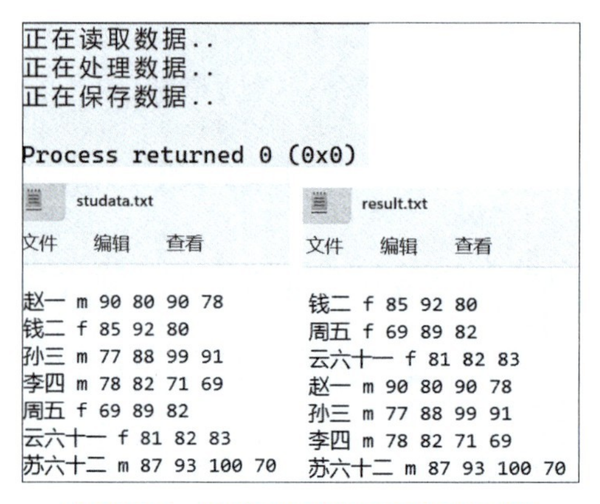

图 10-11 实战 10-1 的运行结果示例

如果原始数据文件以空行作为结束,只需要 num--;语句即可得到正确记录数,并且在保存文件时不必再单独处理最后一条记录。

如果要新增或删除记录,可以先用"r"方式把文件数据导入到数组中,保存时再以"w"方式清空原有数据,重新保存即可。

习题

一、单项选择题

1. 关于数据文件的类型,正确的选项是(　　)。

A. 目标文件和可执行文件　　B. ASCII 文件和文本文件
C. 文本文件和二进制文件　　D. 源文件和头文件

2. 不能读写文本文件的选项是(　　)。

A. fputs()　　B. fwrite()　　C. fscanf()　　D. fgetc()

3. 若希望能修改文件中的数据,正确的选项是(　　)。

A. "r"　　B. "w+"　　C. "a+"　　D. "r+"

4. 若以"a+"方式打开文件,以下描述正确的选项是(　　)。

A. 打开文件时,原始数据不删除,可追加和读取数据,但不能修改原始数据
B. 打开文件时,位置标记在文件结尾,可追加数据,也可读取和修改原始数据
C. 打开文件时,位置标记在文件开始处,可追加数据,也可读取和修改数据
D. 打开文件时,原始数据被删除,追加数据后可返回再读取数据

5. 能实现只要没到文件结束就继续循环的选项是(　　)。

A. while(feof())　　B. while(! EOF)　　C. while(EOF)　　D. while(! feof())

6. 若要把 fp 所指向的文件的位置标记移动到文件开始处,正确的选项是(　　)。

A. fp=rewind();　　B. rewind(fp);　　C. fseek(fp,0L,1);　　D. ftell(fp);

7. 标准输入文件是(　　)。

A. 鼠标　　B. 键盘　　C. 磁盘　　D. 显示器

8. EOF 是文件结束标志,它代表的值是(　　)。

A. 0　　B. 1　　C. −1　　D. 非 0 值

9. 已知以下的结构体类型声明,并且数组 a 中的元素均已赋值,若要将这些元素写到文件指针 fp 所指向的文件,不正确的选项是(　　)。

```
struct st
{
    char name[8];
    int num;
    float score[3];
}a[30];
```

A. fwrite(a,sizeof(struct st),30,fp);
B. for(i=0;i<30;i++) fwrite(&a[i],sizeof(struct st),1,fp);
C. fwrite(a,30 * sizeof(struct st),1,fp);
D. fwrite(a,sizeof(struct a),30,fp);

10. 以下程序运行后,test.t 文件中的内容是(　　)。

```
void fun(char * filename,char * s)
{
    FILE * fp;
    int i;
    fp=fopen(filename,"w");
    for(i=0;s[i]!=0;i++)
```

```
        fputc(s[i],fp);
    fclose(fp);
}
int main()
{
    fun("test.t","good");
    fun("test.t","bye");
    return 0;
}
```

A. bye　　B. goodbye　　C. byed　　D. good(换行)bye

二、编程题

1. 设计一个数据文件,里面有若干个商品的编号、名称、进货价、进货量、出售价、出售量。从文件读取数据,统计出哪些商品已收回成本。

2. 设计一个数据文件,里面有若干个由小写字母组成的单词(一个单词占一行,且单词长度不超过 20),请把首字母大写后再存回文件。

参 考 文 献

[1] 彭慧卿,邢振祥. C语言程序设计[M]. 北京:清华大学出版社,2013.
[2] 谭浩强. C程序设计[M]. 4版. 北京:清华大学出版社,2010.
[3] 苏小红,孙志岗,陈惠鹏,等. C语言大学实用教程[M]. 3版. 北京:电子工业出版社,2013.
[4] 范萍,丁振凡,刘媛媛. 零基础学C语言[M]. 北京:中国水利水电出版社,2021.

图书资源支持

感谢您一直以来对清华版图书的支持和爱护。为了配合本书的使用，本书提供配套的资源，有需求的读者请扫描下方的"书圈"微信公众号二维码，在图书专区下载，也可以拨打电话或发送电子邮件咨询。

如果您在使用本书的过程中遇到了什么问题，或者有相关图书出版计划，也请您发邮件告诉我们，以便我们更好地为您服务。

我们的联系方式：

地　　址：北京市海淀区双清路学研大厦 A 座 714

邮　　编：100084

电　　话：010-83470236　010-83470237

客服邮箱：2301891038@qq.com

QQ：2301891038（请写明您的单位和姓名）

资源下载：关注公众号"书圈"下载配套资源。

资源下载、样书申请

书圈

图书案例

清华计算机学堂

观看课程直播